光明城

LUMINOUCITY

看见我们的未来

烏有園

第一輯

繪畫與園林

金秋野　王欣　編

同济大学出版社
Tongji University Press

目录

题语

若干年前与王欣在走廊里闲聊，他说他要写一本书，名字都想好了，叫作“乌有园”。这事说过之后就搁下了。后来王欣去了杭州，两年后再次见面，彼此想法都已发生了变化，而“乌有园”这个名字在内心所引起的想象却依然如故，因此拿来为这套丛书命名，以遂当年之愿。

“乌有园”是明代刘士龙笔下的虚构的园林，他写这篇文章，也是对古今“建造”一事的感怀。文中写道：“金谷繁华，平泉佳丽，以及洛阳诸名园，皆胜甲一时，迄于今，求颓垣断瓦之仿佛而不可得，归于乌有矣。所据以传者，纸上园耳。即令余有园如彼，千百世而后，亦归于乌有矣。”湮没于历史之中，似是建筑的宿命，然而形诸笔端的文字和绘画或可因其非物质的造型而逃过此劫，所谓“夫沧桑变迁，则有终归无；而文字以久其传，则无可为有，何必纸上者非吾园也”。因有这样的载体，建造的精神乃得以不死。

庙堂是属于“礼”的，园林是属于“乐”的，高高在上的礼乐到了民间，浓缩成千门万户小庭院，栽花种草养精神。园林是人与大自然交谈的场所，花前对酒、榻上饮茶，这里既有最直接的身体经验，也有丘壑之心、林泉之志，使人神清气爽，是自由的所在。日常生活与哲学，在小小庭园中融为一体，也成为一切中国艺术的庇护所。相信很多人跟我一样，小时候家里都有个小院子。如今大家都住进有空调的楼房，失去树荫和天空。与庭院一道消失的，是延续了几千年的中国人的理想世界、建造的自由，和作为个体的“人”与土地的关联。

庭园与庭园生活在这里发展了几千年，又将影响施于邻国友邦，也就在几十年的时间之内归于乌有，何得之艰而失之易也。但它真的消失了吗？我不禁想起李清照在《金石录后序》中说的那句话：“有有必有无，有聚必有散，乃理之常。人亡弓，人得之，又胡足道！”故园没了，那就在心里造一个吧。

本书为《乌有园》丛书的第一卷，主题为“绘画与园林”，八位作者从不同角度探讨传统绘画、园林与当代建筑设计语言的关系，内容涉及自然与人工的造型、传统空间视觉构造法、有限度的建造等具体问题。这里既有理论性的探讨，也有实践作品的介绍。我们请来董豫赣、李兴钢、李凯生等前辈，以各自的建成作品为契机，讨论相关的设计问题；又有宋曙华、郑文康等同仁不吝惠稿，以及两组与园林相关的学生习作，为本书增色不少。去年与秦蕾无意中提起这件事，她说：“我一直想出一本关于园林的书。”于是这本书成了“光明城”的一部分，一直以来的夙愿也因此有了个不错的归宿。

我们的计划是《乌有园》以每年一卷的节奏出版，每卷各有侧重的方面，但内容均与“传统审美语言在当代建筑设计中的借鉴与转化”相关。建筑学的问题是专业化程度愈深，前进之路愈窄，学者只知外求而不问自身，妄自菲薄、渊绪茫然。为此，我们希望认真地向传统求真知，把构建过去作为构建未来的途径之一。然而，我们并不否认传统是现代语境之下的传统、问题是现实世界里的问题。所以全部工作是建立在此时此地的认识基础之上的，这一点请读者诸君明鉴。

金秋野

2014年7月11日

开
卷

OP
EN

B
OO
K
S

山居九式*

董豫赣

*原载《新美术》，2013年第8期，77—87页

之一

山居图式

①

五代周文矩的《文苑图》fig...01，其山林意象，以四石一树所图示，其山居意象，则被树石与人体的起居关系所彰显：折弯的孤松，被笼袖文士依凭如阑；胸高主石，被执笔者立据为案；腰高宾石，被鞠身童子研墨成台；膝高阔石，被展卷文士并坐成榻。

以松石象征的山林图景，一旦被身体压入家具的起居意象，它们就压合出山居的双重景象：起居于山林之间。

这幅以身体勾出的山居图景，预言了中国山水两条并行不悖的方向：山居的起居性，被北宋郭熙制定为后世山水绘画的人居标准；而其双重意象的压合方式，则为明清咫尺山林提供了意象压缩的具体模式。

②

将《文苑图》鉴定为韩滉作品的宋徽宗，在他名下，也有一张类似场景的《听琴图》fig...02，也是四人四石一松，松树却不再与身体发生关系。其中三块山石，皆用蒲垫铺设，它们以身体一律的单调坐姿，换来了山居难以两兼的身体舒适，徽宗身前的琴台与花几，干脆换成正常的家居器物。除此之外，孤松不孤，它被一株藤萝缠绕，且多了一丛可人细竹，而近景那枚瘦皱之石，上面也摆上一盆雅致盆景。

比之于《文苑图》的高古简练，《听琴图》多了分生活的雍容惬意。这两幅图景，虽是一样的背景留白，但《文苑图》的山居意象，似乎身处自然山林之间，而《听琴图》的身体舒适，则更像是被带入城市生活的人造山林。它们都不再追求竹林七贤以土木形骸对山水意象的纯然匹配，仅以日常起居的身体惬意，预告并调适着唐宋山水的居游气质。

③

郭熙以“不下堂筵，坐穷泉壑”的北宋坐姿，接力宗炳“卧游山水”的南朝卧姿，并以山水起居的多种身体姿态，为中国山水制定了四种可人标准——可行、

fig...01 五代 · 周文矩《文苑图》

可望、可居、可游，且将山水可居可游的起居品质，鉴定为高于可行可望的旅游品质。他建议后世山水画家与鉴赏家，都当以此居游标注，以从自然山水中萃取密集的山居意象。他绕开了西方风景造型写生的定点命数，并将山居意象间的位置经营视为山水理论的核心。

从两宋到明清的山水绘画，大抵都在郭熙的居游标准内演变：郭熙本人的山水立轴，不再有范宽《溪山行旅图》里的崇高意象，也不再表现山水间的身体苦旅，他将城市般的楼阁，隐约于山水之间 *fig...03*，以标识其可居可游的山居品质；比之于顾恺之将《洛神赋》的全景山水作为神话叙述的背景 *fig...04*，赵伯驹《江山秋色图》里的全景山水 *fig...05*，则刻意于在山水中经营各类山居建筑；比之于马远、夏圭截边裁角里据说的政治寄托，文徵明与唐伯虎裁天截地的山水长卷 *fig...06*，则旨在拉近视焦，以亲历其间山居生活的起居细节。

就山居意象的压缩密度而言，从北宋李公麟的《莲社图》长卷 *fig...07*，到清末戴熙的《忆松图》*fig...08*，其间近八百年的时间跨度，虽有笔墨造型的巨大差异，但于图景中集萃行望居游密度的意象旨趣，却相当一致。

④

针对唐人白居易倡导的中隐城市，宋人杨万里提出山居的两难命题——“城市山林难两兼”，米芾则以“城市山林”的匾额，直接将这两难境况，书写为山居两兼的乐观，从今往后，城市山林，作为兼得城市起居与山林自然的特殊名称，成为后世中国城市造园的意象谋略，它要将山林的自然意象，压入城市的起居生活。

元代诗人谭惟则，就曾在《狮子林即景》里表述过两兼城市与山林的山居感受：

“人道我居城市里，我疑身在万山中。”

fig...02 宋 · 赵佶《听琴图》

fig...03 宋・郭熙《关山春雪图》

fig...04 晋・顾恺之《洛神赋》

fig...05 宋・赵伯驹（传）《江山秋色图》

fig...06 明 · 文徵明《兰亭序》

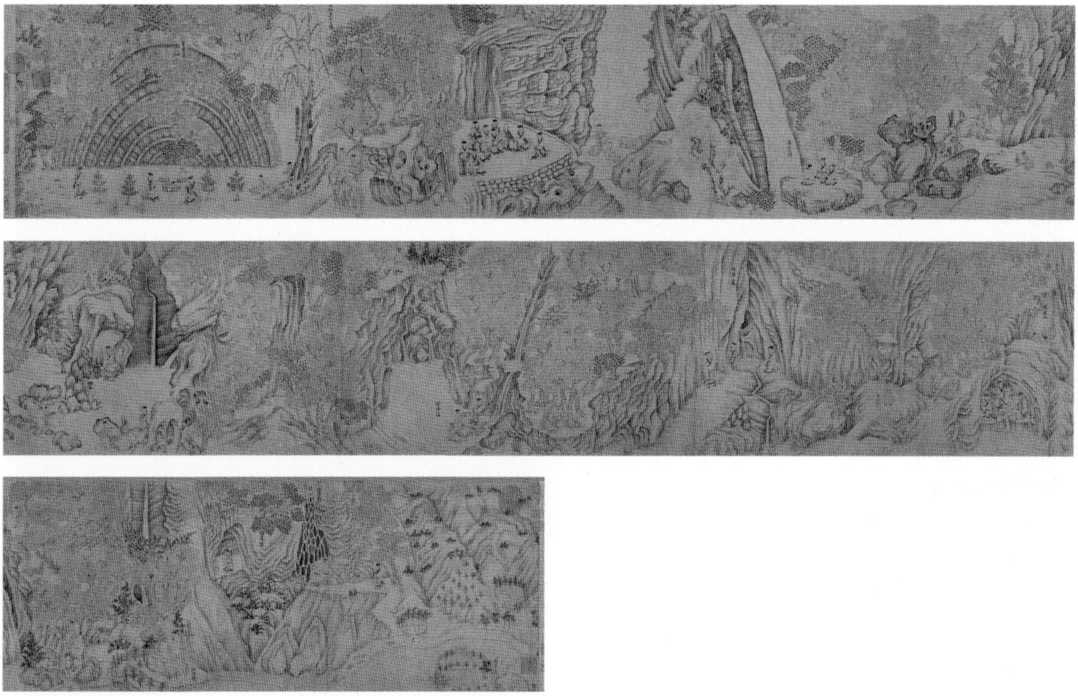

fig...07 宋·李公麟《莲社图》

fig...08 清·戴熙《忆松图》

fig...09-1 明·仇英《竹院品古图》

⑤

城市山林，从唐宋到明清用地规模的急剧压缩，并不亚于明清宅园与当代别墅景观的压缩程度。计成生活的明代，白居易"拳石当山"的建议，似成咫尺山林的权宜定势，文徵明与仇英都曾在园林画卷中绘制过类似拳山*fig...09*。图中特置的太湖石，与《文苑图》一样被染成深色，却不再与身体发生起居关系。它们被特置于池水或竹木间，以拟山林之山的背景图像。这类如画的特置石背景，却引起计成的造园批评：

"环润皆佳山水，润之好事者，取石巧者置竹木间为假山。……

予曰：'世所闻有真斯有假，胡不假真山形，而假迎勾芒者之拳磊乎？'

或曰'君能之乎？'遂偶为成'壁'，睹观者俱称：'俨然佳山也。'"

基于做假成真的真山林意欲，计成摒弃了模型般的拳山背景，而建议一种壁山样式。在《掇山篇》里，他对园山、厅山、书房山的建议，都有壁山，并随后专门将"峭壁山"列为单独一类，以虎丘的自然壁山为例*fig...10*，可供人工壁山的比类意想。

⑥

"聚石叠围墙，居山可拟。"

计成在《园冶》里的这两句话，颇有《文苑图》的意象压合味道——将山居意象，压入围墙，且以山意聚石，可拟山居。与计成同时的李渔，在《闲情偶寄》里，曾将这类壁山，视为咫尺隙地间的山林谋略：

"山之为地，非宽不可；壁则挺然直上，有如劲竹孤桐。斋头但有隙地，皆可围之。"

李渔还详细地描述了壁山做法：

"壁则无它奇巧，其势有若累墙，但稍稍迂回出入之。其体嶙峋，仰观如削，便与穷崖绝壑无异。"

fig...09-2 明·文徵明《东园图》

fig...10 虎丘壁山（万露摄）

百余年之后，沈复在《浮生六记》里将这种兼备壁、山两种意象的样式，归入“小中见大”的标题之下，成为咫尺山林的第一种样式：

“小中见大者：窄院之墙，宜凹凸其形，饰以绿色，引以藤蔓，嵌大石，凿字作碑记形。推窗如临石壁，便觉峻峭无穷。”

之二

山居理式

①

李渔引入中国艺术最常见的“势”字，来讨论这一壁山样式的式理：

“且山之与壁，其势相因，又可并行不悖者，凡累石之家，正面为山，背面皆可作壁。”

山之峭壁与墙之垣壁，皆具陡峭之势，“壁山”一词，压合了起居之墙与山林之壁的两种意理，它不但能解决在膝地间经营山居意象的密度问题，还从原理上澄清了其应用广泛的理式：墙壁的人工与峭壁的自然，以阴阳向背而呈现，它们就进入中国文化阴阳媾和的生成理式，它被老子视为通行天下的“天下式”，并被置于老子的“天下溪”之下：

“知其雌，守其雄，为天下溪。”

“知其白，守其黑，为天下式。”

②

这一得自雌雄媾和的阴阳理式，正是中国文化的观念核心，它以“阴阳莫测谓之神”，为中国确立了万物流变的世界观，又以“阴阳交合谓之生”，为中国文化确立了万物的生成理式。它能统帅劭弘从“气韵”视角，梳理出的中国山水画论相关“位置经营”的诸多核心观念：宾主（元・汤垕）、疏密（元・倪瓒）、呼应（明・沈颢）、藏露（明・唐志契）、繁简（明・沈周）、开合（清・王原祁）、虚实（清・笪重光）、纵横（清・笪重光）、动静（清・戴熙）、参差（清・郑燮）、奇正（清・龚贤）……

这类皆属阴阳媾和的复合观念，见证了中国山水的关系而非造型属性，它使得任何从单一造型对中国山水或城市山林的讨论都将失效。以山水为例，它是山静水动、山阴水阳、山仁水智等多种阴阳意象的媾和理式；在这一理式之下，“城市山林”的两兼名称，就是要以人工城市与自然山林的媾和关系，来兼顾山居生活的心性自然与城市生活的身体舒适；而以此为训，郭熙提出的行望与居游，亦可视为山居四种动静媾和的身体姿态，任何将中国园林描述为静观或动游、封闭或开放的单项特征，总是言不及义的造型描述。

③

以这种阴阳媾和的理式视角，不但能从计成对所掇之山的命名——“楼山”、“厅山”、“书房山”里，窥见山与居的双重属性，也能理解苏州园林里“小山丛桂轩”、“远香堂”这类命名里两兼山居的类似诗意。两者虽因造园者与赏园者的身份不同，名称有从“建筑+景”到“景+建筑”的视角转变，但其山居意象的阴阳媾和方式，却并无二致。

以老子这一负阴抱阳的媾和理式，不但能媾和园林借景的窗景（窗+景），或景窗（景+窗），也能媾和出负壁抱山的“壁山”样式——执其（人工之）壁（象），守其（自然之）山（意）。与壁山这类媾和了壁与山双重意象的图式类似，《文苑图》出示的以松为阑、以石为几为案的身体道具，亦可以“松阑”、“石几”等复合名称为名，它们都是自然山林与人工起居所媾和的山居产物。

④

这一阴阳媾和的生成理式，当初如果生成了江南园林繁多的山居意象，如今就可能反向地从其繁复的山居意象中，还原出不多的几类山居式样，或许就能印证清华大学王丽方教授提出的观点：江南园林间意象的高度相似性，或许正由少量可生成的模式所生成，一旦厘清这类模式，将使大批量建造园林，从数量与质量上都能得到担保。而能否批量生产，曾被视为是现代建筑的技术产物。

另外，阴阳媾和的生成理式，目的虽非为压合意象而设置，但其阴阳单元先天内涵的双重属性，还是为如何在咫尺用地里压入繁多的山林意象，提供了意象压缩的具体模式，这类模式能将对当代建筑密度的讨论从技术化倾向拯救出来，并将中国园林的山居诗意重新植入当代城市。

基于山居标题的意象限制，我不准备讨论这一模式在园林建筑内的空间拓展，尽管计成曾以廊房模式提示过居间于廊与房之间的建筑压缩模式，我也不准备讨论压合了栏杆与坐凳的美人靠这类小木作模式。

之三

山居样式

①

山石池式

出于对山水意象的追求，计成批评明人以方形石槽接水的水口做法，而提倡以山石承水的瀑布方式。也是出于对山水意象的自然追求，计成在《掇山篇》里，安置了一个古怪名目——“金鱼缸”：

> “如理山石池法，用糙缸一只，或两只，并排作底。或埋、半埋，将山石周围理其上，仍以油灰抿固缸口。如法养鱼，胜缸中小山。”

在“山石池”与“缸中山”这两种意象之间，计成放弃了在缸中置石的盆景陈设，而建议能兼顾山与池两种意象的山水容器——山石池式。

就明末清初的江南园林实践而言，明代造园文献里时常出现的方池，更多地被湖石或黄石镶边的池洞所取代。以网师园的总图为例，无论是用以望月的主景池面，还是殿春簃小院一角的冷泉小池 *fig...11*，都可视为山石池式的变异与放大，它们勾勒了城市山林的理水意象，并塑造了江南园林的半壁江山。

fig...11 网师园轴测·山石池与山石盆（刘敦桢《苏州古典园林》）

②

山石盆式

关于掇山，计成与李渔都曾建议，城市山林的掇山，最好能土石两兼，以石能掇山形，而土能生林木，以石包土的盆景方式，就能生出山与林两种意象。这一命名，曾得到王欣的启示——他将它们称之为“太湖盆”。

在环秀山庄的一个无名庭院里 *fig...12*，巨大的湖石之盆，几乎占据了中庭大半，而那两株参天古木，确实为计成“倘有乔木数株，仅就中庭一二”之中庭，增添了些许山林气息。

从这一山石盆式的视角，苏州园林里大大小小的假山，无论是湖石还是黄石，无论是墙隅山石小景，还是园林的横池主山，大都可被这一山石盆式所囊括。依旧以网师园总图为例，小到殿春簃北部狭院内的半高湖石盆景，大到小山丛桂轩前后的黄石或湖石假山，皆可归为山石盆式，它们勾勒出城市山林

fig...12 环秀山庄庭院山石 － 盆（王娟摄）

的掇山意象，也塑造出江南园林的另一半江山。

而狮子林假山之失，正在其纯然的石山少土，它秃山少林的意象，遂被沈复讥讽为"乱堆煤渣，而全无山林气息"。相比之下，留园玄关尽端的两处庭园小景，则显示出渐进的山林意味："古木交柯"的林木小景 fig...13，所植的青砖套边花盆，一如家居庭院所常用，它开始有些山林的林木意味，而一旁的"花步小筑" fig...14，因以湖石石笋为盆，就兼顾了山与林两种诗意。与"古木交柯"的山林小景相比，"花步小筑"更接近庭园景致，两者间微妙的氛围差异，很像《听琴图》与《文苑图》间的意象差异。

fig...13 留园"古木交柯"砖 - 花盆（曾仁臻摄）

③

石藤架式

从明人绘制的园林图景看 fig...15，编篱为屏的做法已很流行，计成对此也表示了不满：

"芍药宜栏，蔷薇未架；不妨凭石，最厌编屏；束久重修，安垂不朽？片山多致，寸石生情。"

与自明性的编织藤屏相比，寸石与藤的互凭，正可生出片山与藤林的两种情致。

退思园水香榭之南，一株枝繁叶茂的迎春，以矗立湖中的一块湖石为凭 fig...16，兜头盖顶地阴翳着湖石周围的整个水面，并媾和了石山与藤林这两种山林意象。

另以留园"洞天一碧"洞口背后的湖石藤架为例：青藤的藤干绕入湖石涡旋 fig...17，盘旋而上，并以湖石之顶铺枝张叶，它们与湖石一体，弥漫在整个窗空之间，按计成的建议——藤萝于壁山之上，其林木阴翳遂能造成山林深境。很难想象将其置换为编篱的屏风，还会带来这种山林情致，它曾成为我为红砖美术馆后花园选石的标准之一 fig...18。而就湖石涡旋与藤蔓穿穴引枝的意象而言，臧峰在"倒影楼"墙廊间发现的穿墙绕窗的藤蔓 fig...19, 20，其返花回叶之势，亦有异曲同工之妙。

fig...14 留园"花步小筑"山石 - 盆（曾仁臻摄）

fig...15 明·钱榖《求志园图》

fig...16 退思园湖石 - 藤架（唐勇摄）

fig...17 留园石 - 藤架（臧峰摄）

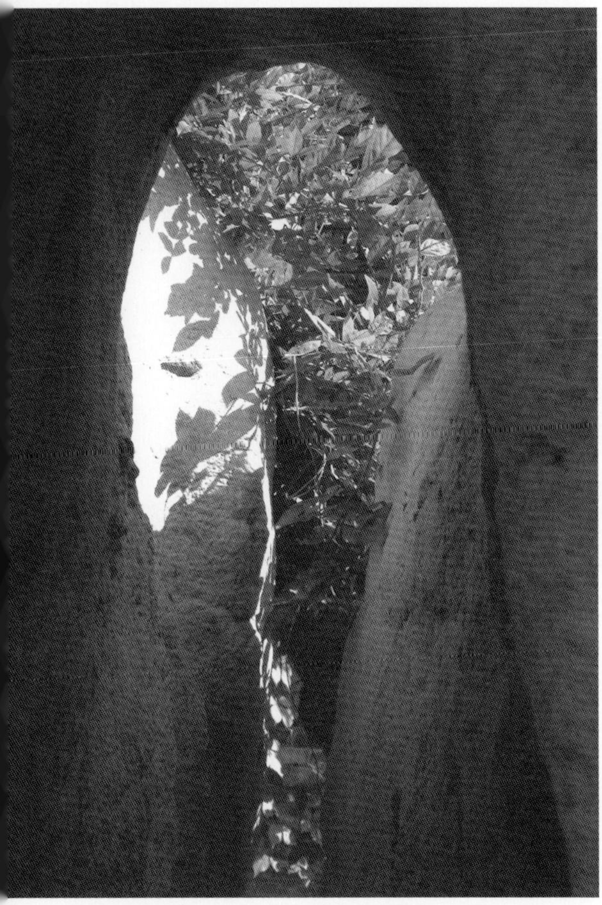

fig...18 红砖美术馆后庭石 - 藤架（悦洁摄）

④

山石铺式

相比于卵石易俗的铺地谨慎，计成建议一种山石铺式，以与石山石池一致：

“园林砌路，堆小乱石砌如榴子者，坚固而雅致，曲折高卑，从山摄壑，惟斯如一。”

计成将这类乱石路，置于四种行游铺地式样之首，以艺圃山壑间的铺地 *fig...21* 考察，其小如榴子的铺陈，不但能因应各种山势变化，也铺陈了山林之山的山意底图。

计成虽在多处声讨过对物形模仿的形式，也讥讽过用卵石模仿动植物的铺地做法，但却钟情于青石碎砖铺设的冰裂纹，以及用碎瓦片铺设的瓦波浪：

“废瓦片也有行时，当湖石削铺，波纹汹涌；破方砖可留大用，绕梅花磨斗，冰裂纷纭。”

这里不仅有对废物利用的资源用意，它更看重瓦波浪与湖石媾和的波纹汹涌的山水意象。而对于冰裂纹的痴迷，则不仅以冰裂与山水的隐秘意象发生关联，它还触发了文人山水的高致情怀，这类情怀，从一开始就隐约于《文苑图》与《听琴图》的场景氛围里。

在扬州何园，瓦波浪铺地，试图为旱舫铺陈出波涛汹涌的意象 *fig...22*，惜乎其除旧换新，不复当年苔痕染波的碧波印象，可以我早些年设计的滕园瓦波浪铺地 *fig...23*，凭想当年。

fig...19 拙政园缠窗绕墙藤（臧峰摄）

fig...21 艺圃山石 - 铺地（邢迪摄）

fig...22
扬州个园
旱舫瓦波浪铺地
（董豫赣摄）

fig...20 拙政园缠窗绕墙藤（臧峰摄）

fig...23 南宁滕语亭内波浪铺地（董豫赣摄）

⑤

山梯式

山水的攀游意象，在明清绘画中，多半以藏露于山间的之折路径暗示，当它们被带入城市山林的咫尺造园时，多半以山梯模式出现。在拙政园宜两亭的东南，一部占地不足消防梯大小的山梯 *fig...24*，其空间与山意的密度皆可惊人——它不但能在山台之上容纳王欣、王澍、童明魁梧的身体倚坐，还能容纳家人在梯洞间愉悦穿行。它不但聚集了山梯与洞壑等多重意象，还外挂了两条可望而不可互穿的之折山梯。

这类意象密集的山梯，是苏州园林中出现最为频繁的标准样式，且因不同位置，每每相异，各得不同的山林意象——退思园的两处山梯，在池南梯接一处空廊，在池北梯接一座山亭；留园明瑟楼之南的"一梯云" *fig...25*，正是计成建议的以阁山为梯的山梯，而五峰仙馆可行可望的南部山峦，实则也是攀入西楼的可游山梯。最入画意的园林山梯，则在环秀山庄大假山之西，在它所媾和的山洞梯台诸象之间，还能框入一匹瀑布飞流 *fig...26*；而最华美的变形山梯，当属拙政园见山楼西侧的爬山廊，这一密集了廊与坡道的爬山廊 *fig...27*，攀爬于山水之间，它将人们带入山水，带上见山楼的歇山屋顶的歇山处歇息 *fig...28*，它的山水起居诗意，将柯布西耶为萨伏伊别墅设计的那条自明坡道，比拟成意象简陋的技术产品。

fig...24
拙政园山梯
（董豫赣摄）

fig...25
留园一梯云
（董豫赣摄）

fig...26
环秀山庄
梯-山
（唐勇摄）

fig...27 拙政园爬山廊（臧峰摄）

fig...28

拙政园爬山廊
爬上见山楼歇山
（邢迪摄）

fig...29 留园山踏（王娟摄）

fig...31 扬州小盘谷汀步（董豫赣摄）

fig...30 环秀山庄涧上山踏（董豫赣摄）

⑥

山踏式

将楼梯与山的密度压合方式，在计成的《园冶》里，曾被提及两次，一次在《掇山篇》的“阁山”一栏：“阁皆四敞也，宜於山侧，坦而可上，便以登眺，何必梯之。”

另一次则在《装折篇》：“绝处犹开，低方忽上，楼梯仅乎室侧，台级藉矣山阿。”

在这段文字结尾处，山不但能与楼梯媾和为山梯，还能以台级藉山的方式，媾和出一两级踏步的山踏 fig...29，当它在文震亨的《长物志》里被命名为“涩浪”时，还兼顾了太湖石的湖水意象与踏步所需涩足的别样意象。

环秀山庄将这一山踏，跨于涧上 fig...30，上石挑出，而下石曲迎，两相虚接，势危而行不险；将这类山踏沉浮水中，则为汀步，汀者，水中小洲也；它们在扬州小盘谷的石池中 fig...31，点石引渡，岸二水三，连洞接壑，伫水如州。

⑦

山台式

媾和了可望之山与可居之台的山台，不但以亭榭的出台频率，频频出现在计成的《园冶》里，也经常出现在沈周与文徵明的山水长卷里。回溯这类山台意象的绘画源出，它最早出现在五代董源与巨然的山间，但似无太多人居意欲，在南宋李唐的《清溪渔隐图》fig...32 里，巨大的山台，与草堂隔溪相望，且以溪桥相连，它就很有些山台余脉的堂前起居意味；到了元人黄公望的《快雪时晴图》fig...33，这类山台已成主景——中部低处的山台，作为山堂的建筑基底，而右之折而上的突兀山台，则成为整幅画面的核心意象，它既可能是堂内观雪的主要山景，亦可为晴雪之后可达的瞰雪前台。

文徵明为拙政园绘制的景点“意远台”fig...34，将这一山台意象再度裁剪，突兀的巨大山台，如巨龟渡海般引人瞩目，它截山入水，载人远眺。在今日的拙政园里，已难寻这一雄伟山台的踪迹——拙政园旧有入口前屏山之上的一方山台fig...35，仅残有它的些许余味，而文徵明后裔的苏州艺圃，南山之上当年被誉为冠绝吴中的朝爽台，如今已被一方小亭所拥塞失意，较为神似的山台，如今只能在环秀山庄堆叠的大假山颠寻求fig...36，这处山台，为这方密集了山峦天堑、洞穴沟壑的人为假山，增添了另一种可居可游的山台密度。

fig...32 宋·李唐《清溪渔隐图》

fig...33 元·黄公望《快雪时晴图》局部

fig…34
明・文徵明
《拙政园三十一景图・意远台》

fig…35 拙政园山台（臧峰摄）

⑧

洞房式

计成在谈及假山理洞时，工法形同造房，不但起脚如造屋，且洞中还有立柱，他还建议以条石加顶，仅以玲珑之石摹形门窗，以透露出些许洞房的山居意味。

这一以石条覆顶的山洞做法，遭遇清代叠山大师戈裕良的批评，后者建议以造桥的拱券办法，营造出如真山洞壑般的洞房。从戈裕良在环秀山庄所理石洞来看*fig…37*，其形确如真山洞壑，其封闭的山壁洞顶，虽有十足的洞穴之意，却少了些山居的起居惬意。相比之下，传说中由戈裕良在小盘谷所理的洞房*fig…38*，却依据着计成以石条封顶的建议，它既有自然山洞的山居形势，亦不乏房屋玲珑借景的起居舒适，洞内的石条几案，颇有《文苑图》的山居意象，而在其石条封顶之上，还兼顾了计成建议石条为顶的别意深图：

“上或堆土植树，或作台，或置亭屋。”

这处山洞的石顶*fig…39*，不但兼得一处俯瞰深池的铺设的冰裂山台，还梯接了山梯尽端处一方栖息的山亭。在这片咫尺隙地里，不但经营了可行游的山阶、汀步，还经营了可居望的山水、洞房，矗立在水岸边的错落群峰，如今还成为依凭藤萝的石架。它们架设出一派山意密集的起居意象，它们将那些借口今日景观用地狭小而难以引入山林意象的宏大景观师，讥讽得无处逃遁。

fig...36 环秀山庄山台（万露摄）

fig...37
环秀山庄
洞—房
（万露摄）

fig...39 扬州小盘谷山洞台亭藤（董豫赣摄）

fig...38 扬州小盘谷山房（董豫赣摄）

⑨

以上八式，加上壁山式，是为山居九式。

它未必完全，譬如《文苑图》里与身体更为密切的山石儿，亦可归于此类。此九式，虽大致以望、行、游、居的隐匿线索所张罗——可将峭壁山类视为望式、将山石铺类视为行式、将山梯类视为游式、将山房类视为居式——但这样的分类也未必准确，譬如山石铺作为中国园林独特的铺地，它不但为西式园林所无，与日式园林也有差异：与日本各式铺地多半仅仅提供行游的规定不同，中国山石铺地，常常因所要铺地的狭阔差异，自身就涵盖了动态的行游与居望的静观两种山居空间。

其余诸式，也大抵如此，只为厘清，而非分类。

建筑需要如画的观法*

王欣

* 原载《新美术》2013年第8期，34—56页

之一

遮罩，诗眼

香烟，袅袅遮罩

从口袋里掏出一包烟，取出一支，寻着打火机，啪嗒啪嗒点上。翘起双指，眼睛注视着火头，迟疑间嘴里释放出一股青烟。未几，你我之间便腾起一层烟障，袅袅不散。我们之间变得模糊了。隔着这个障子，我们相互虚视，揣测着。手夹着烟，不自主地递到唇边，眉间微锁，这个动作掩饰了我内心的不安。手多余地弹着烟灰，短短的十几秒，仿佛一个巨大的空当，一连串的动作掩去了我无准备的慌张，烟障遮盖了不自然的表情，火头占住了不便直视的眼神。在这个空当，我调整好了。于是，十分自然地咳了一声，裹挟着这烟云，比划着那支烟仿佛是麈尾，大侃起来。

整个过程，我释放了一个遮罩，一个具有礼仪色彩的遮罩。那个遮罩，使得你我之间变得如此的不真切，如同那团不可捉摸、不能定形的烟云，是一段未知的时空，氤氲着一些个可能。那团烟云反使你陷入不知所措的冷场拘谨，而我在这时却已经完成了心理的准备，事件会在这点烟之后发生扭转。

利用好烟云这个遮罩，就是长袖善舞，就是垂帘听政，制造一个非常规之下的你我关系。所有礼仪化的动作，拈花、茶事、点香等，都具备这种遮罩的潜质。

迷远

郭熙的“三远”之后，韩拙在《山水纯全集》又增一说：

> “郭氏谓山有三远，愚又论三远者：有近岸广水，旷阔遥山者，谓之‘阔远’；有烟雾溟漠，野水隔而仿佛不见者，谓之‘迷远’；景物至绝，而微茫缥缈者，谓之‘幽远’。”

郭熙的“三远”，有关于图像中的物理空间表现，差异在于视点与视角的分布，以及层级构造界定清晰。而韩拙的“三远”中唯有“阔远”与郭熙的基点相同，至于“迷远”与“幽远”，具体空间的构造已经全无，空间的感知全倚仗“空气”的稠密程度，为

水汽、烟霭，或者云雾，空气是绝对的决定者。韩拙专门有一章《论云霞烟霭岚光风雨雪雾》，在关于时间、形态、位置等方面论述了他对水汽的分类以及各自改变既定空间的作用。譬如：

“且云有游云，有出谷云，有寒云，有暮云。云之次为雾，有晓雾，有远雾，有寒雾。雾之次为烟，有晨烟，有暮烟，有轻烟。烟之次为霭，有江霭，有暮霭，有远霭。云雾烟霭之外，言其霞者，东曙曰明霞，西照曰暮霞，乃早晚一时之气晖也，不可多用。”

又如：

“继而以雨雪之际，时虽不同，然雨有急雨，有骤雨，有夜雨，有欲雨，有雨霁。雪者，有风雪，有江雪，有夜雪，有春雪，有暮雪，有欲雪，有雪霁，雪色之轻重，类于风势之缓急，想其时候，方可落笔，大概以云别其雨雪之意，则宜暗而不宜显也。”

对空气本身的关注，在古代画论中是常见的。足可见，传统画者对空气这种无形变幻遮罩的高度重视与兴趣。云雾，能瞬间改变一切，以一种最简单的方式制造差异，甚至完全颠覆认知，建立全新且善变的表述方式 *fig...01*。

城府拒人

《史记·始皇本纪》上说：

“卢生说始皇曰：‘臣等求芝奇药仙者，常弗遇，类物有害之者。方中人主时为微行，以辟恶鬼。恶鬼辟，真人至。人主所居，而人臣知之，则害于神。真人者，入水不濡，入火不爇，陵云气，与天地久长。今上治天下，未能恬淡。愿上所居宫，毋令人知，然后不死之药殆可得也。’于是始皇曰：‘吾慕真人。’自谓真人不称朕。乃令咸阳之旁，二百里内，宫观二百七十，复道、甬道相连，帷、帐、钟、鼓、美人充之，各案署不移徙，行所幸，有言其处者，罪死。”

汉宝德先生就此说：

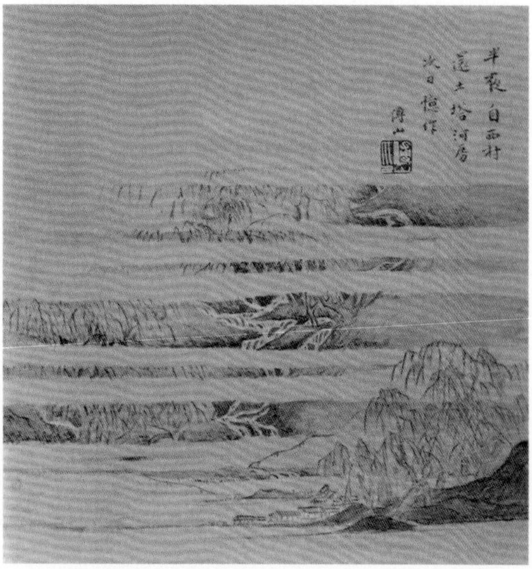

fig...01 傅山《西村夜色》

“原来造这样大的园子，建这么多宫室，复道相连，不过是使大家不知他的所在，以便于他求仙。那些妄言神仙的骗子，还用恬淡这样好听的字眼，来促成秦始皇建造迷宫式的园林，与臣下捉迷藏……”

园林就是园主的巨大的遮罩，你过了街巷，叩开大门，管家几番询问后，关门进去通报，而你只有门外等候。多时才门开，引进来，穿房绕廊，跨院过厅，阴明交替，门楹转折……你早已是头晕目眩：这何其深远也。那个主人，仿佛住在一个不为人知的概念深处。行至大厅，被告之要等。良久，主人才从偏门快快现身。此时，在这曲折磨人的序列的尽端，你被这个冗长的遮罩征服了，园主如此深远莫测！接下来，便是来时有再大的勇气，也多半是唯唯诺诺，不敢正视。*fig...02*

迷宫般的园林，是一个诳人的超厚面具，它隐匿了园主的性情脾胃，使其变得不可知而神秘。它更是一个玩弄人的魔掌，使人在一种建筑的序列中被拖累、调侃、打击、消耗、震慑……将之对宅园城府的感知氛围，深奥迷幻的层级建构投塑于人的构造，异化、神秘化了对象，拉大见者与被见者的距离，建构一种有关权力的心理等级。在中国，“城府”，是以一种特殊的建筑序列投向有关于人心面具的形容。

开阖风景，诗意的诓骗

大约在5世纪的南齐，文惠太子就实验了可匹敌“大地艺术”的巨大活动遮罩，不过他的动机是被迫的。汉宝德在《物象与心境》一书中，如此写道：

> “这位太子喜欢宫室、园林之乐。‘其中栖观，塔宇，多聚奇石，妙极山水’，因恐皇帝看到生气，乃‘旁门列修竹，内施高障。造游墙数百间，宜需障蔽，须臾成立，若应毁撤，应手迁徙。’他所发明的动态的园景，主要是‘游墙’，用来遮蔽外边的视线。”

这里的“游墙”童寯先生翻译为“folding walls”，就是“折叠墙”。文惠太子以这种机巧的活动遮罩，迷惑了他的父亲，使他的园林无法被完整地观看，隐藏了“壮观”。

但是，我们不能简单地认为其游墙的功能仅仅是遮挡，他的父亲亦不傻，完全的包藏一不可能，二显得过于虚假。我想，游墙的用处主要是“控制性的游走”与“控制性的观看”。通过由游墙设定的特殊路径机关，使得宫室不再突兀明显，并在特殊节点以“有限”观看的方式，再做适度遮掩，还是要让人觉得自然，而不是刻意。所以，这并非工地的围障，而是诗意的造园手段，是精通视野构造的高手所为，组合的一系列诳人的镜头语言。

这笼山络野的游墙，是应手变幻的固态云雾，裁剪山水，开阖风景，重建阅读方式，太子的父亲恐怕出入同一地方多次，自己却未曾察觉，对位置完全失判，不分远近，不知高下。当然，这又不同于乏味的迷宫，它是一次春游般的赏心悦目的欺骗。

山水宫室，未见得那么重要，那套镜头般的游墙是决定性的，差异在于“游观”的方式。那么，什么是对象的本质呢？究竟有没有事物的本质呢？

fig...02 迷宫般的园林

之二

变形的房子

圆镜的绞合

清中期的五彩瓷盘，曹操刺杀董卓，被吕布撞见的一幕fig...03。这是一组极不寻常的建筑构造方式：

房子十分浅薄，如同一个神龛，全然打开；

桌上圆镜照向庭院，董卓如何见得？

圆镜距曹操甚远，却映得其满脸；

庭院右墙恰好一个圆窗，吕布正好现身撞见；

圆窗墙面为弧形，如果是廊子，则将拐走。

神龛般的房子，地砖完全是平面的铺设，与屋内家具陈设皆不在一个视角。是以一种“倾露”的方式在主动地显示屋内信息。这个屋子要成为庭院的延伸，因为庭院是曹操所站立之地，是所有关系的枢纽。桌上的圆镜与其说是让董卓看到曹操，倒不如说是为了让观者看到曹操，以强化董卓与曹操之间微妙的视觉联系。巨大的圆窗，是给吕布的现身创造一种突然感，仿佛极为偶然，却很关键及时。那个圆窗，更像是一只巨眼，照向那个事发的庭院。弧形的墙角，暗示了拐走的廊子，强调了吕布发现此事的偶然。此外，我们还注意到，董卓睡觉的房子与吕布现身的圆窗廊子，在整个画面中构成等腰之角，正好包围曹操站立的庭院，三者各置一方，构成一个关系的三角。而更有意思的是，整个事情又在一个旁观的圆镜——瓷盘之中，这是一组勾连关系的圆镜。

三角关系，三个圆镜。这是极为布景化的场景，所有的空间构件皆为事件所驱动，做出形变与位置调整。空间的关系是事件关系的承托与强化，建筑为事件而预设，而最终又推动事件，激化事件。此类语言，是典型的明清传奇版画的语言，但如此敏感与激烈的却也不多。这是制作者对于“交汇瞬间”的理解，为的是那一刻。

变形的房子

明清传奇插图版画，其实就是戏曲场景的画面版，带有强烈的舞台意识与布景语言。画面呈现的空间与事物，皆不自主，也不自持，皆有其强烈的表

fig...03 清・五彩瓷盘《三国志》

意意图。因此几乎没有一个建筑或者空间是以正常的方式出现的，因为它们压根不是主角，而是布景，布景的意义在于对叙事关系的承托与催化。

《金瓶梅词话》中“丽春院惊走王三官”一章插图fig...04，“之”字形的褶皱斜角构造，尽可能地把公差拿人的几种不同场景都安排了，且有显有隐，有阴有阳，节奏清晰。大致五处：第一处已套索三人，第二处为捉藏桌下一人，第三处为推门追人，第四处为庭院扭打一人，第五处为屋顶树枝上的逃脱二人。

丽春院的建筑做了两种变形：

① 整个地形斜向度折叠。为的是建立一种难以测量的、表面展开式的容量。

② 厅堂廊子化。拉高建筑高度，压扁进深，消除立面。是开怀开襟的橱窗。同时，向后转折，以建立一个三角空间（这个三角空间不等于就是庭院），交代远去的隐匿的相关事件。

fig...04
《金瓶梅・丽春院惊走王三官》插图

fig...05
《二刻拍案惊奇·甄监生浪吞秘药》插图

类似的构造法在《二刻拍案惊奇·甄监生浪吞秘药》一节的插图 *fig...05* 中表现得更为夸张。甄监生并非死在廊子里，但此图中却因为找寻甄监生踪迹的需要，把整个场景路径化了，全以单面的折形敞廊呈现，意在指出其寻人的来去，以及所撞遇的诧异。

明代传奇《警世阴阳梦·青楼夺趣》一节插图中 *fig...06*，一个看似正常的场景，却藏着“错误”：重屋二楼，一围人闲坐笑侃。屋顶的瓦线方向与窗扇的开启方向显示的画法，与大窗洞内屋内陈设的画法，在方向上是完全相反的。界画在宋代早已成熟，“一斜百随”的方法，画者不会不知。那么这样的意图是什么？是要获得惊艳感！

fig...06
《警世阴阳梦·青楼夺趣》插图

记得每次经过传统中药铺的时候，那个全素（白）极简的高墙只有一个门洞，门洞之内，一个构造及色彩关系与外界完全不同的内部世界，梁架精致，陈设密集，光线幽冥，气息隐隐诱人。这个世界细细密密被包藏着，乍泄一口，在与那个简单门洞的高反差之下，越加显得让路人留恋，两步之间，如惊鸿一瞥，一阵心动。

洞开式的惊艳，要求反差，要求空间尺度、度量标准的迥异，才有窥见桃花源的那种不真实感。《青楼夺趣》，很情色的一幕，定是要有隐匿且乍泄的方式来表现。因此，其他复杂的构造都不要，一个窗洞即可，谓之“洞开”。窗洞内要有一个向度不同的世界被暴露，才有惊现。

在传统木刻版画中，向度的不同，亦是对来路的强调，对偶发事件的提醒，对另一个去向的暗示。明代传奇《金瓶梅·潘金莲激打孙雪娥》一节插图中，有上下两段，斜向度完全相反的画法。我们可以理解为是对不可见面的逆转翻折，同时也是事件发生的时间与地点的差异体现。

fig...07 斜向度画法的立体版本

这种斜向度的画法，在容量以及叙事的能力及自由度上，是透视图与轴测图完全不能企及的。*fig...07* 当然，这个是观念的问题，伯纳德·霍伊斯里（Bernhard Hoesli）在《作为设计手段的透明形式组织》一文中，说了一大通，最后十分费力地得出结论：“但

是，在了解这一概念之后，我们可以建立一种思维，排斥‘非此即彼’的态度，愿意并能够接纳解决矛盾，容忍复杂性——正与透明性的空间组织两相协调。”他们在思想上无法容忍这种模棱两可界定不清的做法。

fig...08《底层》第一稿

主动的剥展吐露

传奇木刻版画，毕竟是二维的，总还是有彻底理解它的困难。那么，可以看一下它的现实立体版本。妹尾河童的《窥看舞台》一书中，载有一个叫做《底层》的话剧布景设计。《底层》的原作者是高尔基，描述的是19世纪末帝俄统治下底层社会人民的生活。此剧自1910年始至今，在日本已演出45次。原作的故事地点设定在地下室的一个房间，佐藤信导演的这个版本改变了故事的地域与时间，同时也改变了它的显示方式。

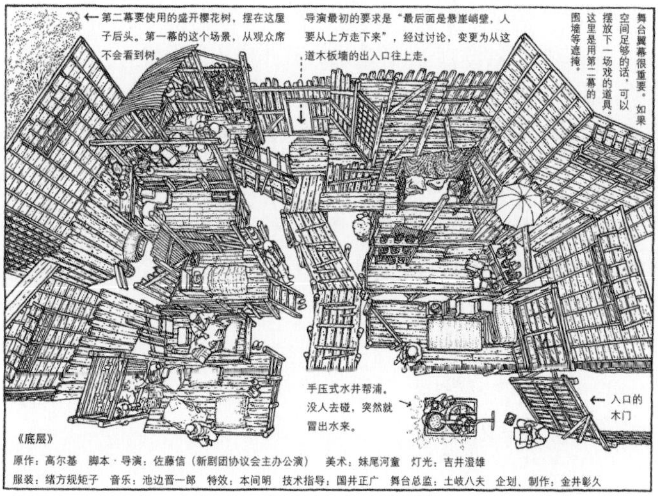

fig...09《底层》舞台设计俯瞰图

《底层》，一个最小的贫民窟，七八家人的聚落状态，较为复杂的空间与邻里。因为表现的毕竟是一个村子里的活动，因此避免不了有前后遮挡的问题，以及同时发生事件的可能，还有内部与外部同时呈现的问题。为了使得剧场内所有的观众以一种全局的共时视野，同时看到前后、上下、内外，而不是切分场景的分述 *fig...08, 09*：

① 整个舞台被策划成为一个类似“山城”的状态，自最高处（最远处）到最低处（最近处），跌落六个层级，以一个公共的坡道相连。前后毫无遮挡，全显。

② 八间木平房，几乎全部掀去屋顶，以室内观的方式显露出来，成为八个在不同高度互不遮挡的大平台，仅有最高处房子留有半个屋顶，暗示这是一种剖面的视野。观众可以一视到底，但各间的领域界限都在。

③ 木屋之间不设任何维护，但做了边界的围合暗示。

④ 布景成怀抱形式打开，如八字屏风。边界斜向度穿插邻家高墙，做层次混淆。

⑤ 每个平台（木屋）皆做了不同的变形处理，使它们显出差异，并相互掩映。

这是一组巨大的、为了观看而变形的房子，一组因表述需要而室内外不分连成一片的房子。这是主动开怀开襟、剥展吐露的方式，与古版画语言几乎同理：斜向度的，弹性的，反复折叠、展开与翻转。对观者，是一种包围式的、超越时间与空间隔绝的全局显示，这已经不在乎“如何观看”的问题，是“如何显示”的问题，是一种主动性的“让你看”，观看早已被决定了，是被如何显示决定了。这个“观”，是设计者的“观”。

同时，值得注意的是，《底层》这个舞台，为了“可观”，而被如此改造设计，却并不别扭。以一种“山城”的格局使得这种显示空间的构造合情合理，并不观念，也不概念。特殊的事件与特殊的表达，在一个特定的空间背景支持下，显得自然得体。正如罗兰·巴特在《结构主义的活动》中说道：

“在这种情况之下，创造或反省并非是世界的逼真逼肖的‘复写’，而是与世界类似的另外一个世界的真实创生，但它并不企图模写本来世界，而是想使其成为可理解的。”

这一定是比真实世界更加真实的构造，而我们据此反倒是把“山水”这个事物，理解得更为透彻了。

之三

山水画，一种建筑意味的观法画

观法

成中英先生在《易学本体论》中说：

“观，是一种无穷丰富的概念，不能把它等同于任何单一的观察活动。观是视觉的，但我们可以把它等同于看听触尝闻等所有感觉的自然的统一体，观是一种普遍的、沉思的、创造性的观察。”

观，从来不是一种简单意义上的看，正如王澍先生说的：

“看不是一目了然，也不是一系列的‘一目了然’。‘看’本身包含了认识方式，它是层次性的，其本身首先需要被追究。进而言之，深受现象学与语言学双重影响的结构主义眼中的世界是这样的：对人而言，世界首先不是事物的世界，而是一个结构化的世界，世界的结构性不是客观世界所固有的，而是人类心智的产物，是人脑结构化潜能对外界混沌的一种整理与安排，由此世界上才出现了秩序和意义。”

观，是一种结构性的看，它是有文化预设的。对于绘画而言，观，有它原本的物象之原，比例、构造方式的历史经验，所以，观是带有一种强烈的前经验图式的想象、观察、体验与表达（或言显示）。所以，黄宾虹先生在教写生的时候说：“你们看东西总是一个方法，总是近大远小，而我看东西时，心里总存着一个比例，即事物之间固有的比例。”

而“观法”是什么？

一为带有一种强烈的前经验图式的并且是创造性的体验方式、构造法，看法（解读法），表达法。比如：“在这个设计中，你有没有观法？”这句话的意味是沉重且深远的。

二指某一东西的姿态与位置在所处场景中起到一种颠覆性的叙述作用，或者其天生具备此作用的形态。比如：“如此跌宕摇曳，一条很有观法的路。”又比如：“在这栋建筑的逼迫下，这棵树忽然极有观法，让那树间的世界显得如此不自然的真切。”

建筑化的自然事物

明清传奇木刻版画是带有强烈的戏剧意味的表达，在这当中，所有事物好比在舞台上一般，在布景中，是不会让多余的东西出现的。清代小说《广寒香传奇》中有一插图*fig...10*：

一个大开怀抱的假山提供了一种观法，整体来看，全幅就是一个叙事的剖面，那个小姐身处自家花园，却被这种“观法”推远到一个异域，仿佛是她自己的内心世界的隐藏。假山是书房与外界之间的遮罩，更是一种地域差异的语境符号。假山那矫作的巨洞：

① 作为我们旁观窥见的窗口，有真实体验存在的可能；

② 暗示了这个书房的出入方式，因为假山的遮掩，那个书房几近消失，只有屋脊与窗棱作了微弱的提醒，是一个假山与房子的视觉混合体，洞开假山的存在，颠覆了对书房的认知与想象，一个假山房；

③ 这是“客观化”的叙事需要的剖面做法，不那么“真切”的有撕开意味的洞口，提示了这是一个场景的剖面。

假山的意义是多重的：一、假山本身；二、地域的提示；三、提供主观与客观的不同观法。

就这个区域看，这个书房已自成一个世界：有山（假山，与建筑交合），有房，有入口水口（洞开伸向水面的台阶），有边界（假山建立地域差异），有肚膛，有遮盖（竹林的衬托遮蔽），还有人生活其中。假山，台阶，水，竹林，一个窗户般的不完整的房子，这些都是用来搭建叙述的道具。

在“观法”的视野里，各种事物都不是自持性的简单存在，而是带有强烈的叙述意图，十分具有建筑意味，且担当了很多建筑的功用，使得叙事被多样的事物分担、分权。于是变得生动不单调，作用起到了，但是意味又多了一层，甚至有了转移。当然，这与事物对建筑的象形是两回事情，差异是在叙事的意图上，其角色作用，而不在像不像的问题。

fig...10
《广寒香传奇》插图

具有“观法”的事物，类似的语言，大量存在于传统的绘画、砖雕、文人器玩中。试着罗列一些：

裂洞前如垂帘的倒挂松；

被拨开想象窗口的云雾；

伫立路中央险些撞怀抱的立峰；

意喻柱林门廊的竹林*fig...11*；

如门扇开启，重重悉见的片状山石；

强调人之站立位置，指看方向的歪松*fig...12*；

似随意捏造空间如具弹性的多重视界的湖石*fig...13*；

界定天壤之别的树梢；

……

任何自然事物都有可能具备“观法”，参与叙述，甚至决定叙述的方式。一棵植物，如不在群体构造意义上去看待，它就还是植物本身；一旦成为叙事语言系统中的一个环节，一个词汇，它就是一个“角儿”了。

计成说：“槛逗几番花信，门湾一带溪流，竹里通幽，松寮隐僻”，“奇亭巧榭，构分红紫之丛；层阁重楼，出云霄之上。”花，溪流，竹里，松，红紫之丛，云霄，它们皆精密地加入了意义的建造，形同建筑元素与构件关系的凑巧，清晰而不多余，却看似如此的自然随意。如此看来，综杂了万千自然事物，被反复构造了千年的山水画，它的深意究竟有多远？！

fig...11 柱林门廊

fig...12
臂搁，与人相倚提供遮荫的歪松

fig...13 建筑功能的山石。竹雕笔筒展开立面

建筑化的构造

高居翰说："历来中国画不是对实景的记录，而是在画室当中的产物。"无怪乎董其昌因为遇到自然山体结构与所学笔法的印证，而大呼小叫："吾见吾师矣。"如果说，五代及北宋的山水画还具有一定的写实性，那南宋及元以来，山水画便更多偏向于一种空间的构造游戏，一种叙事的设计。对自然事物的像与不像不再苛求，不甚求合物理，而更求合心意。文人画家在案头创作，在特定的尺幅形式内，反复地不厌其烦地建造内心的理想世界，这时的山水画，就是"心园"的写照，就是纸上的园林设计图。

于是，画中自然事物的符号性愈加明显，每件事物的意义与作用被积淀性地确定下来，它们在很多有想法的文人画家心里，渐渐成为一堆构件，为建造一个心园而所需的构件。清代的《芥子园画谱》并不是一本学画的好范本，但它的规定性、模式化、普及性确实深刻地说明了这个问题。画家对事物的选取与调用，有了一个"库"与详尽的分类，并渐渐程式化起来，成为一套极为成熟的语言。而在词汇符号化、构造相对程式化的同时，设计感却变得强烈，出现了奇幻的视野。

沈周的《雪山图》*fig...14*，特点在于构造取景极窄，由此造成了相对闷塞的效果，而这种闷塞的效果使得视觉的变化十分剧烈动荡，忽远忽近，忽通忽阻，一会儿大片水面，一会儿磐石当前，一会儿平远疏朗，一会儿又坠入深涧幽滩。画面中各出口皆有指向与暗示，让人念想不断。《雪山图》里少有完整的事物，没有痛快的视野，但"残山剩水"的方式并没有带来一味的憋屈，而是扩大了经验，它们依赖与边界的敏感关系，吞吞吐吐，一种撩拨人的方式。

前人哪里有这类过度的设计感，一种机械式的精巧排布方式，缠绵胶着的空间？这令人联想起明清时期的江南园林。而我们再注意看他的"词汇"，山石林木建筑人物之类，近乎调用的程式化排布，画中事物相似度太高，并且反复出现，像是《芥子园画谱》的综合应用案例。

文徵明《李白诗意图轴》*fig...15*，颠覆了立轴的正常视野与段落，中景与近景，一上一下，构成视野的边界，而远景却在正中，一个巨大的空谷深潭。位于边际的四组一共十块别有用意的岩石，以大青绿色与其他事物区别开来，强调了对空谷的围合。需要特别提醒的是，凡是青绿部分，皆为最前沿，或者最边界，也就是所谓的外部，或者说是剖断处更为妥帖，其他颜色的事物几乎皆被青绿所包围所挤而退后，而虚弱，成为内部：如那条前景的小路，被青绿挤出，因为它通向内部。仿佛一个山体被剖切之后，呈现出巨大的断面，一个悠然的内部横空出世。文徵明画出了一种剖面的视野。在建筑学看来，这既是一种平面关系，也是一种高度上的剖面关系。

宋人的山水画，纸张尺幅还带有行旅取景之“框”的意义，而元之后，尺幅形式的边界，渐近了造园的边界，文人不再“今张绡素以远映”，而是跃人于纸上，去造一个园。因此，山石的生长可不循常理，而是从了人的妄想，失去重力，被任意调用，经营位置，或当空，或壁挂，或倒悬。

这是一个城市地中造园的方式，具有建筑学意味的意识与方式。

山水，一个自然“建筑”

董其昌在《兔柴记》中写道：“余林居二纪，不能买山乞湖，幸有草堂，辋川诸粉本，着置几案。日夕游于枕烟庭，涤烦矶，竹里馆，茱萸汫中。盖公之园可画，而余家之画可园。”园可画，画可园，园以种种“观法”被创造性地再表达，而这种表达本身，就是诗意的栖居，就是真实世界的多种想象的众多版本，如同卡尔维诺的《看不见的城市》。罗兰·巴特说：“创作或思考在这里不是重现世界的原来‘象’，而是为了使它可以被理解。”那些绘画，我们压根不用在意它真实度的问题，它一直在促进我们对人与自然关系的真正理解，这种常年反复的“纸上造园”的摹写与实验，是我们不断确认自我存在方式的诗性手段。

明代刘士龙在其《乌有园记》中说：“迄于今求颓垣断瓦之仿佛而不可得，归于乌有矣。所据以传者，纸上园尔。……而文字以久其传，则无可为有，何必纸上者非吾园也。景生情中，象悬笔底。不伤财，不劳力，而享用具足，固最便于食贫者矣。况实创则张没有限，虚构则结构无穷，此吾之园所以胜也。”纸上有一个与现实世界的对等物，它甚至更为美好。每一介贫寒之士，都可以拥有一个游目骋怀，足以极视听之娱的“园林”。

在传统中国，没有专业上的“建筑学”，亦没有与西方概念对等的“建筑”一词。画中的山水，“可居、可游、可观”，是一个异化的建筑，是属于我们本土的师法自然的建筑。与之对应的现实便是造园。而山水画，是造园这个“建筑活动”的活源与图解，是思想实验。

之所以在“建筑”之前加上“自然”二字，是因为它们虽极尽视野时空构造之可能变幻，却永远那么赏心悦目，节奏优雅，永远以自然作为叙事载体，可以雅俗共赏，这几乎就是对西方立体主义与纯粹主义最好的嘲弄。

在本土建筑学视野之下，山水画究竟画的是什么？我想，画的应是一种自然建筑学的视野构造，画的是“观法”！

fig...14 沈周《雪山图》

fig...15 文徵明《李白诗意图轴》

之四

作为观法的建筑

视框般的房子

清代的女乐图扇形小插屏，一场热闹的传统雅集，全景式地平铺展开 *fig...16*。那个建筑弱化到不再被表现，仅留出了基本的界定：上部不完整的屋顶带与栏杆，还有转角处仅有的两根柱子，几扇用于遮掩来路的柳条格窗。大敞大开，朴素地横陈在那里，本身空无一物，满盛了熙攘的活动。建筑成为展示的橱窗，取景的视框，它作为“观法”而存在。而那个特地被作为扇形的边界，难道不是一扇景窗，在窥看着这个场面？也或许是另外一座空空如也的建筑？

牙雕中弱化的房子保留了传统中国建筑的基本元素，却不能再少了，但这些却是传统中国建筑最为重要的特点，仿佛没有体积，是线与面，其功能在于透过与满盛，映透周遭，作为一个视野的量词：“四壁荷花三面柳，半潭秋水一房山。”

fig...16 清・女乐图扇形插屏

连绵的遮罩

传统的园林建筑房屋，其个体形态构成比较简单，差异不大，因为它们作为摄景的容器，围景的边界，总是群体性地成片出现。简单，并不代表缺乏意义，个体的几点共性，虽然寥寥，却足以安身立命，演化无穷的差异。两点共性：

① 分正侧，分向背。

再小的单子，也有阴阳，于内于外皆有方向感，有面与面之间的差别，有通透与阻隔之分，有材料与色度的敏感之分：山墙、门扇、窗户、屏风。因此，各面可以有分别对待的经营，在群体构造中，有虚接与实接，进行积极的偶发对话。

② 线面构成，弱实体。

线，柱子框架结构，最小的结构方式，弱化实体的存在。面一，山墙，开洞开窗，破之。面二，门扇，全开，甚至可以全部拆卸。线面构成，保证了在有正侧向背的差异基础上的最小实体维持，以虚纳环境，隐入周遭。

“高下”与“途径”，不在个体，在于群体。

因此，个体的特点可以被描述为：一个屋顶之下的，有正侧向背的最小界面的维持的“空”。当然，园林是对山林的拟居，地面的高下不能不说，所以，更完整的描述应当为：一个屋顶与台地之间的，有正侧向背的最小界面的维持的“空”。

那么，这些个体组织为群体的时候，勾搭、黏连、折叠、嵌套、排列、撞击……个体将全面消失，整体将被描述为：一片连绵屋顶与起伏台地之间的无数个不同方向的“间”。那么，所有的正侧向背、线面构成，皆作为连绵屋顶与起伏地面台地统摄下的整体界面，来作为遮罩，作为一种视觉控制，开阖风景，吐纳山水。这时：

① 屋顶分出了阴阳明暗的条件，构成了“进”的大层次感，也成为视觉控制的上限，作为一种“压制”而存在。如李渔所言：“须有一物以蔽之，使坐客不能穷其巅末……”

② 山墙、门扇、窗洞、屏风等作为水平方向的中间层遮罩，构造开阖启闭通阻之变化，这四类水平遮罩，为园林中极尽变幻之能事，以达“前后掩映，隐现无穷，借景对景，应接不暇……左顾右盼，含蓄不尽。”（童寯先生语）

③ 连续起伏的台地，作为高下俯仰的条件，成为视觉与肢体控制的下限，如童寯先生说：“……由一境界入另一境界，可望可即，斜正参次，升堂入室，逐渐提高……”

屋顶与拟山高下的台地，又何尝不归于这层遮罩？这层遮罩，绝不仅限于视觉，而是以视觉作为先导的，设定引发全身肢体活动与撩拨情感思绪的立体设定 *fig...17, 18*。

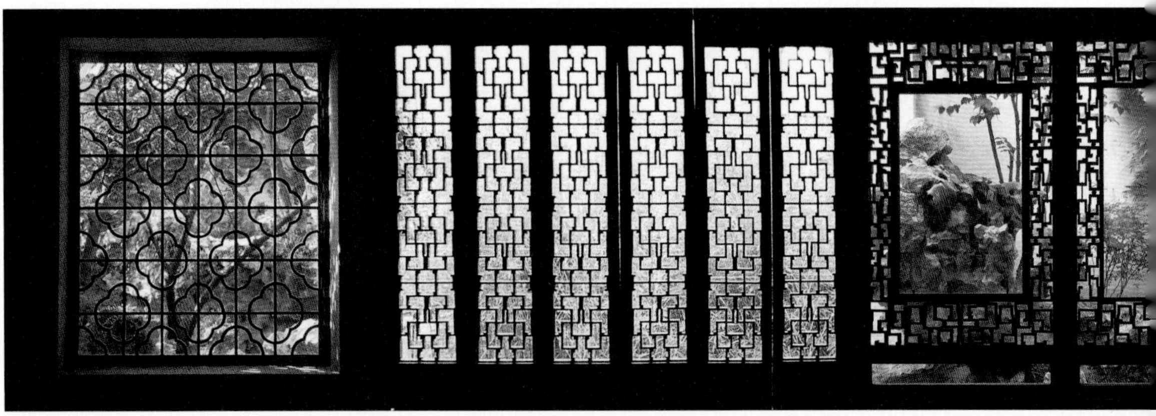

fig...17 遮罩之一

fig...18 遮罩之二

未山先麓

造园，大中见小容易，小中见大则难，观法能以一勺意海，一拳代山。造园要求“居山可拟”，搬山水进家。小中见大，一种办法就是以小指大，主要说的是“静观”，而非“游观”。

清代吴伟业之《梅村家藏稿》中载有张南垣之省力造山法：

“南垣过而笑曰：‘是岂知为山者耶！今夫群峰造天，深岩蔽日，此夫造物神灵之所为，非人力所得而致也。况其地辄跨数百里，而吾以盈丈之址，五尺之沟，尤而效之，何异市人抟土以欺儿童哉！唯夫平冈小阪，陵阜陂陁，版筑之功，可计日以就，然后错之以石，棋置其间，缭以短垣，翳以密篆，若似乎奇峰绝嶂，累累乎墙外，而人或见之也。其石脉之所奔注，伏而起，突而怒，为狮蹲，为兽攫，口鼻含牙，牙

fig...19 苏州耦园织帘老屋前假山

错距跃，决林莽，犯轩楹而不去，若似乎处大山之麓，截溪断谷，私此数石者为吾有也。方圹石洫，易以曲岸回沙；邃闼雕楹，改为青扉白屋。树取其不雕者，松杉桧栝，杂植成林；石取其易致者，太湖尧峰，随意布置。有林泉之美，无登顿之劳，不亦可乎！'"

此法便是"未山先麓"fig...19。手法可以历数：

① 先起高高墙角，作为山的力学倚靠，以及想象底景。

② 堆土为主，山石用于节点要害，分出层次，要有夸张姿态动作，要显出余脉。

③ 山体要用矮墙缠绕，游走其间，切分段落，遮掩体量。

④ 以小竹林作遮蔽，制造阴影，建立虚暗。

⑤ 必要时逼近房子柱前，仿佛冲撞。

⑥ 水岸要曲折，不见头尾。

⑦ 植被要不落叶者，间杂种植，分阴阳，突出高势。

⑧ 观察山体的房间之色调亦有要求。

列举下来，其实很不省事，省的只是地方、空间与土方，代之于繁密的布景设计，是极为不容易的事情。

总的来说，可以拿李唐的《万壑松风图》fig...20来提炼一下：此山并不崔嵬，只是详写了山脚而已，是关于前景与中景的伟大，远景仅仅是提示，一个局部，一个山脚，便足以摄人魂魄。

fig...20 宋·李唐《万壑松风图》

一座小山，观法大成

山水画的对象是与人有关的山水经验，因为角度在于人，因此它是表述不全的，也就是说，山水画中总有不可见的方面。山水画不是俯瞰模型，也不是完全展开的说明图，而是一张半吞半吐、半推半就的藏娇图。因此，绘画是讲究“景界”的，“景界”其实就是“眼界”，我们通过这种界定来观看，这个界不是画框，而是对所见释放的控制与设定，“界”潜藏在画中。

拿这个山子摆件 *fig...21* 来说，容易明白。这个摆件的奇异形态的意义在于，可见的成为不可见的有意识的不完全遮挡，不可见的以局部的方式在“时间的转角处”泄露，进而构成欲望与推动，不断旋转，连绵无穷。在我看来，这个摆件的形态就隐含了建筑学意识中的视框、山墙……这是关于视野的分面工具，它分出了向背阴阳，可见与不可见，于是构成转折的必要，运动的必要。纵然我手捧这个模型般的玩意，可以如上帝一般玩弄这个小小世界于股掌之间，但是无论怎样，我们都受制于这个潜藏的“界”的视觉控制，虽然是俯瞰，但我们始终是进入性的，这个摆件的构造法决定了我们对它的观法，我们竟然无法一目了然地看全它。

从山本身的形态意义来讲，苏州环秀山庄的大假山与这个“溪山行旅”的摆件是同构的。这是带有观法的假山，依赖表面褶皱的模糊维度，统摄了所有的姿态动作，成为一种具有自然意味的连续的表面涌动，如一个层出不穷的器官，反复地推挤你，又如一个长袖善舞的女子，将你裹入她的衣褶迷帐，如坠云雾。是一种被动式的按摩，让你的举手投足不得不配合出仰止、抬望、俯察、侧身、上步、顾盼、斜刺、观峦等等具有山水意味的程式化动作。一个与此素昧无干之人，却也可具有三分韵味的姿态。这是假山形制所逼迫，美景之利诱，泛起你血液底层的残存。经此，“眼界”转化为“身界”，“观法”转化为“身法”。

然而，这种“观法”不仅存在于假山本体的形

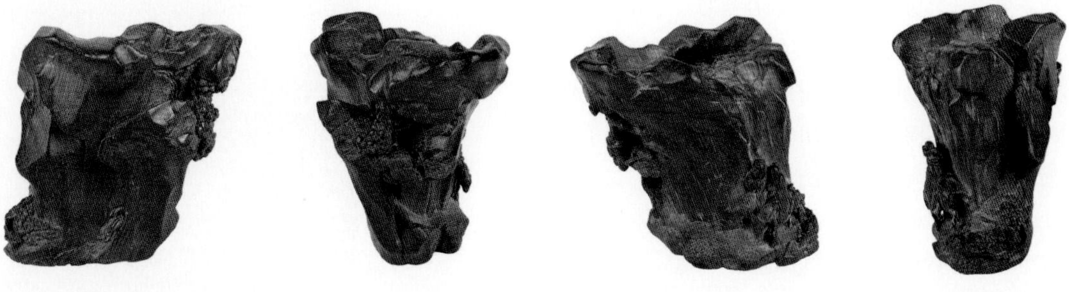

fig...21 清 · 竹雕溪山行旅摆件

态构造中，也对等地存在于与假山关联的建筑中，它们相互依存，观法互成：山作为体验建筑的观法，建筑成为看山的观法。可以通过一个概念来大致说清楚，这个概念在四年前我交付了学生方恺作为他研究此山的主要线索。此概念叫做“七间房”，分别名谓：匡山，去山，切山，定山，房山，反山，围山。*fig...22-28*

第一间房，“匡山”。名字是我起的，因为这个房子已经不存在了，它原本是一个廊子，后来被拆掉了。这点有两处可证明：一，在刘敦桢《苏州古典园林》中有图可查。另，在杨鸿勋的《江南园林论》中亦有图证之*fig...29*，虽然以上两种平面图有关此廊子的形态位置有所差异，但可以肯定的是原来一定是有廊子的；二，由假山正南大厅走近假山，并无一点遮拦，假山体量暴露无遗，这不是戈裕良的手段，第一面见山，居然没有“观法”，居然无遮无挡，如何能缓缓道来，小中见大？且假山池东南角水尾暴露，山与墙面交接皆呈断面暴露，这些都是不合情理的。“匡山”廊，其实是一个十分浅薄的建筑的立面而已，为的是有限框取假山正南中间一段景，现出长卷的图式，“匡山”两头皆有短短山墙相挡，为的是屏蔽左右景的端头，只取中间：有逼近之境，举手可及的“环透叠法”；有视觉深沟，前有曲桥相拦，但不知其头，远可直视到补秋舫。十分完整的宽幅长卷之景，且有隔扇多间在前，如同屏风画一般。依据杨鸿勋所复原的图，我们可以想象出与现存状态截然不同的对大假山的主向看法：在一个四面围廊围合的院子里看院子外面的大假山，这种看法是相当含蓄相当有预谋的。目前，闭合的院子变成了开放的临水平台，大假山成了裸体。与其命运相同的还有乐山大佛、各地的各类石窟等，都在裸晒着，都丧失了本来的观法。

第二间房，“去山”。名亦是我取，因其原来无名，隐藏于西墙之内，但其在整个序列中位置角

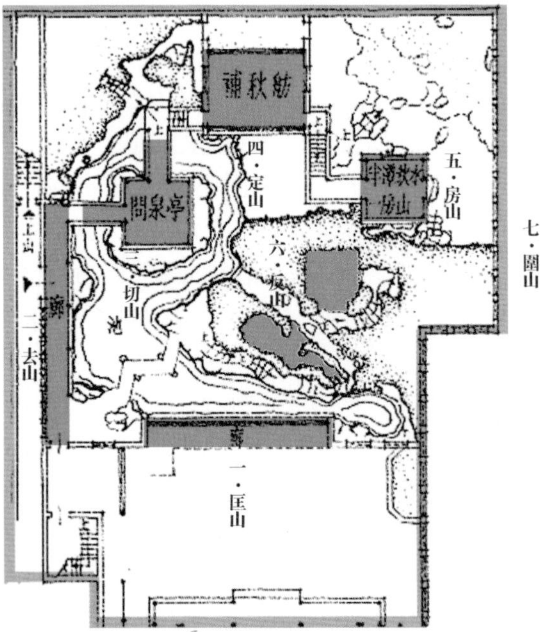

fig...22 环秀山庄大假山之“七间房”

fig...24“定山”，虚奥的底景

fig...23 不在了的“匡山”

fig...25 反看“切山”

fig...27 "反山"的反观

fig...28 假山峦头对周围环视，一样是山中的房子

fig...26 对"切山"的瞥见

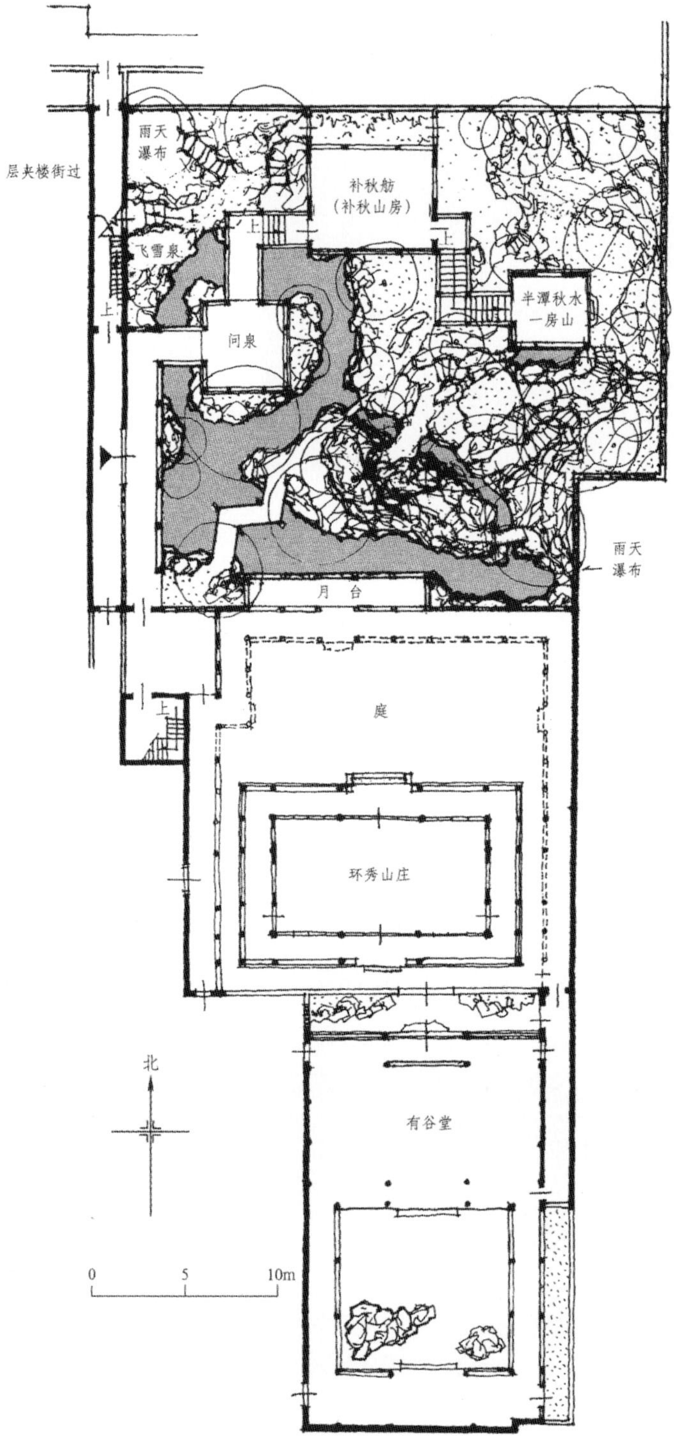

fig...29 杨鸿勋《江南园林论》中的苏州环秀山庄复原平面图，
依据童寯《江南园林志》中20世纪30年代图及50年代遗迹绘制

色十分要紧，所以不舍。“去山”廊，在“匡山”左转折经由西南角小房子之后，顿然出现在假山的西岸，忽然距山远远，缓缓平行向前，看到了山的侧面，是行走的长卷。这幅场景，亦是相当的经典，近水溪岸与中景山水平横陈，有一折桥渡入，道路右转旋即消失。此面假山，与正南绝然不同，分三层台地，层层缩减而上，各层种植林木，以遮掩假山体量。唯西南对桥之角悬挑出来，做高山仰止状，用来威吓人。

第三间房，“切山”。名由我起，是原有“问泉亭”与前后折廊的总称。“切山”由“去山”渡来，切入山中，被山林包裹，在廊中观望，亭之不存与廊子化为一体，构成一个转折的停顿，左右观山，南平北仰，松荫映衫，飞泉溅身，如坐山之脏腑。“切山”，一为主动切入山；二作为远处观山，对山的层次的分段，在南部看来，假山被折廊所分，但依旧透出连绵，更显层次；三，其屋角正对假山中央之峡谷，可窥见内腔，亦可被峡谷所“罅隙见”，为“切意”之三。

第四间房，“定山”。原名“补秋舫”，“定山”为全山至高底景之处，起定格局之用。此房北面虚白为过院墙，其余三面皆能照见绝然不同之山景，收四面景色。在假山整体中，作为高处底景之用，以其正侧向背的分面，增补了多方向的幽虚。

第五间房，“房山”。原名“半潭秋水一房山”，出“定山”转而上的一空亭，深陷山内，满眼假山，因其建筑位置最高，可平看假山峦头，以及周围一圈屋宇墙嵴。

第六间房，“反山”。是消隐的房子，实为两间，皆为假山内洞，但都以石室来经营，家具不缺，亦有“窗户”，可从各石洞窗中外窥，作多方向的反观。

第七间房，“围山”。就是围合这座假山的院子，这是内向性的“一房山”。围合，代表了一种掬拢的收藏，包围式的观看。“围山”西面有二楼整面的薄间，可以平眺假山，依照旧图，恐怕他处亦有楼梯可以登高上墙观山，再说戈裕良应该不会浪费任何看山的绝佳角度。东墙为假山建立了背景，让其入了画卷，自然消隐而去，仿佛“累累乎墙外”，有大山连绵之想。“围山”，也是为了假山反观之后有一个可以设定的周遭：一带建筑绵延隐藏于山峦之中。

这七间房，构成一个有关山的“观法”的完整序列，以多种“不完全观”，综合成为把山“彻底看完”。以片段的方式，收取了山水的“类型化体验”，把山搬进了家中。搬山，搬的是“观法”。这七间房，就是七组电影镜头，以一种控制性的体验方式，解释了中国人的看山之法。

偶遇与逆袭，斜向度观法

叙述格局的既定，“观法”便已然确立，这是经典的体验用度，仿佛走正门，登堂入室，按部就班。但常常有走旁门左道的，那么既定的“观法”将荡然无存，礼仪场被顷刻逆转。但这并不是什么坏事，亦会带来奇崛的视野与体验。好比明清北京城的中轴线，基本上是摆着看与想象的序列，平时则有平时的各种走法，那体会是千差万别的。

多年来，我一直念想着17年前第一次去苏州艺圃的经历：从主街转到一条十分不起眼的市场一般的小街，两边开着小饭馆杂货铺，路边摆着小摊，鸡鸭鱼肉蔬菜，人声嘈杂中挤入一条小巷子，三拐两拐，经过老头老太的竹椅聊天阵，穿过几家门前煤炉生火的烟瘴，与几辆满载竹椅的三轮车擦肩而过，在迟疑之间，忽然看到了艺圃小小的园门，温文的门匾，褪了光的旧黑漆门，两步宽的巷道对面的老墙下，放着拖布与笤帚。园林只有生长于这样的旧城里面，才有这般的鲜活欣喜。

城市山林，不能离开城市。

惊艳，就是在一个旧时的菜市场里剥出一个网师园来。

这是对正常阅读的斜向度重读，可能源自机缘与偶发，也可能是历史积淀新旧相替之由，也可能来自于失传之后的追忆误读，等等。这都是十分现实且常见的。引用王澍先生的话：“可以用超现实主义者的术语恰当称作：‘客观的偶然机遇’。”

因此，园林并没有规定一种唯一的进入方式，它精微地做出设计，但在体验上保持着“松动”结构的可能性，它可以由无限种方式来阅读，那都是一种全新的感知。斜向的“观法”，考验着元素或者单子之间的偶成是否具有天赋性的积极，以及它们的编织是否具有活力，并不断地推动着意义的再发现。

无论是面对手中的一个建筑模型，还是身边的一个庞杂城市，这都一样，我们需要时常性地保持一种斜向度“观法”。

之五

没有花木 依然为园林

一个人的世界，自设周遭

造园不仅是移来山水进家，更是自设一个独立世界，一切皆为人工，是表演性的。园林，本质上说，就是一本明清传奇的木刻插图，是一系列戏曲舞台。这个舞台提示着我们不忘那身段、手势与眼神，那举手投足的意义。它是山水生活积累下来的凝集，属于境遇化的记载。而真正的戏曲舞台上，却什么也没有。没有山，没有溪流，没有飞雪，没有狂风，没有建筑，无门无窗，无车无马……一切皆需要自设，依靠角色的眼神、身段、手势、走步、唱腔，以及角色之间交错缠绕的肢体关系来设定境遇周遭，营造一个世界。而这个世界，是随身而发的，出手便有，转身即没。是“身手间，显山露水”：手搭凉棚，眼神稍晃，我们知晓已然是去之甚远；袖口遮面，刻意说话，便是虚拟了一个短暂的单人环境，弹出一个内心独白；一连串唢呐牌子，人未到，其气息已弥漫全界；一个锣鼓点儿，便将你打入心意的冰冷深渊。

程式化的肢体语言，可以有效地意指一切，这便使得它在流俗中变成一种“摆样子”，让人生厌。表演的高下，最终是分在内心的自设境遇的深度，动作因心而生，才有其辐射出来的氛围。钟和晏与日本歌舞伎大师坂东玉三郎之间有个访谈，他在《女形与艺道》一文中谈到：

> “但是玉三郎真有火候，他能在踏上台毯的一瞬间入戏。可能在几秒钟前，我们还在讨论晚饭吃些什么，他一转身，哪怕是近在咫尺的我，也感觉他已化身为杜丽娘了。每到此时，我都会猛觉尴尬，忙不迭地逃离侧台。”
>
> 靳飞说：
>
> “玉三郎与他所饰演过的角色，都有着隔不出几秒、离不开几步的关系。即便是像我这样与他长期一起工作的好友，视那几秒几步亦如鸿沟，无论如何是不可能跨越的。”

当然，表演性不是表现性，它要求，你虽然演他，却不是他，你是他的“观法”。角色就是角色，浸淫其间但保持着对立与平行。

建筑在言山水

童寯先生说：

> “中国园林原来并非一种单独的敞开空间，而是以过道和墙分隔成若干庭院，在那里是建筑物而非植物主宰了景观，并成为人们注意的焦点。园林建筑在中国如此令人愉快的自由、有趣，即使没有花卉树木，它依然成为园林。”

园林建筑，在引导我们“指看”自然的多少年来，已经渐渐由一种两不相干的自持，而成为一种有关于自然的刻意的“观法”，饱含“观法”的建筑，已不需要花木的直接参与，我们通过建筑的“动作”，便能知晓自然的存在，其本身已然映进了自然，一招一式，皆能映照自然。正如，台阶的诗意，柱子的诗意，墙洞的诗意，屋脊的诗意，抬眼那砖雕的诗意……都是对自然的意指。它如昆曲的一角儿，可以自设境遇，“不下堂筵，坐穷泉壑”。因此，在明清园林中，建筑的量常常盖过了自然物，花木常常是微小的，碎片化的，以点缀的方式散落在密集胶着的建筑群中，仿佛是为了一种提示，是为了建筑的动作所指有指。

在园林中，是建筑物而非自然物主宰了景观。这并非城市空间密集的结果，而是文化发展取向使然。园林，是如画的，出于诗的，不是对纯自然的复制与照搬，而是内心世界与自然的比照，是对自然的重新分类与心理设想。园林建筑，师法自然，却并非作为自然的附庸与模拟，它以一种人化的、文化的方式在表演自然，叙述自然。

画中山水，是胸中丘壑。画是一种异化的自然，这种自然根植于地域的文化结构中，它不需要去看齐谁。“如画”的重提，是对“师法自然”的重提。“如画的观法”，将帮助我们观到建筑学的中枢，我们自己的诗意“几何”。

为什么“没有花木依然为园林”？

这可以认为是童寯先生给我们的设问，当是上联，我仰对下联：“因为建筑在言山水事。”

凝视与一瞥*

金秋野

图解山水

人人都有一双眼睛。同样的生理结构，眼里的世界却各不相同。视觉不只是光线在视网膜上的投影，更是观念在心灵上的投影。人们举目四望，看见的东西各不相同。他们做事的方法和态度，他们使用的器物和工具，他们营造的物质环境，特别是他们的语言和艺术作品，都是对外在世界作出的特定反应。他们如何选择，开始是由他们"能"看见什么来决定的，后来是由他们"想"看见什么来决定的。"观"与"想"不可分割地缠绕在一起，所观即所想，"想"是一种"内观"，"观想"是建构世界的第一步。文化因此带有一些相对的特征，不同文化传统之间，不同个体之间，没有整齐划一的评判标准，真正的差异在于心灵构造上的不同、应变方式上的不同、行动策略上的不同。

王澍在他的博士论文《虚构城市》中反复提到清末的豸峰全图*fig...01*。豸峰是中国为数众多的小山村中的一个，它有幸被以一种传统的方式记录下来。图绘完成的时间是1904年，正值中国社会深刻转型

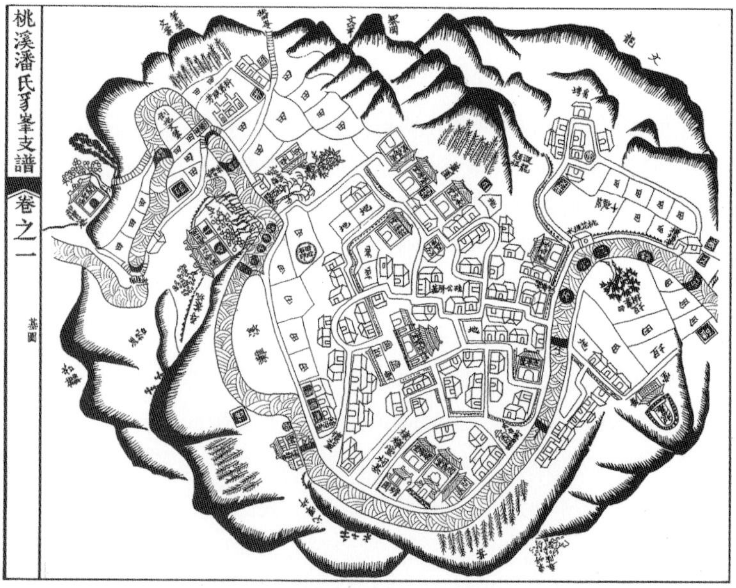

figure...01 清末豸峰全图。摹自清·光绪甲辰年（1904年）《桃溪潘氏豸峰支谱》。龚恺. 豸峰. 南京：东南大学出版社，1999:3.

*原载《建筑学报》2014年第1期，18—29页

的前夕。用现代制图法来衡量，这幅图的表现水平相当拙劣，既不准确，也不精当。但是王澍非常欣赏它。他说：

“它们是用于联想的东西，而不是地理规定的东西。”

的确，一幅精确绘制的地图永远也不会给我们如此深刻的环境空间暗示，比如会通过直观的图示告诉一个人走到哪里会遇到一棵什么样的树，看到一座什么样的牌坊。我想，对于真实世界里漫游的旅人来说，这样的一幅图绘，要比精确抽象的地图更加优越，更不容易让人迷失，因为它在描述世间万物之间的种种关系——一座门楼的形制和方位、一片树林的种类和姿态、一座桥以何种方式横跨一条河流。这是一种非常奇特的观看方式，说它奇特，是因为我们对它并不熟悉，或者不再熟悉。然而，正是这幅有点比例失衡的、甚至幼稚可笑的图，传达出一种久违了的和煦、虔敬且丰润的心灵构造，以及由它引出的一番“观想”。这是“漫游”般的体验，如同展子虔的《游春图》，它会把我们吸入图中，穿过街巷，拐过牌楼，踏上田垄，抚摸路边的桃树，在滩溪上游玩，在祠堂里打盹，越过垂柳的柔柯眺望青翠的远山。绘图者提醒我们注意那些标出了名字的地方，它们并未按照某种科学的分类，列举得也不周到，但却真切地契合着这位漫游者的心灵。现代地图无法做到这一点，这不是信息量大小的问题。哪怕是三维虚拟现实的GPS导航图，都无法将一个有形的世界如此这般直观准确而言简意赅地推送到我们面前。相比之下，导航仪只是现实的一个切片化的副本，它或许可以在一片简单重复、毫无识别性的数字化城市里让人免于迷路，但这并不是什么优点，因为容易迷路的现代城市本来就是人类自己造出来的麻烦。无法被豸峰全图描述的现代城市，正是现代几何学所提供的观想方式的必然结果。

豸峰全图不是地图，不是山水画，不是轴测，更不是虚拟现实；它只是一个图解。它不分青红皂白，把人文环境和天然景观杂糅在一起。它又具体，又抽象，又简略，又丰富。相比之下，地图是多么乏味，只是一堆坐标点和图例的堆砌，没有人会靠地图来感知一个地方，他只能靠它了解自己的理论位置。面对山水，一位数学家只能编制一个图表，一个小说家却能讲述一个故事。

清代画家龚贤说：

“古有图而无画。”

我们也可以说，传统的地图不求精准，不作归类，只刻画现实意义上的“重要之物”，带有明确的指示和讲述口吻，本身就既是画，也是图解。像《洛神赋图》这样的绘画不就是图解吗？山水画也许就起源于对山川形势的图解[1]，它至今仍然带有图解的诸多特征。但是，不谈山水比德，不谈含道映物，只是把山水画比作地图，听起来难道不是太缺乏诗意了吗？如果说豸峰地图“在某种更宽广的范围上与现实类似”，那么它是如何实现的？在它背后，是一种什么样的观想方式在起作用，在今天的世界里是否仍有价值？

《虚构城市》完成于2000年，去今已有13年了。这些时间里，王澍从豸峰全图中看到了什么，又是否融入了他的思考和设计，从而又如何引发了其他人的思考和设计，正是本文关心的问题。我们将看到一种独特的吸纳传统的方式，并从中生出了诗化的建筑语言。虽然材料和建构的地方特征能够为它增色，但总的来说，这种设计语言是不依赖于乡土，甚至是反地方性的。它立足于一个更宏大的文明模型上，像一次再造和重生。

本文从豸峰全图出发，探讨一种不同寻常的观想方式。这个问题有三个方面：其一是看什么，也就是地图的绘制者，我们的先人，他们在现象的世界里看到了什么，如何进行分类，如何选取“重要之

[1]《周礼·地官》：“大司徒掌建邦土地之图。”这里所说的大概是描绘在布帛上的图画，作为城市设计的底图。用这种方法建造的城市，也许并不是精准的，却仍然是高效的，且在审美上兼顾自然与人工的连续性。

相似相续

物”，如何确定尺度，又如何组织安排；其二是怎么看，是正襟危坐地看还是随随便便地看，是拉直了看还是环绕着看，是一个个看还是一组组看——既然说观想即建构，如何看也决定了如何画、如何营造；其三是为什么要这么看，这种观看的方式，可以是实用的，是地图、是器物上的花纹、是雕版上的插图，也可以是精神性的，是山水画。今天，我们还有必要延续这样的观看方式吗？

这样，一张似是而非的地图所引发的关于“看”的讨论，成就了一段回忆之旅。

与采用投影展开面的现代地图不同，豸峰全图像是一个口袋，又像透过鱼眼镜头看世界。它并没有像现代地图那样四面开张、撑满纸面，而是四角留白，形成一个收缩的球。连绵群山环抱着村落，以溪水为襟带。这是一个被自然包裹的世界。

在这张图中，首先，被提取的“物种”相当有限，可以被简单地概括为几类；其次，被提取的事物往往是有名字的，即一些“诗性的个体”；第三，每一类事物各个类似但绝不雷同，彼此不是对方的克隆，它们遵循着王澍所谓的“相似性区别”而彼此勾连。

王澍这样描绘图中的“物象”：“把几座有名字的山峰、几座没有名字的山峰、田、地、某个水坑（肯定不是全部水坑）、一堵墙、若干有名字的房屋形状、一块只有名字没有图形的房子、一座坟墓（而不是全部坟墓）、一棵特殊的树（有名字）、一片无名的树林、一个不同寻常的碣、一块有名字的石头……把所有这些以完全等价的方式都画在一张图上……相信当今没有哪个建筑师做得到，因为根本没有学过。但这张图却可能是关于这个村子真正现实的最恰切的描摹。”[2] 他把它解释为一种“类型学”的构造：“把图上作为组成部分的各系列排列、组合，我们就可能得出这个村庄的完整结构，即主要题材及其他种种形式——系列的范例（隐喻性类型）……它的总和结果，符合中国任何地方人类智力的某种根深蒂固的组织原则。”[3]

这些无法归类的“物象”，勾画出一个“具体”的世界，与现代地图的抽象世界不同。相对于豸峰地图上有名字的树木，“城市设计平面上的树只是一串圆圈，模型上也类似，因为它们都是抽象思维的证据”。王澍认为，它们来自于福柯所谓不同“知识型”的思维秩序，分析与归纳是后者常用的方法工具。相对应的，豸峰图中的“物象”，却是一些得诸感觉的符号。

[2] 王澍．虚构城市．同济大学博士学位论文，2000：111-112.
[3] 同上。

王澍进而指出，在同一个类别（例如建筑）之内，个体高度相似，甚至相同，让人觉得只是同一事物的反复出现。但只要稍加留意，就会在出檐深浅、门的形状之类的地方发现差别，或者因为旁边是否有水塘而有所区别。王澍将之命名为“相似性区别”。他直觉地将之类比为一幅书法作品中相同文字反复出现时彼此之间的细微差别 *fig...02*。

王澍用罗西的类型学来解释这一发现。④ 刘东洋在认真辨析之后指出，王澍其实是曲解了罗西的本意。⑤ 罗西曾在《城市建筑学》中充满自豪、不厌其详地描绘希腊城市——现代城市文明的源头。他首先谈到了雅典建筑类型的丰富：“在雅典，除了神庙以外，我们还有作为城市发生元素的各种表现自由政治生活的机构（立法会议、城邦人民大会、最高法院），以及与典型的社会需要相关的建筑物（健身房、剧场、体育场、演奏厅）。”⑥ 很显然，这种五光十色、单体建筑间差异巨大的城市形态，与豸峰地图所描绘的世界一点都不同。罗西从雅典看到的，显然也不是王澍眼里那个塞满了具体充沛之物的天然世界。

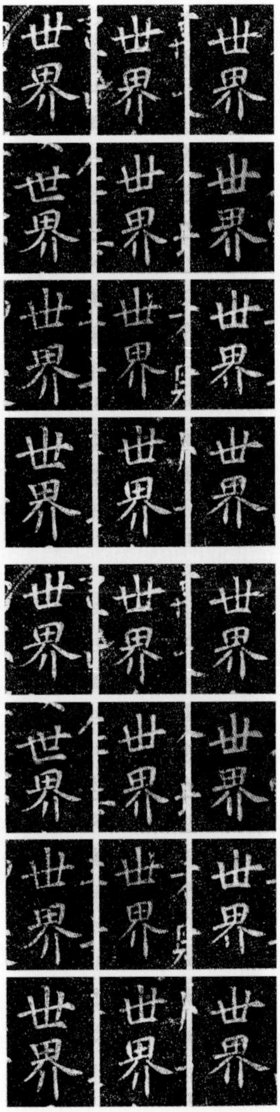

fig...02 辽代《华手经》石刻中反复出现24次的“世界”二字，彼此相似但各个不同。雷德侯．万物——中国艺术中的模件化和规模化生产．北京：三联书店，2005:19.

④“如果说类型学也能编配出一张城市总图，最恰当的不是平面图，而是像豸峰全图那样的东西。”王澍．虚构城市．2000：125.

⑤ 刘东洋．从罗西到王澍：一个关键词身后的延异与建构．建筑师，2013（1）：20-31.

⑥ 阿尔多·罗西．城市建筑学．北京：中国建筑工业出版社，2006：136.

模件造物

其实，王澍在豸峰地图或中国乡村中体悟到的“中国人根深蒂固的组织原则”，正是雷德侯所说的“模件”，亦即贡布里希所谓的“图示”。雷德侯用它来解释有关中国艺术生产过程中的一切事物，如青铜器、兵马俑、建筑、城市，甚至最不具批量生产潜力的山水画。[7]

雷德侯认为，汉字是一个令人赞叹的形式—意义符号系统，它的基本模件系统为64种笔画，组成200多个偏旁，再按一定规则组成汉字。这个系统有五个层级，偏旁本身也可以是字。汉字的构成方式既表意也表音，既象形也指示，不求单纯，权宜因借，却有无限扩展的可能，以及文化上的统一和超稳定性。文字是思维的跳板，因此，中国人在构思任何人造物品时，不自觉地遵循与造字法类似的组织原则。[8]

模件就是可以替换的小构件，通过在不同层级上摆弄、拼合这些小构件，中国人制造出变化无穷的统一文明，并塑造了独特的社会结构，而“斗拱—开间—建筑—院落—城市”的五级空间构造更是这一系统的明证。[9] 这一系统既有条理又支离混淆，既等级森严又含糊其辞，既标准化又各不相同，有些层次的模件一旦确定就死不悔改，显得非常教条，而在更高的层次上则又创造着令人眼花缭乱的变化。

在讨论中国山水画的时候，雷德侯将模件的话题转向关于“创造性”定义的讨论。雷氏注意到中国文人画家只画有限的几个题材，并将之做无穷无尽的组合。即便是怀素、徐渭这样法无定法的大师，也使用模件化的构图和类型化的运笔方式。同时，不同的画家，彼此甚至相隔几百年，也还是用类似的模件来构图*fig..03*。中国画家正是在不断变化的细节描绘中发挥无穷无尽的创造热情，中国画“构图、母题和笔法的模件体系，以自己独特而无法模仿的形式渗透了每一件单独的作品，犹如自然造物的伟大发明”。[10]

回头再看豸峰全图的画法，我们会发现它无条理中的条理、无规则中的规则，它对混沌世界的巧妙提炼和再现，都符合雷氏对于模件化的精微考察。这是一种现代科学观念下无法解释、也很难复制的构思方法，而它更接近自然本来的面目。雷德侯说：“一株茂盛的大橡树上的一万片叶子看起来全都十分相似，但是仔细比较将显露出它们之中没有两片是完全一致的。”[11] 在佛教的术语中，这种现象叫作“相似相续、非断非常”，它描绘了一个似连似断、时刻都在变化中、无法被彻底分析归类的世界，与现代人常识中可以无限细分的世界显著不同。这是一种对自然的更高级的概括，而道法天然正是中国文化艺术所追求的最高境界。[12] 作为一个很好的研究者，雷德侯并没有发明什么，他只是从旁观者的视角，点破了中华文明在造物方面所谓“追摹造化之工”的一种具体含义。

此处，“道”并不是指“自然形态”，而是形态生成的法则。这一法则被雷德侯定义为“模件化”，但对中国人来说，它并不是什么稀奇或高深的东西，每一天、每一个角落，普通人都在不自觉地践行这个规则，倒是受过现代西方知识启蒙和专业训练的高级技术人才（包括建筑师）把它忘了。

---

[7]“如果说类型学也能编配出一张城市总图，最恰当的不是平面图，而是像豸峰全图那样的东西。”王澍．虚构城市．2000:125.

[8] 王澍其实很早就开始主动思考城市与中国语言文字之间的关联。在博士论文中，他说：“设想这样一种直面城市本身的建筑语言，它似乎建立在一种工具性的交流与表现的语言的不可能之上……抓住了世界存在的复杂性，技巧却异常的简洁凝练，让你诧异于如此简单的空间格局如何可以容纳如此之多的性质迥异的事物……任何统一的场面造型都失去了效力，但形象却以只言片语的方式更富差异性地呈现，质感、肌理、琐碎的手工痕迹就是这里的一切，似乎这城市不是为眼睛而造，而是为人的整个身体而造，如有血肉的身躯……正是在这种意义上，我说中国语言文字的构造原则在一般原则层面上，可以直接用作像苏州那样的城市本身的建筑语言构造原则。”王澍．虚构城市．2000:140-141.

[8] 雷德侯．万物——中国艺术中的模件化和规模化生产．北京：三联书店，2005:13-35.

[9] 雷德侯认为：“梁架结构建筑提供了一个关于模件化社会的隐喻：所有的斗和栱都是分别成型的，但是它们之间的差别却微乎其微。每一块木构件的加工仅为适合于整座建筑中的一个特定位置。……如果每一个部件都完美地结合，岌岌可危的建筑物也会具有令人惊异的抗震力。在模件体系之中，生活是紧密相关、浑为一体的。”雷德侯．万物——中国艺术中的模件化和规模化生产．北京：三联书店，2005:9.

[10]前引书，280页。

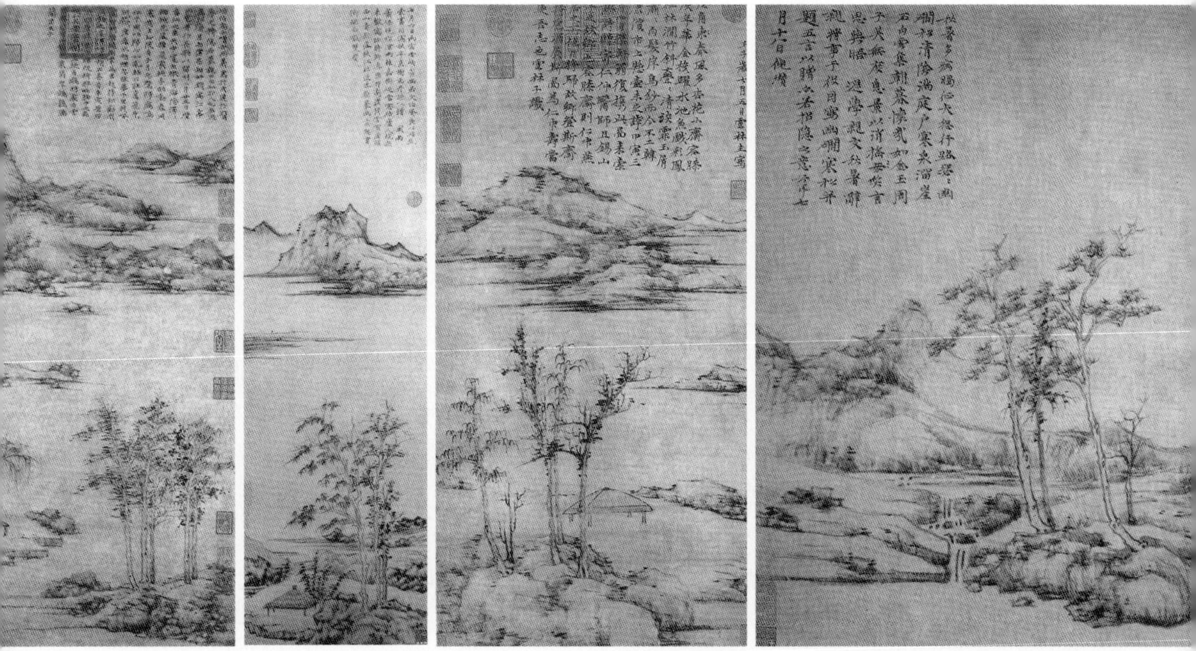

fig...03 倪瓒创作于不同时期的四幅画，分别为：《江亭山色图》、《秋亭嘉树图》、《容膝斋图》、《幽涧寒松图》。这几幅画都由近景的树木、沙汀、远山，以及题跋和印章等几个类似的模件变换位置组合而成，甚至左高右低的平行线控制之下的平远式构图都一成不变。

---

[11] 前引书，10页。

[12] "当人们发展模件化生产体系之时，他们采纳了大自然用来创造物体和形态的法则：大批量的单元，具有可互换的模件和构成单位，分工，高度的标准化，由添加新模件而构成的增长，比例均衡而非绝对精确的尺度以及通过复制而进行的生产。"前引书，10页。

类同型异

拂去古地图、山水画和园林上厚厚的灰尘，以一种相当陌生的眼光，王澍发现了所谓的“相似性区别”原则，以及背后那个相似相续的连绵世界。这个世界表面上平平淡淡，实则丰富无比。按照王欣的说法：“类型性山水生活使得我们需要面对万千种事物，是综杂无比的控制与体会，但它近乎失传。”通过对山水画的细微观察，王欣指出：“楼观、桥杓、茅屋、渔艇……诸等中介物，单从样式上看，同一类型的事物之间的差异几乎是可以忽略的……这类什物是一群类型化的东西，它们之间极其相似，它们自身已经没有特殊设计的必要了，仅仅在乎放置在哪里。”[13] 本来，模件是一些可以互换的组件，更换了位置，将获得不同的命名。

王澍在自宅里进行的园林实验，就是以这一思路进行空间营造的一次尝试*fig...04*。分布在室内各处的空间小品，大的如家具，小的如器玩：“同样尺寸的内壳和相似又略带差异的八个外套，与阳台上亭子是同一个血统的孩子，它们有一贯的遗传基因，同一质地，却能变幻出戏剧性的结构……”[14] 这些小器玩，在与人相关的几个不同的尺度层级上反复摆弄、拼合，成为王澍一以贯之的“造字法”。在后来的实践生涯里，王澍重新命名了这一原则，将其称为“类同型异”*fig...05*。董豫赣这样解释“类同型异”：“它直接揭示了园林经营的一种手段——以看似普通的亭台楼阁等几种简单的类型，通过山水的纠缠造成差异而多样的即景片段。”[15] 这就是豸峰地图绘制者眼中的世界，也是计成、董其昌眼中的世界，更是那些上古时代造字者眼中的世界，这些造字者没有名字，被统一命名为“仓颉”*fig...06*。

“五散房”大概是王澍在象山实验之前的一次

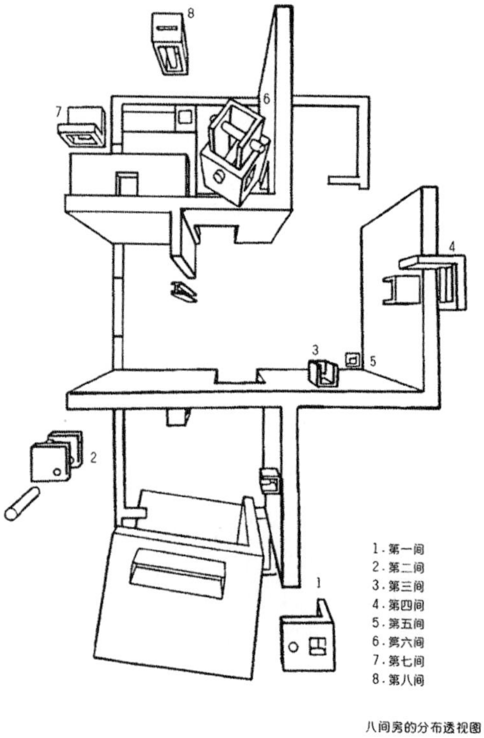

fig...04 王澍自宅中的模件化实验。王澍．设计的开始．北京：中国建筑工业出版社，2002:58.

---

[13] 王欣．模山范水．园林与建筑．北京：中国水利水电出版社／知识产权出版社．2009：46.

[14] 王澍．设计的开始．北京：中国建筑工业出版社，2002：38.

[15] 董豫赣的发言，参见“树石论坛”，时代建筑，2008（3）.

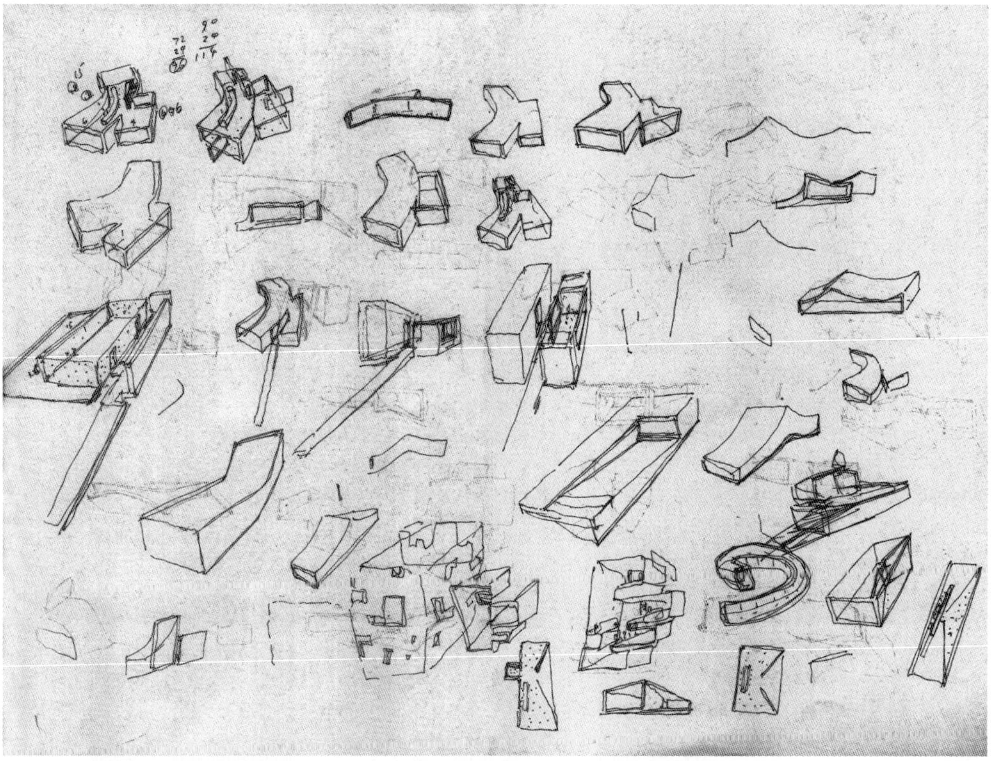

fig...05 王澍在象山二期设计中的手绘草图，可以看到很明确的模件化倾向。Wang Shu. *Imagining the House*, Lars Müller Publishers, 2012:217.

fig...06 古代绘画中的仓颉有四只眼睛，这是一种隐喻，表明文字的发明与深入事物本质的观看能力直接相关。

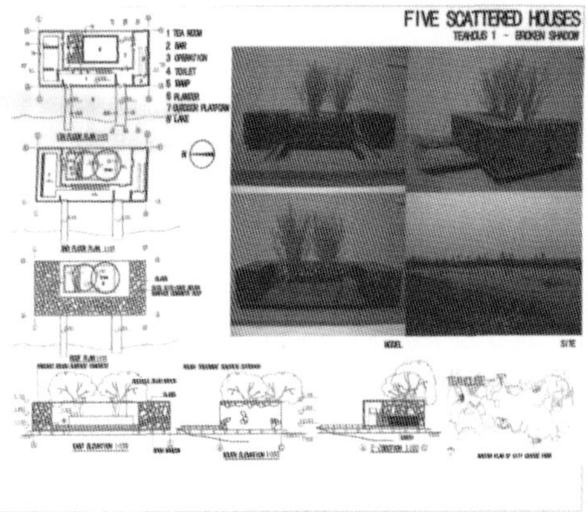

3. FSH-Teahouse 1

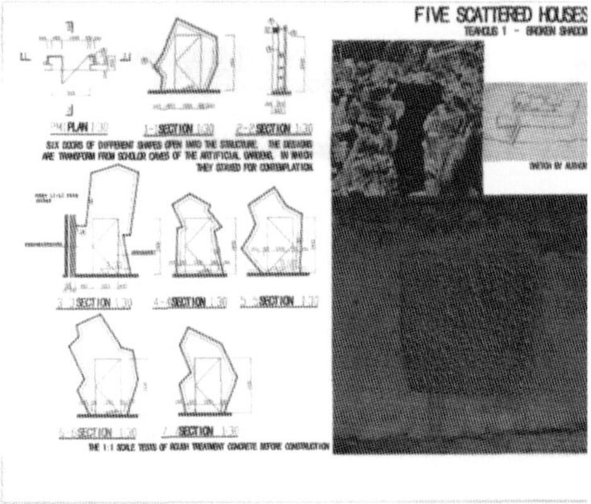

4. FSH-detail and 1:1 testing

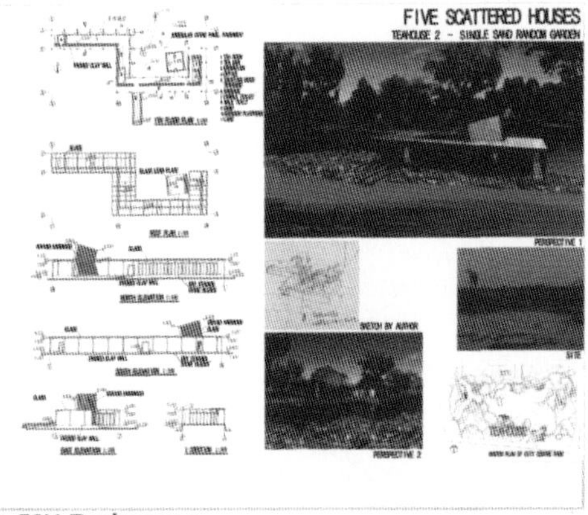

5. FSH-Teahouse 2

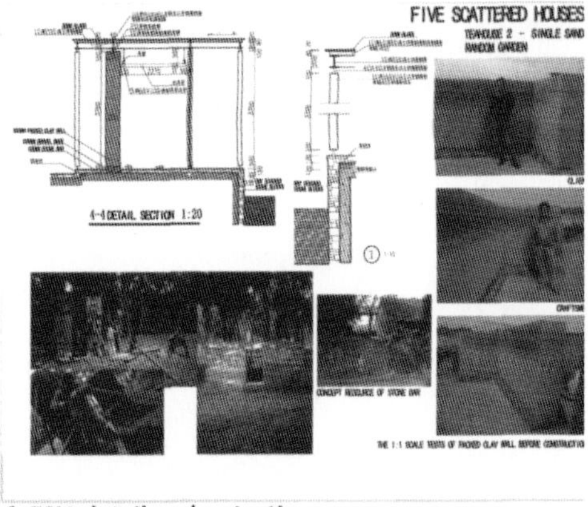

6. FSH-detail and 1:1 testing

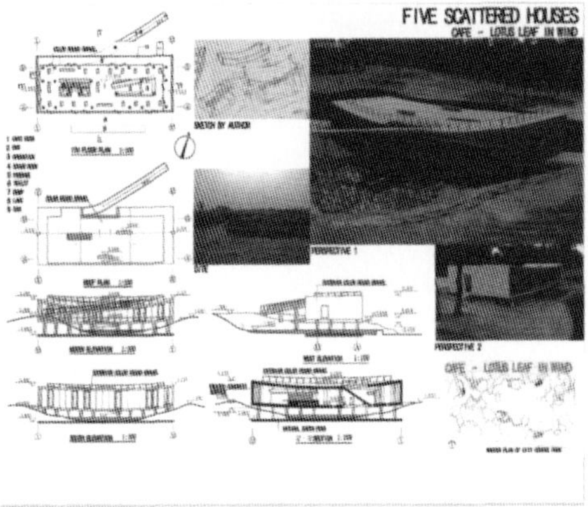

7. FSH-Café

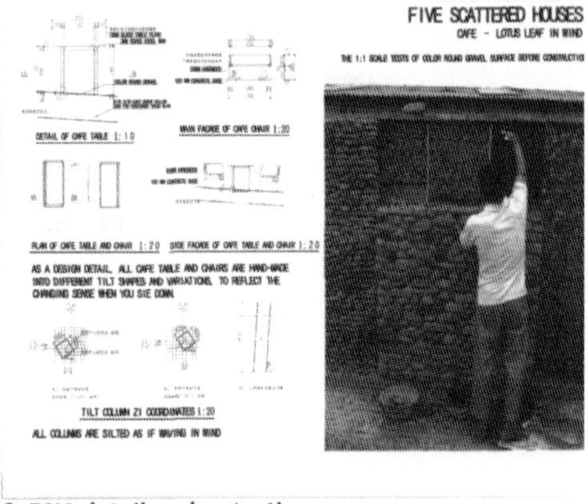

8. FSH-detail and 1:1 testing

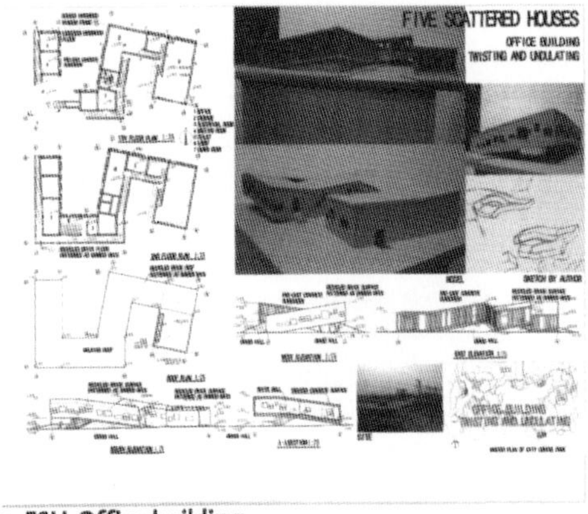

9. FSH-Office building

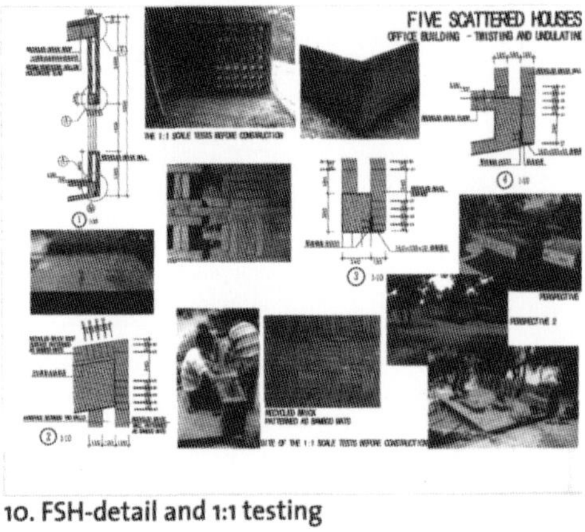

10. FSH-detail and 1:1 testing

fig...07 五散房，日后构成了象山校区的主要模件系统。王澍，陆文宇．五散房．世界建筑导报，2010(1): 95．

重要的类型化尝试。这五个小建筑位于宁波鄞州公园，它们各具情态，分别被命名为“山房”、“水房”等*fig...07*。这种分类完全是诉诸感官的，它们大概来自于某种富于传统趣向的空间描摹，如千佛岩、水波等，名称与情态互相指谓，构成了一个相当诗意且能引起联想的意义系统。王澍建筑设计的语言学特征明白无误地显现出来，这一次，他开始批量构造自己的“模件”，它们显然可以应用在其他场合，变化尺度，变换其他形式，互相勾连组合，讲述一个不同于现代城市的空间故事。在这一过程中，五散房就是倪瓒的古树、远山、溪流和平滩，或者，在另一个层次上，它们只是远山，不同形状的山体，或正或奇，或横或纵。它们也有组成各自体积的次级“模件”，那就是房子本身的建构方案，亦即王澍的构造实验，如夯土技术、钢构玻璃、预制混凝土、瓦片构造等。这些手法，为建筑单体提供了一层肌理或质感，相当于山水画中的皴法，它们自身都是表意的。[16] 不可小看这最基本的一级“模件”，因为有了它，建筑才能在文本组织的底层构造上培育作者需要的一种气息，从笔画这个层次开始，中文就已经不同于世界上任何一门语言了。

与山水画类比可知，这个系统至少包括三个不同层次的“模件”：建构级别（笔法），即王澍的构造实验；单体级别（母题），如五散房、瓦园、太湖石房等，这一级别又包含几个不同层级；群体组织（构图），所谓“画意观法”、“书法构图”。构图法当然也调控着不同层级模件的组织方案，可在不同尺度上发生作用。*fig...08*

这种基于文字类比的营造方针，在中国美术学

fig...08 三个不同级别的模件：1. 笔法，即建构级别；2. 母题，即单体级别；3. 构图，即群体组织级别。

[16] 何家林把山水画中最基本的语言模件称为“符号”。在比较了范宽和李唐的不同皴点方法之后，何家林说：“符号是一种画家在山水世界里表达某种美学形式的语言载体，既然是语言就必须要有灿烂的文辞。”

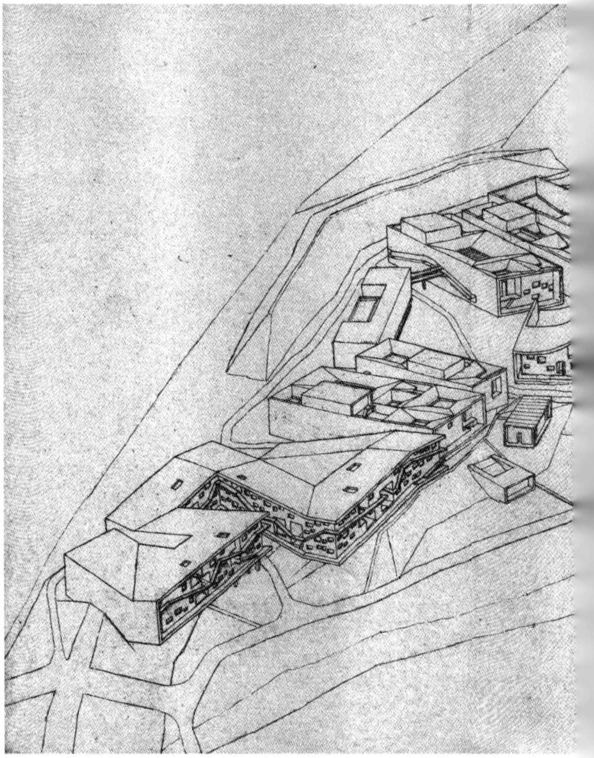

院象山校区二期的设计中，得到了淋漓尽致的展现。这一次，五散房中的“山房”、“水房”和“合院”以各种变体重复出现，根据地形、具体位置及彼此之间的关系，发生了各种各样的转化和变形，有尺度之间的，有同一尺度的不同情态上的。同时，一些组件，如太湖石房，在象山校区中则不断穿插于更大的单体建筑中，充当偏旁部首。单体建筑自身变幻着院落格局，建筑与建筑形成更大规模或更不受限定的院落，这些院落连续排列、互相关照，组成了一个现代尺度的园林。基本的“点”，亦即“笔画”层次的构造更丰富圆熟了，“瓦园”等新的类型亦加入其中，而植物作为一个主要的模件，也在建筑外部、建筑内部、建筑与建筑之间、屋面以上、甚至碎砖瓦墙面的缝隙里，在各个层级上侵入渗透，成为设计语言中一个不断生长、富于情态却又无法完全控制的变量。为了最终的目标，最小的建构语言和材料选择都要为之取意、为之留神。这样，在从笔画到篇章的各个层次上，王澍的设计语言连缀起来，上下呼应、互为表里，成为一个相当有力且丰满的叙事组诗，其中包含着重新与自然达成平衡的哲学构思，延续着文人山水的襟怀观想，既属于过去，又连接着未来。*fig...09*

以这样的视角，我们可以清楚地看到“滕头馆”中那些变形的太湖石洞在语言上意味着什么。它高于竹篾、瓦片的底层构造法，与层层递进的步道相仿佛，以隐喻的方式延续着层级化的语言模件系统。“滕头馆”作为一个独立建筑，又在“水岸山居”里充当一个“模件”——空间序列的“休止符”，把人送上“瓦园”和“飞道”的传送门，而这个传送门在一组层层推进、连绵不休且带有汉赋般华贵庄重气象的空间体验中，走向乐章的高潮部分。

于是，那些层层叠叠的夯土墙体、墙上侧卧的小披檐挡水板、颇具体感的混凝土窗洞口、修长的楼梯、带有斗栱意象的举折屋顶内部构造和弧形开口（向何陋轩致敬？）、平展出挑的竹板挑檐，以及从山上俯瞰时那一片延伸不尽的瓦屋顶，共同组成了一个气势

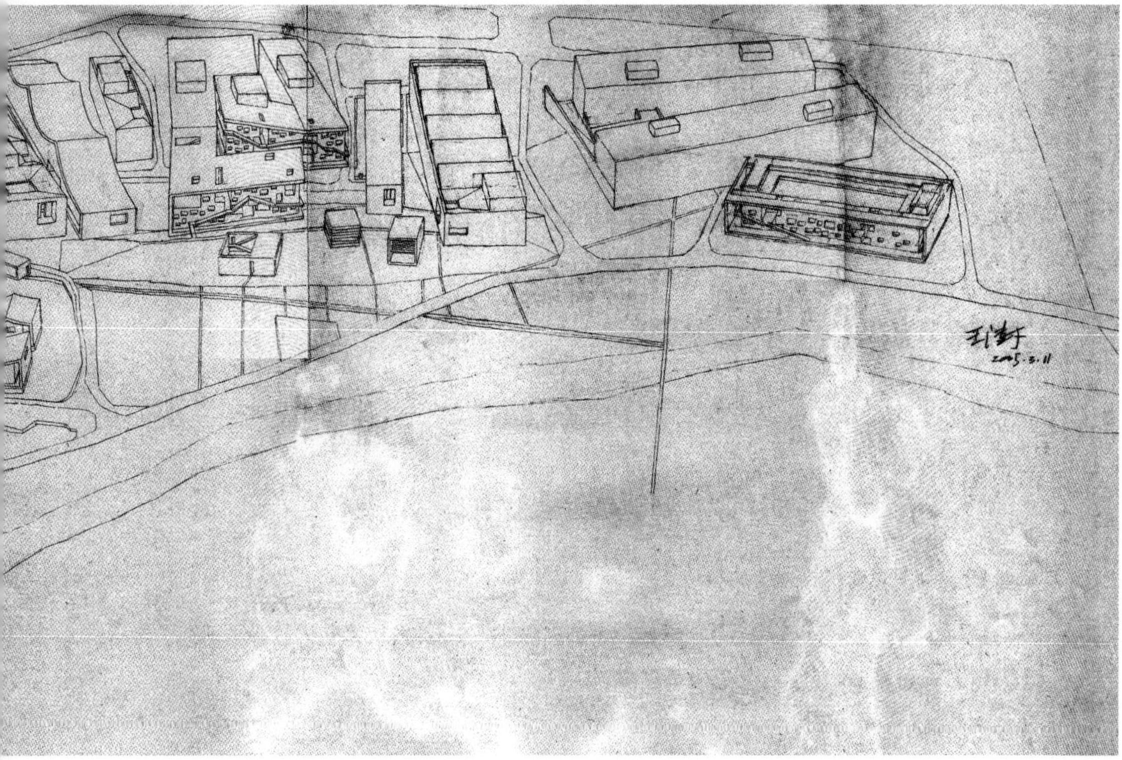

fig...09 2005年3月11日王澍绘制的象山二期总体布局。可以看到山房、水房和合院分别出现几次，及整体上动态的组织关系。

Wang Shu. *Imagining the House*. Lars Müller Publishers, 2012:215.

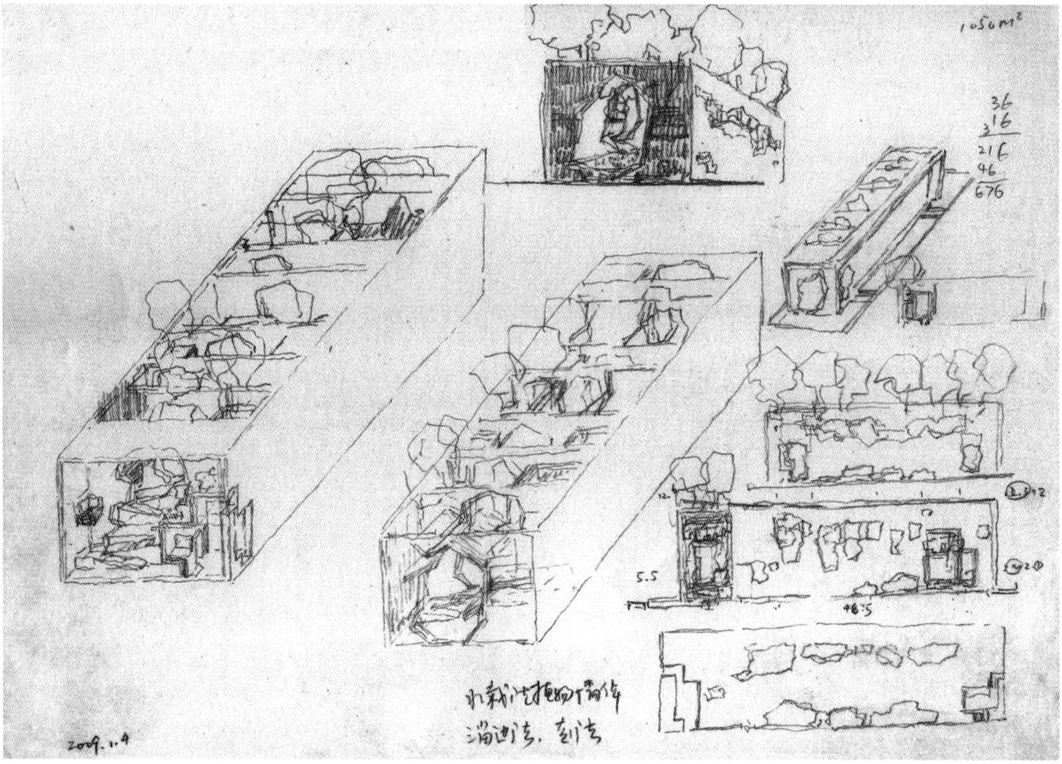

fig...10 2009年1月，王澍为滕头馆所做的构思草图。可以清晰地看见植物作为一个模件在层化结构中的渗透与间杂。Wang Shu. *Imagining the House*. Lars Müller Publishers, 2012:42.

恢宏的篇章。这座建筑具有非常强烈的文学特征，或者用一个已经被理论界厌弃的词：风格。它使用的材料和砌筑方法无一不是现代的，却依然让人感觉到不同于欧美或日本建筑的气度与韵味。形体雄深雅健，饱含一缕生动的气脉，从始至终贯穿于土红色的墙面之间，击穿并牵引着彼此平行的一组高矮不一的墙体，一路向尽端处的“滕头馆”呼啸而去。

在王澍作品这种“类语言”的组织构造法中，起到承上启下作用的应该是“合院”这个层次的建筑单体，以及它们以各种方式构成的非内非外、既内又外的院落结构。当“模件”尺度足够容纳一个院落的时候，院落也就相应出现了。而院落，本来就是中国传统城市的基本“模件”，也是将“自然”得以纳入这一体系的基本保证。有了院子，曾经被现代城市设计思路（几何学或正投影观看方式的结果）排除在外的“自然”就会不请自来，已经被我们遗忘的生活方式也会如约而至，而所谓“传统建筑语言”或“院”的复兴，就成了一个无需过多留意的问题，它已经被一个更有意思、更当代、更具体的问题吞并了。*fig...10*

在王澍为设计水岸山居绘制的这张草图中*fig...11*明确标示着“可将此类型与滕头类型组合……或取消此类型，将前一类型重复一遍”等字样。左上角的图标示出更低一级的类型构造，如“土墙”、“竹柱”、“挡水板”等。[17] 我们可以看到这个设计随着时间推移的发展变化过程，如何从一系列“合院”类型最终发展为统一屋面下方的层结构。原有的类型

[17] Wang Shu. *Imagining the House*. Lars Müller Publishers, 2012：55.

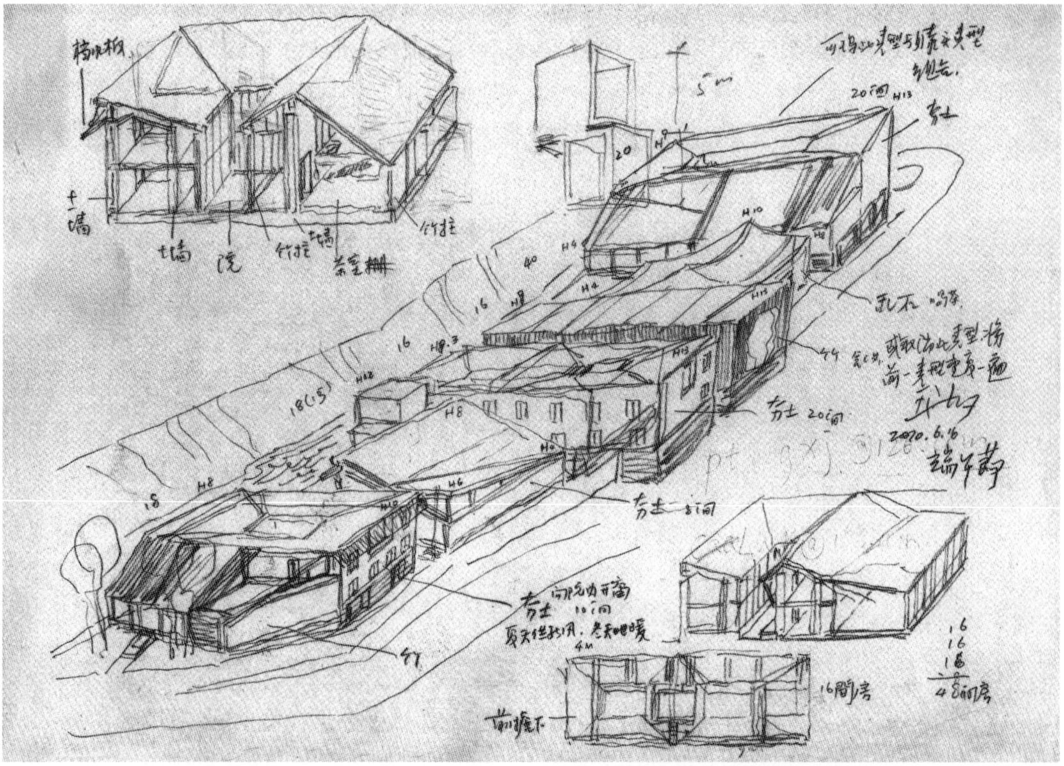

fig...11 王澍为水岸山居所做的前期构思草图，这时屋顶还不是连续的。旁边的文字说明暗示着几个不同层级的模件组织。

Wang Shu. *Imagining the House*. Lars Müller Publishers, 2012:55.

融化了，被一个更大级别的整合需求所压合、揉碎又重组，就像诗歌对词汇的组构方式。一种压倒了模件表面的可识别性的丰饶之感因此被创造出来，气韵也因此而变得凝注又连贯。如周邦彦词《月中行》有句：“博山细篆霭房栊。”这句话本来应该写成：博山炉里，檀香的烟气盘旋蒸腾，就像上古青铜器上纤细的篆字，它们轻盈地盘旋在房间之中。即使是后面这种铺陈的写法，汉语仍然表现出相当松散的结构，当被诗人进一步提炼之后，就只剩下几个片断的意象：“博山”、“细篆”、“房栊”、“雾霭”。它们以似有若无的次序粘合起来，甚至是硬生生地碰撞起来，唯一起串联作用的，竟是音韵上的起承转合。杜甫的《秋兴八首》很好地诠释了中文物象模件拼合上的随意，为了保持一种阅读的美感和铿锵的节奏，它们的位置可以随意置换，此举却意外地成就了不可思议的晦涩美感。与诗歌类比，我们更容易理解融合了南宋御街遗址博物馆屋顶构思的水岸山居为何较象山校区的其他建筑（类型化的单体）更丰富、更清晰，同时也更含混，更让人有阅读的渴望。[18]

[18] 参见江弱水对杜诗的分析。

六经注我

人们大概很容易将王澍经常挂在嘴边的“类型”与罗西的“类型学”看成是同一个事物。但是，刘东洋已经告诉我们，此类型学非彼类型学。其实罗西自己在《城市建筑学》中，都没能说明白他的“类型学”到底是怎么回事。同时，王澍的设计跟语言有关，但他的语言学也绝不是埃森曼的语言学。多年以来，埃森曼（其实罗兰·巴特何尝不是如此？）从事的不是使用语言去造句，而是专注于研究语言本身，像在搞人体解剖。这样，语言就成了死物。而王澍却忙着令一门古老的语言复活：不断打磨《虚构城市》中的零碎发现，寻找属于自己的零星的诗意模件，在各个尺度层级上尝试各种各样的拼装方法，并不断对模件本身加以改进，同时引入新的模件。如果形式语言只是科学研究的对象，而不被用来建构一个诗意的世界，还要它何用？

其实王澍反复提到的“类型学”、“相似性原则”，包括那本博士论文本身，都是典型的“六经注我”。仗着一股本能的文化应激力，王澍在观察身边世界，他用现成的文学或哲学（当然包括上世纪90年代颇为热门的语言哲学，中国读书人在想什么问题，一般要看市面上流行什么翻译书）来武装自己，并获得解释眼前心底世界构造的捷径。这些哲学，尽管里面本来就包含着对西方知识系统自身的批评，对于反躬自察的中国知识人来说，也算有它的利用价值，但仍属方凿圆枘、舍近求远。细读王澍文本，一些本质的观察埋藏在字里行间，被层出不穷的西方哲学概念所包裹，有时候为了适应那些概念而发生变形，有时又以不同的面目反复出现。这不是简单易读的文本，却可以帮助作者（以及读者）迂回地靠近目标。在文化融合的过程中，中国人的“故我”陌生了，要用较为熟悉的“他人”来做拐杖，重新进入往昔的思想世界，就像当代的文物回流热潮。这个迂回的翻译过程在近代中国有一个逆向的版本，即晚清学人用传统经史来阐释西洋新知，如用“格物”来解释“science”。[19] 这大概是文化融合的必经之路，先用熟悉的自我来解释他人，后又反其道而行之，用熟悉的他人来建构莫须有的“自我”。循环往复，回忆成为杜撰，翻译变成创作。

[19]“真正的接受，还要在自己的知识背景中寻找资源，对这些新知做彻底的理解和诠释”。葛兆光．七世纪至九世纪中国的知识、思想与信仰．中国思想史第二卷．上海：复旦大学出版社，2001：499-500.

迁想妙得

按照某种原则将不同类型的模件组织在一起，其目的并非获得物质形态，而是为了意象的生成。模件化，或者类型化的设计方法，如果说有一个目的，那就是为了创造一种诗意的“境”而服务，这个目标是古今中西概莫能外的。艺术和感觉在这里发挥作用，而不是将造物之劳拱手让与方法论或流水线。正是为了这样一个最终的目标，留意点划构字、组字成词、掇词成篇的方法脉络，选择一个靠得住的总体构思，就成了非常重要的问题。这个问题在王澍那里，是与山水画的“观法”相关联的。

王澍曾将模件连接的方式比作木作的各种组件，在详细论述了洪谷子的“山体类型学”之后，[20]他发现了组成一座完整山体的各个局部之间非常强烈的构造关系：“他不是只说出‘山’这个概念就足够了，而是用有最小差别的分类去命名。”细读文本，洪谷子对山的描述显然是在关系中给出定义，同时将各个不同的尺度层级打成一片。在古人眼中，自然显然是有着精微的细节差异和榫合构造的。这种差别，在现代人的工具视野里消失了。在描述象山一期的文章中，王澍写道：“这里尝试的是一种与合院有关的自由类型学，合院因山、阳光和人的意象而残缺……建筑占一半，自然占另一半，建筑群敏感地随山体扭转、断裂，兼顾着可变性和整体性。传统中国山水绘画的‘三远’法透视学和肇始于西方文艺复兴的一点透视学被糅合……传统造园术中大与小之间的辩证尺度被自觉转化……一系列类似做法瓦解了关于建筑尺度的固定观念。”[21]

这里交代了如下事实：首先，山水画中是存在一种“观想构造”的，在微观层面，它决定着低级别模件（如洪谷子的山石、溪谷）的榫合关系，这里，类型名称是由模件自身特征和相互之间的关系共同决定的，换了位置，名称也随之更换，构件因此指示着一种具体的、彼此相似又处处不同的微妙位置关系；在宏观层面则立象以尽意，选择某种“透视法”来组合较大尺度的模件，完成一个“小世界”的总体空间视觉构造，并表达画者的诗性主观意图。其次，这种“观想构造”在造园活动中同样存在，并由“画意”衍生出一套近体可感的空间视错觉（即大与小的辩证尺度转化），这种美学，同样是适用于现代建筑的。所谓“瓦解了关于建筑尺度的固定观念”，意味着在平行透视和成角透视这两种“理性客观”的总体空间视觉构造之外，另有其他的诗意观想方式。

至此，有必要就“观”的具体内涵进行辨析。“观”不只是“看”，而是边看边想，或者只冥想却不睁眼，在心里默默地看。“观”是更高一个级别的“看”，汪珂玉曾列举观画诸法（其实也就是移情于画者身上，去揣摩画面构造方法），与南朝谢赫的“六法”有关，这是传统意义上相当苛刻、且被推崇备至的艺术评价标准。唯有熟知“观法”且充满想象建构能力的观者，能透过作者设置的重重屏障，领略一方咫尺世界的茂盛蓬勃*fig...12*。柯律格说：“‘观’这一行为对于明代文人画论家而言，是视觉性的展演性组成部分，并非仅仅是一种生理活动……‘观’的概念是4世纪道教上清一派修炼活动的中心内容。通过内视，修炼者可在体内大量聚气，并将诸真神种种繁复的图像学特征存思于内。”[22]由此可见，“观”不是对物象世界的专注凝视，而是游移的玄想，如山水画的构图，不管是立轴还是长卷，都故意分散了关注的焦点，拉长了视觉体验的时间，时间一久则必会分神，在分神刹那，心灵的建构就填补了视觉成像的空白。“观”之“想”之，循环往复，人就被画意摄住了。

山水画本来就是千百年来中国智者的“反智识”甚至“反文明”的心灵构造，在他们看来，文明是一种腐蚀。以磅礴的浩然之气、隐逸的忘机之心廓然

---

[20] 王澍．营造琐记．建筑学报，2008(7)：62-65.

[21] 王澍，陆文宇．中国美术学院象山校区．建筑学报，2008(9)：54-63.

[22] 柯律格．明代的图像与视觉性．北京：北京大学出版社，2011：143.

fig...12 建造中的水岸山居，屋顶内部构造，侧翼的走道，还有层层递进的夯土墙与挡水小披檐，以及屋顶上的飞道。（金秋野拍摄，2013年3月）

用之于山水田园，建立一种与天地同呼吸的平和坦荡情怀、质朴萧疏而又生机勃发的生动气韵，是为自然造化在文明世界的形象化再现："故象如镜也，有镜则万物毕现"。观画是让自己不忘初心。在传统世界，城市和乡村营造都半自觉、半天然地遵循着诗人从自然中体悟到的观想方案，它让世界连成一个彼此同构、富于意义的整体，亦即王澍所说的"江山如画"。江山本来是人类的活动场景，但在一种有意识的观想构造之下，它成了一幅图画，只是它的尺寸够大，大到能让人们厕身其间。

如此一来，追摹一种画意（现实世界在内心的诗意投影）并以错觉构造法复现于物质世界，可以说是"建筑"这件事的本来面目。不仅山水是"心画"（扬雄语），城市、乡村、建筑、园林、火车、飞机、潜艇、UFO莫不是各自文明观想之下浮现的幻视。一个时代的空间营造基本可以看作这个时代中各种不同心灵的集体投影。比之于造园，现代建筑多出一个"制图"的环节，园林是直接从画意到实物的。现代建筑师的草图，或者可以看作是一种"心画"，在那里，形、意、境皆混沌一团，仿佛若有神。一旦上了CAD，这种模糊的丰富性就消失了。"制图"可以看作是一种职业性的观看方式。

王欣在《如画构造》这篇文章中，以类型为方法列举了山水画中若干可见的"观法"。他这样阐释象山二期中一组建筑的空间意象："中国美院的山南，服装学院这组建筑群，是一个经典的有关于山的图式——平远式。最前面是三块岛矶，处在第一层次，就是那三个太湖石房，它们各有相背扭转，略有前后，三个组成一带前景。第三层次是连绵的主山，也是远山，横陈在那里，作为大背景，这是校园里直线最长的建筑了。第一层次和第三层次之间是溪水，水面是一种距离相隔，是对层次的区分，整个就是一幅传统的溪岸图。取法直截了当，没有那么多含蓄与晦涩。但是你要是心里没有山水画，就是看不出来，还会觉得奇怪，甚至对那几个湖石房子耿耿于怀。"[23] 50多年前，柯林·罗告诉我们说，如果你不懂得文艺复兴绘画的透视学，不知道帕拉第奥母题，就不能深刻领会加歇别墅（Villa Stein de Monzie）的深度空间。现在我们知道，这两个说法是一个意思。就环境伦理、诗意成分和现实意义而言，前者都别具深意。遗憾的是，后者在当代中国的建筑读物、理论文章和设计课程中比比皆是，而前者却不见踪迹。这倒不是因为人们缺乏兴趣，而是因为少了一种文化上的自觉，少了自我发现的眼睛和心灵，因而不能从理论上去建构它、到实践中去唤醒它。

[23] 王欣．侧坐莓苔草映身．建筑师，2013－01（161）：32-34.

随方制象

同为一种心灵观念、一种错觉构造的感官经验，山水画与园林之间的关系可谓非同小可。绘画在宏观、中观和微观等各个层次上影响着文人园林的营造，故而，园林和山水画可以说是互为发明、彼此映照的一对精神物。人们惊奇地发现，在园林中拍照片，不需要特别选定角度，怎么拍都入画。作为视错觉构造法的实物版本，园林已经达到了如画的极致，园林的营造者并非从几个有限的正投影角度来构思这个空间环境，其构思显然包含了非常多的角度和动态关系，代表着一种已经失传了的、极高明的空间观想——视觉构造转换手段。园林就是具体有形的画境，人进入园林，也就成了画中人。所以山水画虽然只有一个面向呈现给观者，却是一个玲珑的多面构造，它并不是山水或自然片段的某个正方位投影，而是代表着碰巧进入视线的一个随机角度。这一点的重要意义，将在下文专门阐述。

王欣特别关心这种"新类型学"中的模件操作问题，但他所使用的"模件"与王澍不同。如果说王澍的核心模件是五散房级别的建筑单字，那么王欣早期设计中多数的核心模件更像是一些诗性的"偏旁部首"，它们更加抽象，不太依赖于材料构造这一层的皴染肌理，它们千变万化，不曾定于一态，名字也层出不穷 fig...13。王欣往往以"品"来命名这些更基本、更自由、更灵活的小构造，各个级别均取此法，不管它的大小或复杂程度。这有点像晚明的小品文，序、跋、记传、书信，甚至朋友之间的玩笑话都可以随手记录，编次成文，久而久之，一个异常丰富且摇曳多姿的小世界就建立起来了。

"品"这个字，本来也是佛教用语，六朝时期开始进入画论。谢赫在《古画品录》中开篇就提出"夫画品者，盖众画之优劣也"，并明确将画家分为"六品"，这就将古人的"称述品藻"（《汉书·扬雄传》）"定其差品"进一步等级化与细化了。到张彦远的"画分五品"，已经为后世确定了艺术评论的基本标准，这个标准其实是非常严格的。但是，司空图的《二十四诗品》中的"品"字却不是这个意思，"诗品"的"品"可作"品类"解，即二十四类；也可作"品味"解，即对各种品类加以玩味。《二十四诗品》因而"诸体毕备，不主一格"，是一种世间万物品格的抽象文学性汇编，这个品次目录其实可以继续延伸下去，成为六十四品、八十一品、一百零八品。

王欣的作品《介词园之卷》即是对这种充满文学性奇思妙想的"品次"的集中展示 fig...14，就像让身着戏服的演员们在舞台上依次亮相，但不表演戏剧一样。这些模件，一半像建筑，一半像器玩，个别地看都是建筑的组成部分，或者是更宽泛意义上的建筑空间，因各自期待表达的文学性"空间动作"而排成一列。它们并不急着演变为可供情节调用的角色，漂浮在空白的背景上，就像韩滉的《五马图》，又像拆散了的园林，散了，却不散成碎片，而是成为一大堆极富趣味的零件。这个作品让人从微观的角度思考园林的模件化构造。它不是建筑，而是一种观念上（而不是结构上）的半成品，富于想象的留白。王欣认为，这些个别的组件同样是按照一种"类型化"的意义组合定式连接在一起组成的"牵制性结构"，最终形成了"异类杂交"的文本。[24] 在两年后的作品《观器十品》中 fig...15，十个类似的空间模件彼此相邻，但在这样一个相对微观和抽象的层次，已经融入了"观法"的初步构思，即在近身可感的尺度上，取意于山水画或园林的视觉—心理错觉构造法已经开始发生作用，单纯的小品空间动作开始具有了一层历史性的文化视野。

王欣经常把建成环境比作一个大戏台。建筑、小品、植物或人，都是这个戏台上的演员，同时也是看客。与王澍一直在强调"合院类型"和象山之间的互成关系不同，王欣的设计，因为多数是单纯的纸上操作，所以更轻盈、更洒脱、更人文，也更抽象。脱离了环境的限制，语言本身的组织问题凸显出来。王欣眼里的世界更像是一个城市山林，"自然"是其

---

[24] 王欣．模山范水．园林与建筑．北京：中国水利水电出版社／知识产权出版社．2009：47-51.

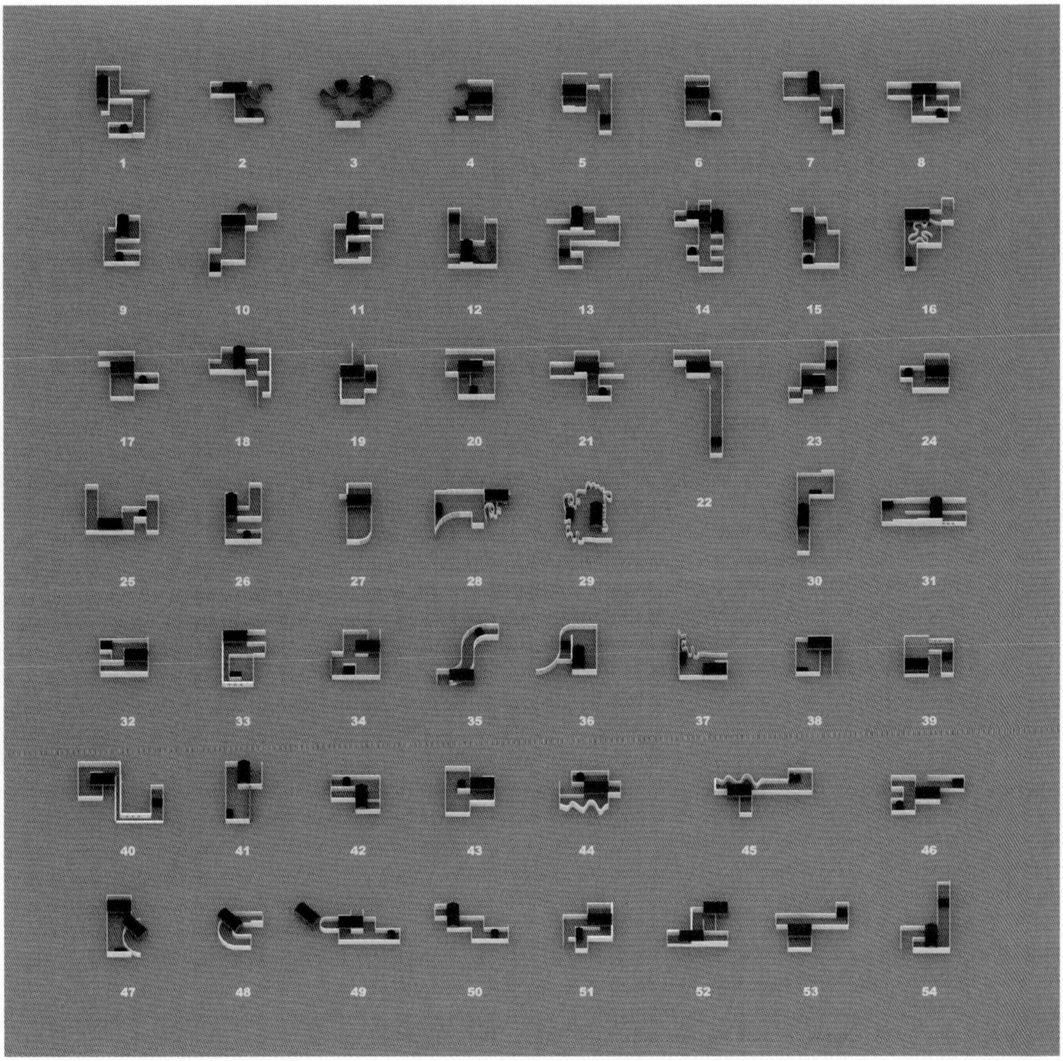

fig...13 王欣为“54院”设计的分户图，这是一群小模件的陈列。（王欣提供）

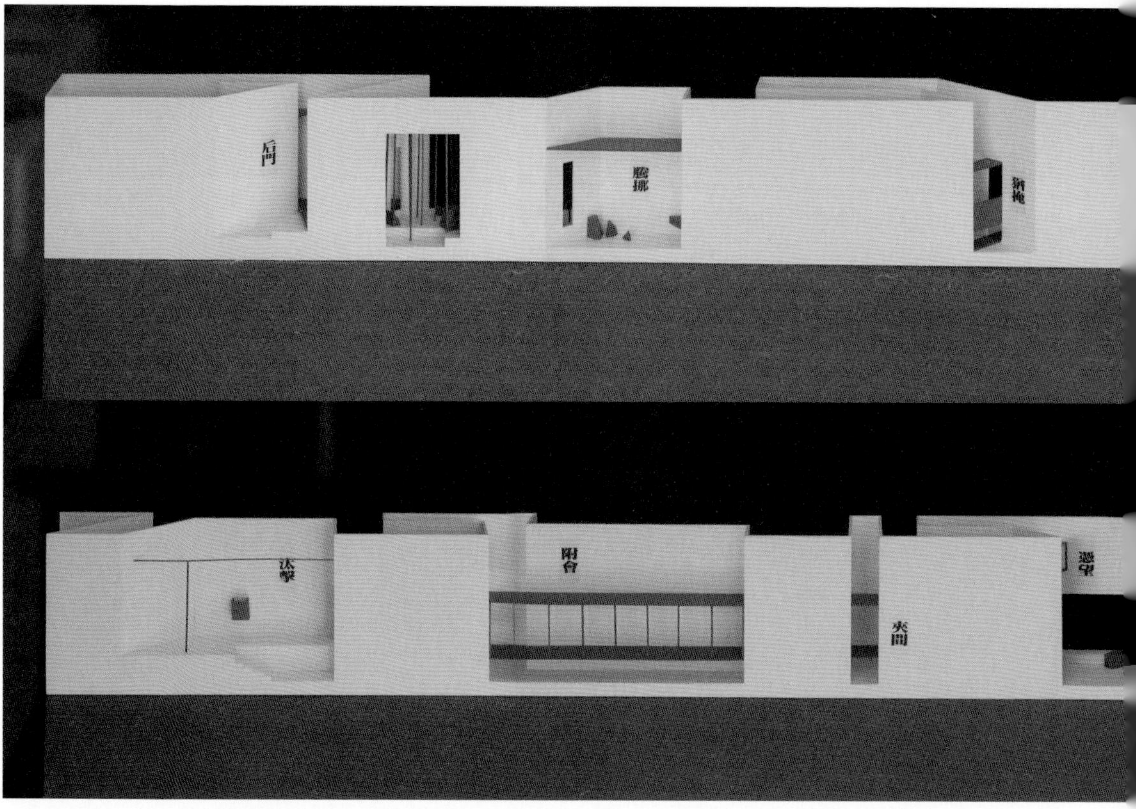

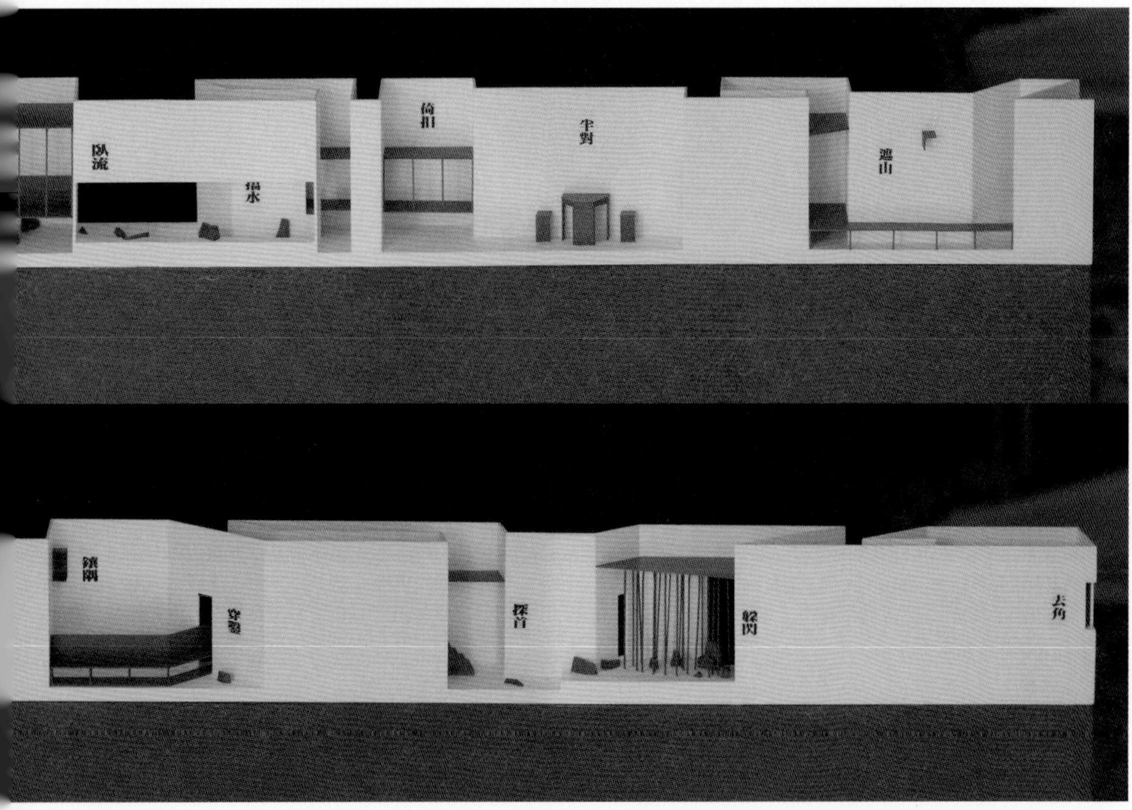

fig...14 王欣的设计作品《介词园之卷》，小模件空间化了，有名字了，但依然是类似的陈列方式。（王欣提供）

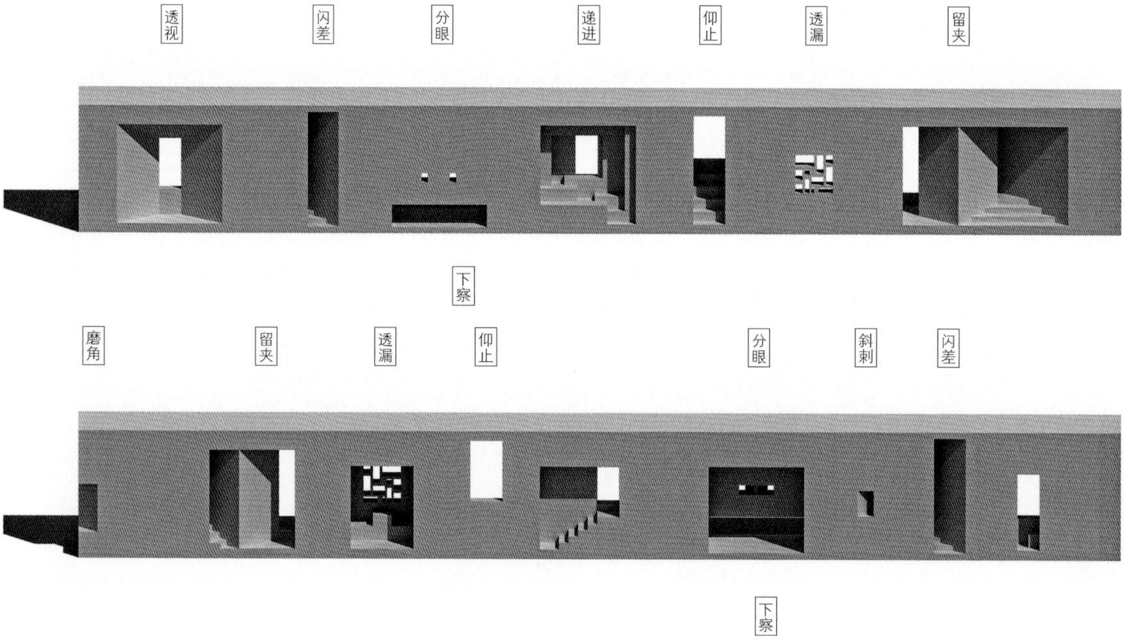

fig...15 王欣的设计作品《观器十品》，小模件的构思中开始出现了"观法"，但依然是类似的陈列方式。（王欣提供）

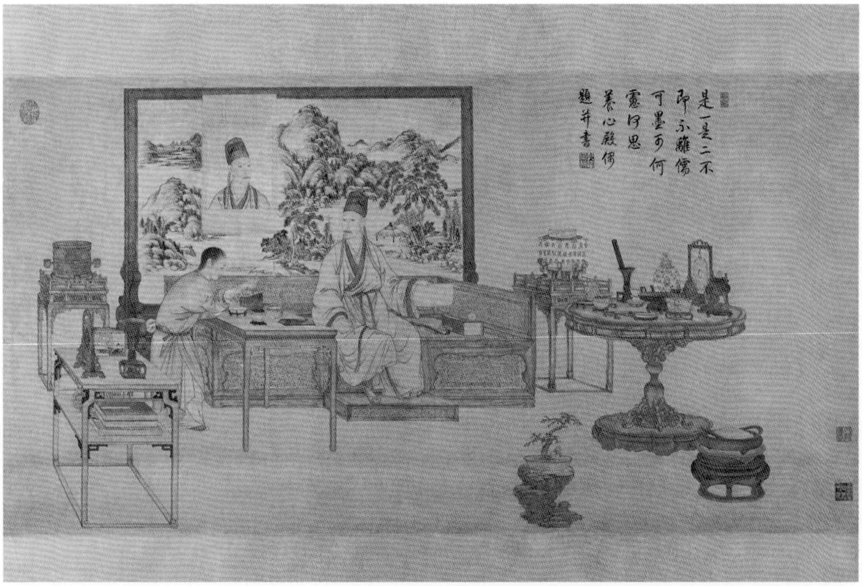

fig...16 清代丁观鹏的《乾隆帝是一是二图》。这幅图描绘了一个传统居室环境如何处置各种不同类型的器玩摆件，以及更大尺度上的家具等。盆景、桌案、书房，分别是三个不同尺度级别的物群落，器玩按照"随方制象"的原则散在于这个多层的空间环境中，彼此协调，杂而不乱。

中一个不可或缺的角色，参与一种人文环境的营造，它甚至跟地形的关系没有那么紧密，亦并不依赖于残砖剩瓦等"诗性的旧物"。可以用新材料获得一种理想的质感（皴点），也可以虚室生白，什么都没有，等着藤萝苔藓去点染涂画。

因为在心理层面抹去了真山真水的牵涉，布局问题就变得更随性，更像传统居室布置中的"随方制象"*fig...16*——只要器物选择大体不差，按照吃穿用度饮食起居的一般规则高低布置，怎么摆都好看，甚至要像李渔说的那样时常换换。那么，城市跟自然到底是个什么关系？王欣的解答大致可以翻译为，自有文明始，二者之间就不可避免地断裂了，而山水只是文明人的一个念想，它被压缩在盆景、庭院、园林里，被压缩在由"观法"塑成的人造环境中，带给人诗意的想象，那些建筑形体，那些精心选择的植物、石头和器玩，那些巧妙搭筑的构造，甚至屋檐底下的笼中鸟，都是一种特殊的语言，最终是要造就一种"类型化的山水生活"，它"超越了空间与体量的绝对度量，也无关对于光影和几何的依赖，它拥有自我完善的述说结构，能以众多事物的'杂交互文'来'牵制性'地成立，是一套揉捏视觉与经验的能够自圆的表达法。"[25]这不免让人一喜一悲，喜的是我们到底能够不违初心，时刻得到自然和文明的双重滋养；悲则在于，其实从很早的时候起，文明就已经将自然剥离在外了，园林只是一种比兴之物，就像你案头那一个盆景，在繁忙工作间隙的走神瞬间，无意中的一瞥，唤起对于家乡和童年的回忆。经营一个可以住进去的盆景，王欣管这件事叫"模山范水"。

[25] 同上，44页。

错画成文

人类断然是无法重返山林了。而扮演上帝的角色，既无可能，也不必要。人能做到的，只是尽量去忘记人类为中心的观念（包括各种各样的人本主义观念及其变体），从心灵的层面重返平衡之道，在精神上还乡。也唯有从精神上反复还乡，人才能保持最低限度的自然属性，而不至于异化为机器。

王澍在《虚构城市》中设想了一种“织体城市”，他说：“任何一座织体城市看上去就像是一幅安排得最美妙的图画：在一个相当清楚的城市范围内，放着各种各样的东西，零零碎碎，数量少但种类多，却没有什么东西会突兀地冒出来，刺伤你的眼睛，也许在任何一个局部视域都像是在刻意制造混乱，但却整体……织体城市没有造型，或者，相对于近代以来专业建筑的造型概念而言，它们都实践着一种反造型。”[26] 王澍用语言描述的这个城市，难道不就是地图上的豸峰吗？这里没有圣山、没有神庙，也没有博物馆和纪念碑，只是一座座连绵远山环抱之下，一个相似相续的人造自然世界。

与现代城市的干干净净不同，“杂”是这个城市的特征。散漫而混杂的环境，创造出无穷多的细节，没有视觉焦点，却充满了王澍所谓的“分心的点”。组成城市的各种模件，按照各自的局部规则，根据彼此之间的关系和动作，随着时间进程渐次出现又消失，这大概也是一种自然化的城市生长方式吧。

把城市比作一个织物，这仍然是一种文学性的类比。这个观念或许来自罗兰·巴特，在《文之悦》中，他提出了“文即织物”（Texte veut dire Tissu）的观点。其实中国古人早就明白这一点，许慎就将“文”的构字法解释成“错画也”，也就是“对事物形象进行整体素描，笔画交错，相联相络，不可解构”，这与他说的“独体为文、合体为字”的话的意思是一致的。事物错综复杂编织在一起所造成的纹理或形象，就是“文”。所以说文就是织物。文章或城市都是一幅织锦，里面的线头千头万绪，有新有旧，但它们都依经纬有条不紊地编织在一起。自古以来写文章的人，没有哪句话是自己的，只能从别人的毯子上拆些线头来编织自己的织锦。中国诗歌也是典型的模件化构造，前代诗歌中的意象可以拆下来给后人用，原诗的意思就被带入新的文本，就是用典。人人都在使用别人的线头，如果拆下来的线头刚好能够与新的织锦若合符节，那文章总体上看就是好的。织物当然也有好坏之分，好的城市应该向好的织物学习。

王澍说：“那些旧城是织体的，而现代城市则大多是对织体的摧毁。”其实，没有哪座城市的织锦不是千百年慢慢编织而成，历史时间慢慢地发生作用，类似自然选择的机制一直在对城市的局部造型发生作用。但是，现代的城市发展策略却要超越这个发展规律，将织锦一块块拆散，用塑料去替换大多数部分，再把剩下那些不能随便动的地方，也就是历史建筑（相当于文本中的“典故”）塑料化，名义上是保护，其实是从时间中隔离开来，自然会造成感觉上的断裂。

所以，提倡织体城市，就是要重新找回城市赖以成为自身的历史时间和感觉时间，重新成为一个相似相续且多孔多窍的错综世界。王澍乐观地预测：“织体城市不是过去，不是恋恋不舍地把目光留在过去城市的美质上；它也不是理想，因为我无意预言未来。……织体城市就是现在。”[27] 他也一再强调织体城市与尺度无关，它可以是清末豸峰，也可以是明代北京，甚至也可以是今天的苏州，只要保持那种城市生成的法则，保持那种构思城市的诗意和美学，它就是我们的现实。至于城市表面的形态、建筑的质量、景观的丰富性，乃至街道的尺度，都不是主要的衡量标准。新的设计观念中，唯一重要的是培养一种与标准化和批量制造不同的生成机制，生成那种属于自然历史时间的城市，总体上的丰富性和细节上无处不在的差异是那个世界里的法则。它正是现代工业制造技术所构思的当代城市的反面。

---

[26] 王澍．虚构城市．同济大学博士学位论文，2000：140-141.

[27] 同上，130页。

十面灵璧

如果文是一种错觉，艺术、建筑或城市又何尝不是。观看，本来就是错看，有意的误读，精心安排的错解，形体和空间的错置，画面和实物的交错。诗本身即是对“正确”的无趣的反驳，是伤感和失望的产物，也是快乐和希望所在。文化即误读，对历史、对前文的充满希望的误读，将幻觉和现实编织在一起。

现在，有必要针对制图法问题进行专门的讨论。

吴彬的《十面灵璧图》是一个有趣的例子*fig...17*。图中的这块石头叫做“非非石”，是米万钟的个人收藏。古人认为，石头作为“一段自然”，就等同于造化本身，它的神奇也正是造化的神奇。《十面灵璧图》初看画的是一团火焰，它在炽热翻滚的一瞬间凝固石化。十个侧面如此不同，看起来根本不像同一块石头。构成这个物体的体面如此之多，它们朝向不同的方向，让一般意义上的正面无从寻觅。以今天的制图法来衡量，无论从哪个方向去看，都既像立面，也像轴测，也像透视。即便对它进行精细的测绘，从某个特定的方位绘制出标准的投影图，它给人的观感也跟这十个侧面一样，不像是一幅投影图。这是一幅无法用正交投影法绘制的图，或者说，没有绘制的价值，因为它的表面没有正交的线。

正交投影的观想方法，是现代建筑学最重要的特征之一。现代制图法在专业领域的通行，不仅使设计平立剖面的“图学”取代了对整体建筑的构思，也催生出一种独特的空间观想方式和价值评判标准，塑造了新的神祇，造就了新的霸权。罗宾·埃文斯（Robin Evans）的研究表明，正投影的方法（亦即今天建筑师所采用的平立剖面标准画法）应用于建筑中是14世纪以后，也是文艺复兴绘画的衍生物。[28] 正投影法应用的结果，是建筑师在图纸上用线条暗示空间深度，不管是分线型、画阴影还是作渲染都是为了这个目的。埃文斯说：“前人所采用的这种构思方法中很大的一部分，都通过古典主义传到今天，成为我们的职业癖好，名字就叫‘暗示的空间深度’(implying depth)。”[29] 所谓“现象透明性”，指的就是这个“癖好”。它完全依赖正交投影法和平面线条的空间深度暗示作用。勒·柯布西耶习惯于从正面拍摄他的建筑照片，大概是这种思维作用下对空间深度的偏爱的

---

[28] Robin Evans. *Translation from Drawing to Building*. Architectural Association London, 1997：153-193.

[29] 同上，169页。

fig...17 明代吴彬的《十面灵璧图》。这是原画的局部拼合版，只列举了10个方位中的5个。

结果，他力求使建筑印在书本上的时候看上去像一个立面，受过同一文化熏陶的读者，就会凝视这幅照片（亦即伪装成立面的正投影），以一种古典主义的审美习惯去穿透墙体，让线条直接切开并剥离表面，使隐藏的深度空间显现出来。因此，本质上，正面性（frontality）不是观看角度的正侧问题，而是精神上一种理想的隔离状态，一种对待自然的割裂态度，就像农药化肥伴随之下的现代种植技术：没有任何一个侧面、冗余的装饰和倾斜的线条来干扰这种凝视。正是这种正交古典主义的凝视，将萨伏伊送上现代时代的神殿，让单体建筑的造型问题成为建筑学的本体问题，把造型高手尊为设计大师，让不懂得这种观想方式的人自惭形秽。故而，凝视即占有，凝视即权力，凝视即美德，凝视即文明。这难道不是现代主义的神话吗？

然而《十面灵璧图》让我们看见自然造物的本来面目：它无法被简化或抽象为任何事物，它不值得被投影，也不值得被分析立体主义的画笔捕捉；它从来也不是数学。

有人也许会问：先前建筑师造不出这样的形态，是因为很难想象，也很难表达和建造，如今参数化的方法不是正好可以弥补这个缺陷吗？我要反问的是：造出这样形态的建筑，人和自然之间割裂的关系就恢复平衡了吗？道法自然，本来就不是个形态问题，就算人能模仿得了任何个别自然物的变态外形，对于我们严重的环境危机又有什么实际意义呢？

跟正交投影法一样，参数化方法或三维打印技术，都是冷冰冰的现代科学理性的产物。现代人用理性来肢解万物。正是这样的观想方法投射于城市之上，才拆散了漫长的历史时期中逐渐织就的城市文本，拆散了古老城市的院落格局和空间诗意，将自然彻底从城市中扫地出门，然后凭空出现了放射

状大道、立交桥、停车场，怪异的单体建筑，以及遍布中国城乡的经济技术开发区、科技产业园和旅游度假村。

传统中国城市的建筑并不像十面灵璧，因为它毕竟不是自然的造物。但它同样不是正交几何投影观想方法的产物，它或者是雷德侯所谓“模件化”观念下一种本能的构造，或者说，匠人传统。院落是它的核心单元。总的来看，它是“反造型”的，尤其是不依赖于功能来确定造型。类型化的物群落消解了对个别建筑造型的热爱，织体城市中没有纪念物前深沉的凝视，只有无心漫步中分神的游目，它的丰富性抵消了它的混乱。

而这，恰恰也是王澍在豸峰地图里看见的东西。让我们回到豸峰地图，从一个受过良好训练的现代建筑师的视角，看看那些幼稚的线条、东倒西歪的房屋，还有七扭八歪的道路。王澍说：“豸峰全图才是恰当的‘类型城市制图’……如果传统的平面制图是不适用的，透视与轴测制图也不适用，因为它们都直接对应真实的版本尺寸，或者片面，或者过于强调每一座建筑的独立性质。……传统的中国制图学已经预先实践着类型学的制图法则。”[30]

跟《十面灵璧图》一样，豸峰地图也缩成一团，而不是向外扩张着自己。它们都是一个小世界。中国有多少个像豸峰一样的小村子，数也数不清，每个豸峰都是一块灵璧，没有正面也没有侧面，安于自己无法被现代想象、也无法想象现代的命运。忽然有一天，它被斩断手足，变成一块方方正正的平地，又被覆上一层廉价拙劣的现代式规划平面、弯弯曲曲的景观道路和圈圈树，变成了一个皆大欢喜的生态旅游度假村。

[30] 王澍．虚构城市．同济大学博士学位论文，2000：126.

作如是观

“反造型”之后，隈研吾看到了消隐的建筑、没有面目的建筑、被自然物包裹的建筑，而王澍看到的是一群杂七杂八的东西，是建筑和自然物的混淆，是无原型的类型，是随方制象的组织和绵密丰厚的织物。富于诗意，却也不算空想，更不是故弄玄虚的东西。我倒是宁愿相信，隐藏在自然山河中的精灵只是暂时退却了，它们蛰伏在古人的画作里，蛰伏在极远的村落中，蛰伏在怎么也无法被平立剖格式化的城市缝隙，等着人去发现。即使没人发现，它们也会慢慢滋生繁衍，在不被留意的时候爬上现代城市的躯壳，造出破损和缝隙，耐心腐蚀它，等它自己崩溃。

罗西在《城市建筑学》中谈到了宏观发展布局方面的特点：“古希腊城市具有一种由内向外发展的特征”，这与东方内聚式的城市（试想豸峰地图的收缩形态）恰成对照：“东方城市和城邦的不同命运似乎相当清楚，因为前者不过是巨大墙体中的营地和未开化的设施，它们与周围环境没有联系。”[31] 据此，他认为东西方城市的区别，在于城市与自然的关系不同：东方世界城市的围墙将城市与周围地区完全隔离，而意大利的城市与地区构成了一个不可分割的整体，从而造就了辉煌的文明。也许我们可以无视其中显著的西方中心主义优越感，但我们是否能够忽略罗西对“自然”词义的扭曲呢？在那个一切以“人”为尺度，顶多会用些花草来装饰柱头的文明形态里，真的有自然的位置吗？一个不容忽视的事实是：今天，全世界的城市都没有围墙了，希腊文明看来是大获全胜，其结果，却是城市的无度扩张和人欲的极度膨胀。我们需要思考的问题如下：一边是“物种”丰富且不断殖民扩张的城市模型，以及用笛卡尔的正交视野凝视着异域和远方的文明；一边是“物种”单一且封闭内聚的城市模型，模糊、混沌中悠游时光，持守千年不变的文化和美，抱残守缺，不扩张，对远方不闻不问，在历史中漫步的文明。

fig...18 清代石涛的《庐山观瀑图》。这幅画绘制于中国社会和文化发生巨变的历史时期，作为具有敏锐感受力的画家，石涛所采用的每一个笔法、物象和整体构思都是自觉的文化选择。

[31] 阿尔多·罗西.城市建筑学.北京：中国建筑工业出版社，2006：136.

两者相比，哪个更合乎自然之道呢？

与每根线条都有着特定意义，分类清晰、完美无缺的现代地图相比，豸峰地图更像是一张写意的图画。100年前，我们的祖辈选择了透视法和测绘学，用以换来对自然的优势，把它当作进入现代世界的跳板。再往前追溯200年，17世纪西学东渐，在科学的透视法、高度客观写实的西洋绘画面前，中国画家也曾面临如何取舍的两难。他们的反应耐人寻味。这幅《庐山观瀑图》是石涛作于1699—1700年间的绢本水墨画，画他记忆中的庐山瀑布*fig...18*。画中两个人，或坐或立，面朝两个不同的方向，谁也没在观瀑，只是各自向远方平凡之处投去随意的一瞥。石涛通过这幅画向郭熙致敬，"形似"都不是他们追求的境界。石涛相信王阳明的说法："目无体，以外物之色为体。"在画中，石涛让旅人与山河同观想，渐渐与山水互为体用。石涛认为，在这种物我一体的幻觉中，所谓认真的观察只是骗小孩子的把戏，画家应该"正踞千里，斜睨万重"，亦即，真正的山形不是凝视可得，而应来自于无意中的惊鸿一瞥。

石涛摒弃"形似"的写实传统，其实是自觉的文化抉择，他要用一己之力去抵抗一种语言、一种程式。倒不是客观、理性、写实有什么不好，问题在于"没有一个艺术家能摒弃一切程式画其所见"，所谓的程式，即是被传统定义的视觉—心灵构造，或者说，就是传统本身。世间万物皆为泡影，写实也只是留住幻觉的"一种"方式而已。

其时望远镜正在公卿巨贾间传递，西洋神物一时炙手可热。望远镜作为一种征服的手段，先是作为视觉的延伸（如汽车对双脚的延伸）满足了"看见"的欲望，另一方面却压缩了"想象"的空间，让观看活动停留在对物化的自然的虚拟占有之上，让人联想到拉康对两性间"凝视"活动的分析。隆万之后写意画的兴起，是否蕴含着那一代人对工具性再现手段和科学透视法的蔑视和反驳，我们不得而知。如果真有这一层意思，那正是两种不同的观想构造的第一次碰撞，是为心对眼的抗拒、灵对肉的抗拒、感觉对理智的抗拒、自然对人欲的抗拒。

这篇小文写于2013年初夏，过不了多久谷歌眼镜就要上市了，届时人们都将躺倒在沙发上游神逞目、一日千里，向虚空中凝视莫须有的楼阁美景活色生香，在云雾里穿梭，在悬崖上蹦极，不必担惊受怕，亦不涉舟车劳顿之苦。石涛闻听此物，不知会作何感想。

作品

WORKS

随形制器*

北京红砖美术馆设计

董豫赣

以「随物成器，巧在其中」为韵。白居易在《大巧若拙赋》里，将中国文人因借自然的巧匠之意，带入器物制作的匠造之中。他将器物制造分为两步：审忖物象与匠意匹配。

以木匠的择木制器为例。木材向天笔直而近地弯曲的曲直物象，实乃天成，而工匠有造栋梁与车轮之意，遂以车轮之曲与栋梁之直匹配木之先天曲直。其间，审忖物象的要旨是「因物不改」——并不改变树木有曲有直的先在性特点；匠意匹配的结果是「事半功倍」——假借木材那一半自然天成的曲直天工。

如果将其原理还原——以先在性的木材条件与将欲制造的器物意象进行关系匹配，这将使得大巧若拙的操作可以进入建筑，毕竟建筑总是有条件的建造。而红砖美术馆的起点，就是对一幢先在大棚建筑有所意欲的匠心改造。此一教诲，贯穿美术馆建筑与庭院设计，有时因借先在，有时制造先机，倘若都不能，也希望能以多重意象叠加以成「事半功倍」之效。

* 原载《建筑学报》2013年第2期，中国建筑协会，北京，44—51页

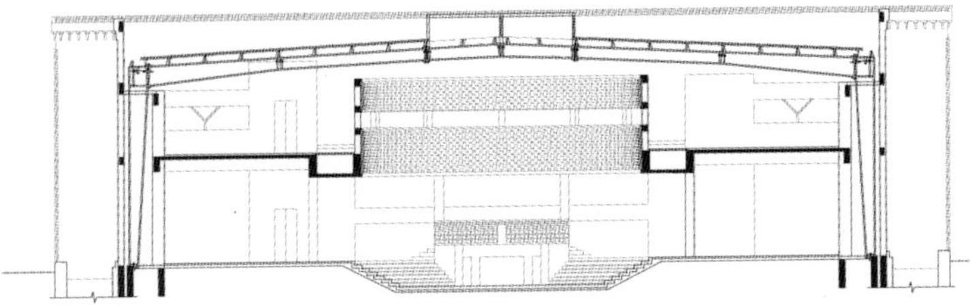

A-A 剖面 1:100

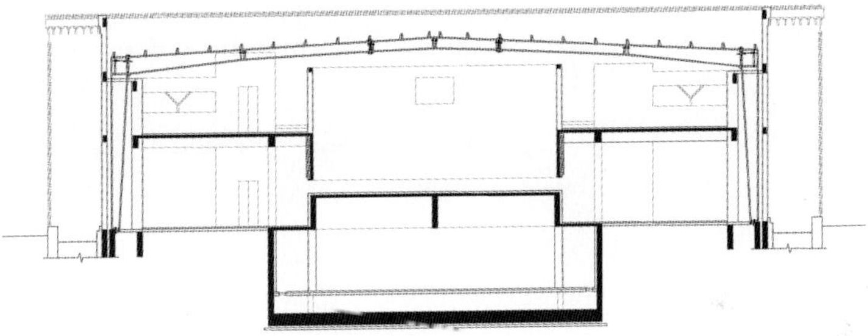

C-C 剖面 1:100

I-I 剖面 1:100

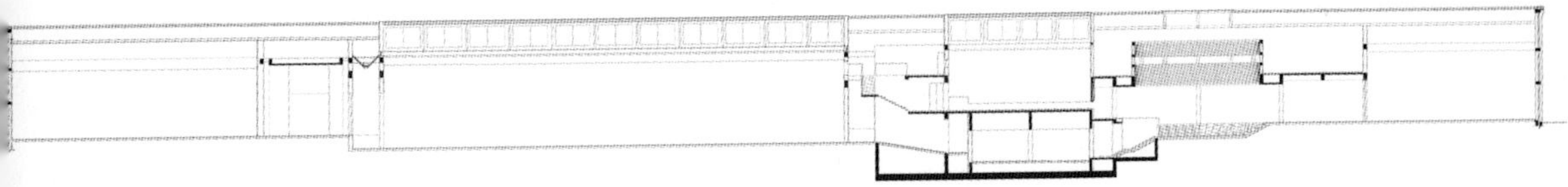

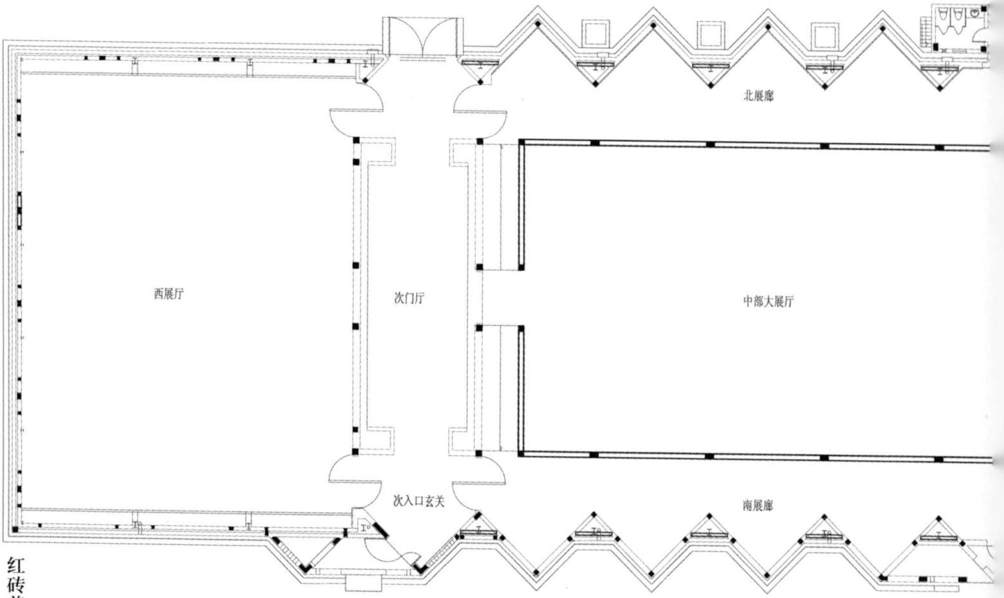

红砖美术馆首层平面图

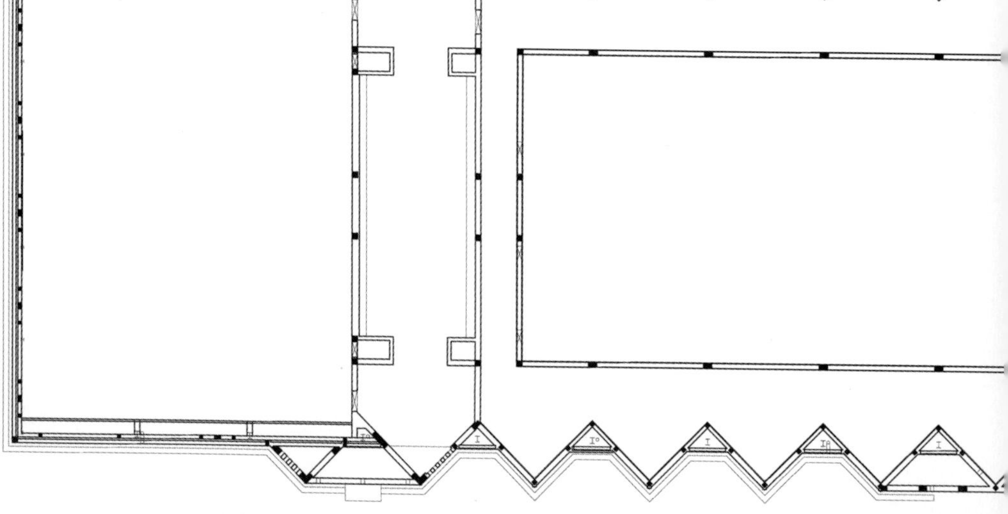

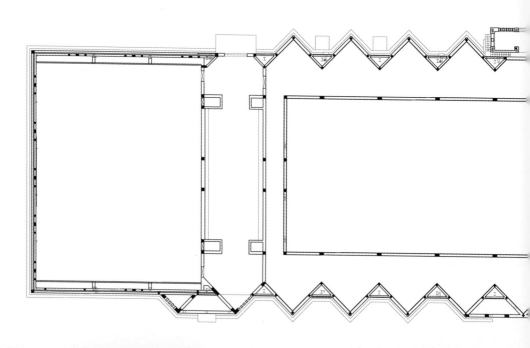

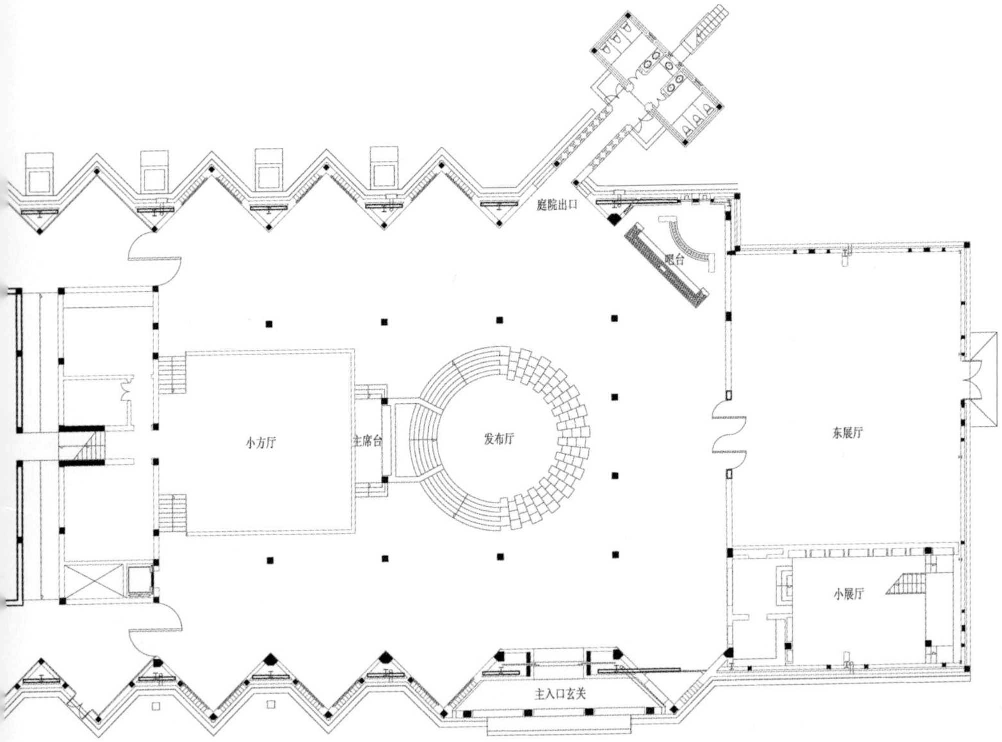

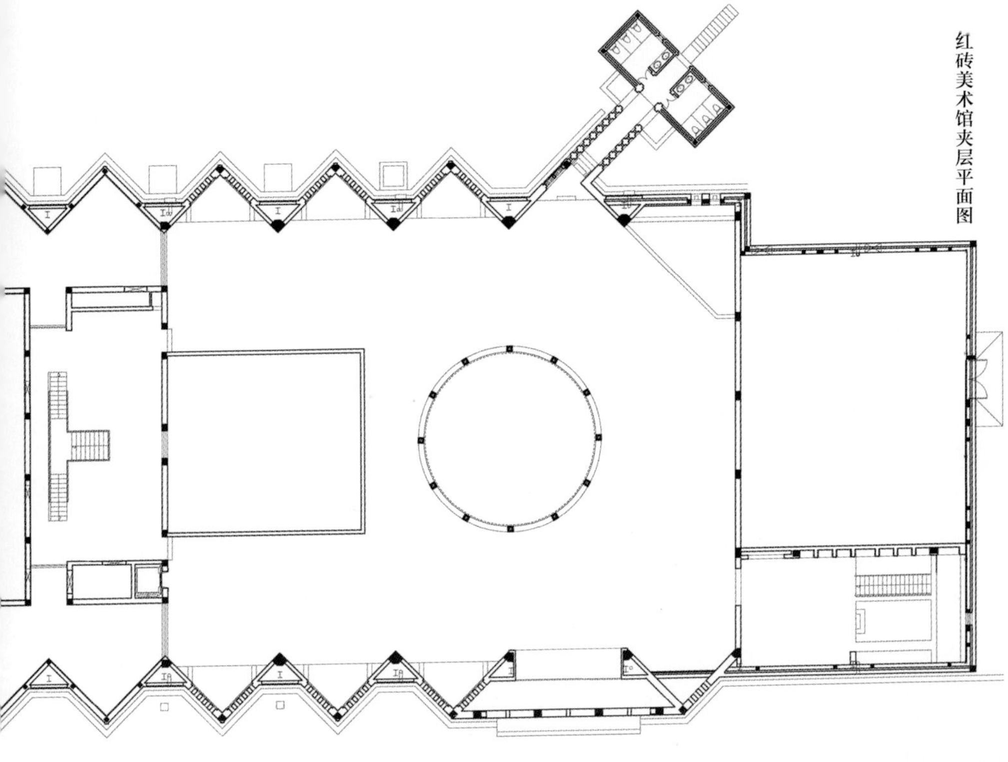

红砖美术馆夹层平面图

之一

美术馆外墙改造

美术馆外墙改造作为改造项目，大棚立面现状均布六米高的洞口；美术馆的匠造意象，却是封闭的展墙及照耀展墙的匀光。形同折屏的墙体，在洞口内穿行转折，它未曾改动原有洞口，却得到双倍的展墙，以及三角形内的良好顶光。

红砖美术馆改造前原有大棚内空（董豫赣摄）

红砖美术馆改造后展廊（万露摄）

改造后美术馆三角形壁龛光线（万露摄）

之二

美术馆主门厅改造

作为装修报批的项目，可以从两个方向进行空间突围—往地下挖与往顶上扩。体积的技术性增加引入了对先在性经验的场景—圆形发布厅的下沉，虽作为下行报告厅的巨大楼梯平台，却也媾和了希腊剧场的意象。剧场的意象继而改变了其东面踏步的错落高差，它们能用作散座；抬高到人视高度的小方厅，也能视为上行夹层的楼梯平台，其功能实则是小型展厅。而一圈展墙底下脱开地面的一条通缝，则来源于对展览场景的未来想象：在内部观展的观者将被裁剪为不能全视的下半截身体，以引诱大厅内的观众进入其间。

美术馆门厅通往后庭的明暗方窗（万露摄）

美术馆门厅上空夹层部分（万露摄）

美术馆门厅内小方厅展墙通缝（万露摄）

之三

美术馆中部庭院

作为美术馆与北部园林中间的过渡地带，其先在的地形狭长，其技术性的要求是必须有四米宽的消防通道与尽端12米见方的回车场，遂将此回车场投射以方庭意象，且于周围散植林木藤萝，以弥补回车场间难以植树的缺憾；后庭中段，因地狭长又欲遮蔽相邻别墅的夜色霓虹灯，置入一狭长小教庭，以使其愈狭以有效遮蔽邻里。至于小教庭西部有十字架的墙壁，则基于对美术馆附属咖啡厅未来经营的考虑——希望将对面果园餐厅不能尽纳的外国顾客吸引入庭——因此，这个有着巴西利卡的狭长庭院内会种植林木，以就庭内的夏日咖啡茶饮之事。

美术馆北部外景（万露摄）

美术馆主席台看向圆形发布厅叠座（万露摄）

之四

美术馆北部园林

按计成的教诲，城市地造园，首要乃制造出山高水低的差异意象，然后再经营建筑与林木关系。惜乎装修项目，只能造景，于是挖南池之土以垒北山，于山中置槐谷庭，以为上山下水之枢纽，且以上大下小之槐谷、上狭下宽之石涧引序，而于山北设置一上人屋顶，以借景北部无尽的湿地以及更北的隐约群山。中途甲方忽然慷慨购置九块巨石，遂以白居易「随形制器」的建议，分别嵌入墙中以流泉用、涡旋藤萝以敝山林意、浮于池中以成岛想、矗于岸边以成宋画之屏风之念。

美术馆西北山林中一线天意象

美术馆北庭广场

美术馆西北部园林鸟瞰

美术馆西北山林中槐谷意象

红砖美术馆庭园三识*

周仪

* 原载《建筑学报》2013年第2期，38—41页

之一
槐谷庭：小径分叉的空庭

每游留园，每于石林小屋一带流连。此区面积颇小，不足五峰仙馆建筑之半，然而，入则迷，迷于难寻回路；出则恍，恍于不觉间已回到起点。一日携童寯先生手绘旧图与实景相比照 *fig...01*，发现此区的迷离空间，平面竟极简单，除开植物配置以及五峰仙馆交界处的局部扩大，则规整近于九宫格。而且九块方格似无差异：线段纵横相交处为实墙，实墙上留窗洞门空。

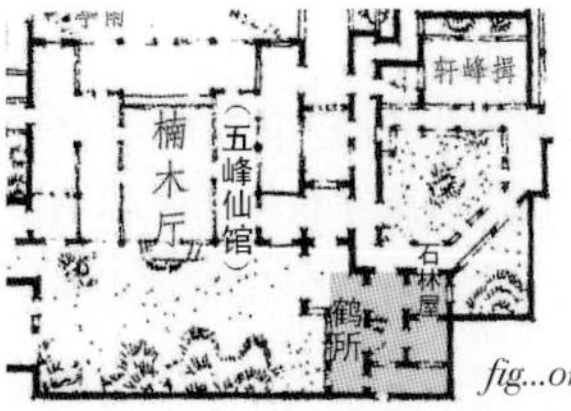

fig...01 留园平面局部（童寯手绘．江南园林志．中国建筑工业出版社，1984）

这几何般匀质的空间，如何成就了迷幻之境？大概正因为几何的匀质，使得在其中徘徊，没走几步便至似曾相识之所在，因而混淆了空间差异；又因相似的景物如芭蕉、奇石，在各角度不断得以复现，迷惑了时间的记忆辨识。这两点的叠加，最终导致方位和时间感的缺失。

数游董豫赣设计的北京红砖美术馆后园，由十七孔桥方向进入山间的槐谷庭，类似于留园石林小屋之“迷”，常常浮现。空庭中，四个一模一样的青砖门洞，洞后一律的斜墙，半遮前路，掩住即将展现的景致 *fig...02*。除开来路，面对三个洞口三条路，虽要做个选择，却难免生出遍览的贪念。最终任选一门，先前的顾虑立即兑现：每到一路口，中途又生歧路要选，似乎永远无法像事先设想的那样抵御住诱惑，事后原路返回，去一探其他门后的景致；直到阴差阳错地又回到空庭中，恍然大悟，却又立即陷入先前的困惑：稍不留神，又已经在四座一模一样的高门斜径前忘记来路。

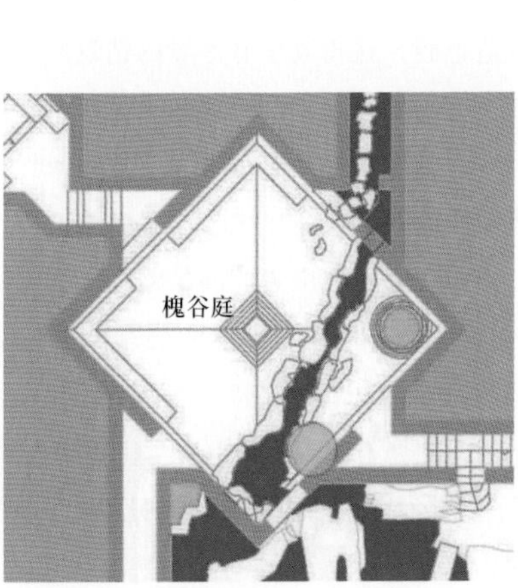

fig...02 红砖美术馆槐谷庭平面（周仪重绘）

虽然在槐谷庭施工阶段，早游过几回，但如果不是偶然从东南墙的山窗中看到明月东升，因而刻意拿图来对，我怕永远不会发现，方庭之方，实则被刻意扭转了45°，遂有四个门洞内的挡景斜墙。于图纸操作来说，其扭转方形的简洁程度，堪比石林小屋。同样的匀质，同样的“迷”。但如果“迷”是匀质几何操作及人的行游所共同得到的结果，这还仅仅是迷宫一般的迷。

它尚未担保愉悦。

迷大概有两种倾向：一种绝望，一种合趣。

留园石林小屋如何达到合趣？其完全透空的柱间留洞和半透的花窗，使得檐下、院内、窗前皆能得庭中之景，无分内外；视线穿过近景可达别院他居：从五峰仙馆东南角步入此区，首先见一蕉影摇曳的花窗，再往南，则稍明朗，虽然是同样的窗，芭蕉叶下，又能隐约望见一圆门洞；由此转而东行，芭蕉的姿态在完全透空的柱间忽然清晰，远景是门洞后的柱廊，以及柱廊外隐约浮现的别院景致*fig...03*；再往东，忽见一藤萝盘虬的大石；步出檐下向西，入圆门，又能从花窗中窥见五峰仙馆南院假山；折向北，复见别院景致；出门入廊东踅，于石林小屋内稍息，向北观赏别院，向南透过窗洞观紫藤绕石，奇石斜后方的圆洞门、屋侧六边形花窗外的芭蕉也隐约浮现*fig...04*。

fig...03 留园石林小屋景观

fig...04 留园石林小屋景观

芭蕉、奇石，都是令人生情的园林长物。正是这些异质的景物，散布于匀质空间内，透过槛座、槅扇、方窗、八角窗、方门洞、圆门洞这一系列有微差的人造空腔，遂得到了有差异的情景复现。同样的景物随时间的差异复现，又由人造空腔差异地带入感官——这些人造空腔可谓人与物之间的“情”的体现及发动者——将时空之迷，导向情“趣”的一方。

由槐谷庭发散出去的四条路径间，散布建筑师对曾为之所动的景致的记忆杂述。四座大门虽然一致，方庭内却有对门背后四条路径异质性的一系列暗示，比如石涧，比如山窗，比如碑头刻石*fig...05,06,07*。这些线索，加强了去路的吸引力，甚至帮游园者做出了基于个人喜好的路径选择，将“迷”引向“趣”。北部深涧*fig...08*、槐谷两路之狭阔；东部攀土山、入深涧两路之高下；南部顺南墙东行、面正南入三石庭两路之幽明；西部夹径入三石庭、入槐谷两路之敞蔽诸象，都以不同层面物象的差异，将匀质几何之“迷”带入了复杂的意象，成就了“趣”的可能。

fig...05 槐谷庭不同路径的各异景观

因此，几何形态并非是园林经营必须回避的。它虽然不是中国园林的设计目标（石林小院平面上的几何形，很可能是地形限制和历代叠加的共同结

fig...06 槐谷庭不同路径的各异景观

fig...07 槐谷庭不同路径的各异景观

fig...08 庭园北部深涧（悦洁摄）

果），但这完全不影响它可以成为图纸操作的手段（槐谷庭的正方形几何扭转甚至是造就迷人之境的先决条件）。结果或手段，都不能架空园林经营的合趣追求。

"有高有凹、有曲有深"的山林地，是计成认为的最佳造园基地。如果场地没有现成的奇偶差异来担保趣味，正如童明在红砖美术馆对谈中的提问：如何从平地开始造园？第一步工作想必就是将地势奇偶经营出来。红砖美术馆后园的做法是：挖南池取土于北部堆山*fig...09*。大的山水奇偶关系一出，第二步则面临如何将游历过的动人景物、氛围，带入这样的大关系中。

水北山南的石庭，处在山水二元的关节部位，成功媾和了二者的奇偶关系。这大概也是石庭多获赞誉的原因之一。原因之二，石庭一带景物利用非常高效。大石作为景物被运用了多次：在槐谷庭得见其巅，在西南路东墙小窗及藤石缝隙中能窥见石麓及池水的关系，穿石桥能手触大石余脉。在这一回路中，大石作为核心景物，与其他人造物的位置经营，将俯仰、走停、观触一系列行为带入，并不断在沿途呈现其他景物和路径，使游观者对其他路径的欲望不断叠加在上一个叉路的牵挂上。

除石庭以外，其连带的几条岔径本身虽然精彩，但一如王丽方所言，路径多次抵达的土山之上，却稍显空乏，盖因山上景致虽有小桥一二作为路径的引导，但路上景物皆一览无余，不及山下景物因"藏"而具诱惑力；另外，远望美术馆北立面高大实墙的观感欠佳。因此，当初大可不必有"尤嫌山在眼，不得着脚力"的顾虑，而开通上山的路径，正如冯纪忠方塔园的石堑，能经营好林下山谷深涧的意境，已属难得。

置石：相材度势

之二

一日听业主描述与董豫赣同去选石之事。业主被卖家言语相讥，因而兴起，有意买若干大石以示实力。而董豫赣观此情形，非但不上前劝阻或杀价，反疾笔题其董姓于所选众石上。最终获大石九尊，惟今置于云石庭中一块乃业主所喜所选 *fig...10*。

选石标准为何？

面对石场千百块供挑选的大石，建筑师是否能忆起原图设计？是否能当即判断出哪块最终将放在什么位置？能否决定用哪块来表现山、水或植物？这些与石材肌理、形势相关的判断，应当是在选石现场完成的。

石材场中，体量如此巨大的石头，多半是作为特置石出售的。在古典园林中，这类"拳石当山"的特置石，正是计成讥讽过的明末盛行的方法，董豫赣在他的课上也声讨过这类造型自明的石头。按他本人在《败壁与废墟》里的检讨，他本尝试着堆砌计成建议的壁山，而有了甲方这次意外的巨石馈赠，他才改变了原先的方案，开始尝试以巨石来媾和各种互成性的山水意象：屏石处于园林部分与建筑部分之间的位置，成为由美术馆后庭入园的影壁 *fig...11*；方薄之石浮在水中，成为可休憩的岛屿；正面有涡旋之石嵌入墙中，有流泉之用；侧面有空腔之石，夹藤顶墙地成为腔墙；即便甲方执意挑选的那块云石，也额外承担了分隔小院的另一层作用。池北石庭的窄长，使得大石均不具备观得全貌的距离，倒也类似于计成所言之"峭壁山"，只能在某些角度，观其巅、其麓 *fig...12*。以片段营造山意，实与槐谷庭中以涧、谷等片段代山水异曲同工。

曾见识过董豫赣在图上布石的过程，为平生不多得的奇妙经历。一是由于从未见过怎样测绘巨石，倍感新鲜；二是感叹布石过程的迅速：由于大石的偶然购得，之前石庭位置的设计需全盘改动。

之前对测绘之印象，至繁为古建筑斗栱昂屋顶曲线种种，而测自然山石，较古建筑构件更为复杂，非3D扫描如何能测？又从何保障精确？后来方悟，精确并非测绘的唯一评价标准。测石的目的若为布

fig...09 红砖美术馆庭园平面（周仪重绘）

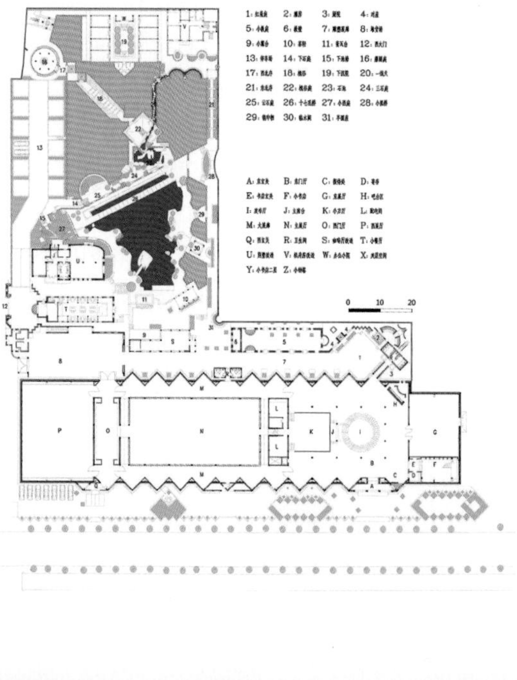

fig...10 云石庭中的巨石（万露摄）

fig...11 园林与建筑之间的屏石

石，则重要在于测体量、观走势。九块巨石，仅需在每块石头的照片上标注大致的长宽高，然后依据现场目测的走势，勾勒出顶视图。

大石的基本尺度确定后，哪处缺口正合现有实墙的凸角，哪处墙骑石，哪处石穿墙；哪处涡旋可窥别石，可容藤蔓之姿 *fig...13*；哪处空腔，何种纹理宜作水之导引 *fig...14*；哪处夹缝仅可容身，需扶石而过……这石与墙、石与石、石与植物、石与水、石与人的若干组关系，足以使巨石的诸特点发挥尽致，此亦是位置经营之难事 *fig...15*。

董豫赣所享受的，大概还有现场调度和机缘巧合这一层。据其称，涡旋石脊上那道随涡旋扭转的小曲墙，是现场由三六墙改作二四墙，并让工人因就巨石走势而砌的结果。那日旁观布石现场，董豫赣猴栖于池旁巨柳掌之上，现场众人齐力 *fig...16*，恍惚间吊机的长臂化为摄影摇臂，巨石们竟皆活色生动，或坐地等待，或背手正立（屏石）、或冲靠（靠墙石）、或山膀（山形石）、或旁拧（涡旋石）、或盘坐云手（云石）、或穿手（穿墙石）、或卧鱼（承水石），仿佛进入最后的走灯调试阶段，只等来日登台。所不同的是身韵姿态里那些想象中的凭借物在建筑中全部成为了实在。

所谓机缘，便是重接登岛石桥时，石条的凸角，恰好能嵌入岛石原有的缺口中，看似惊险，而相互吻合如卯；而所谓巧合，便是得知当年水位有涨而抬高池岸地坪300毫米，却遇连月水位不涨，岛石底座兀露，众人皆叹失策时，一场暴雨，水位刚好升至岛石之下并悄然脱开一道精神的缝隙，十七孔桥的孔由矮胖的“8”字终得圆满 *fig...17*。

fig...12 水北石庭的巨石

fig...13 屏墙石涡旋与植物关系（悦洁摄）

fig...14 流泉石（闫士杰摄）

之三

建筑与园林：两仪之间

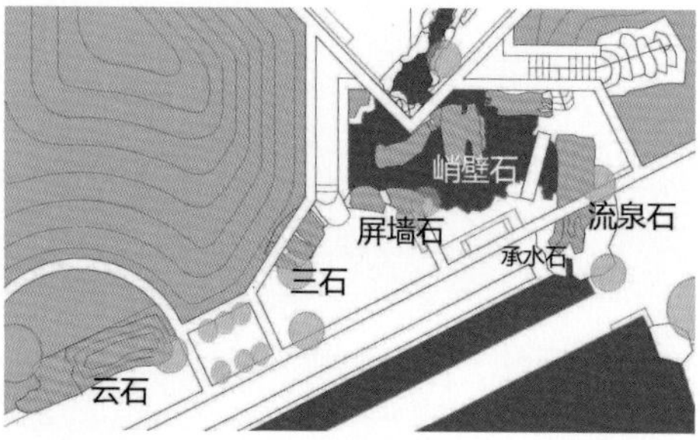

fig...15 巨石布置局部平面（周仪重绘）

fig...16 布石施工现场（曾仁臻摄）

苏州园林在宅园之间，有庭院作为中间物。大庭院能成为树、石、水俱全的小园；小庭院能成为不够置石植树的天井。中国建筑的宅园、公私、内外之间的过渡是渐进的，而非决然两极。

内与外的关系足够复杂。这种脱离建筑物本身作为单一判断（以门窗墙体区分内外）的复杂性使得“内”与“外”的区别，随着人之所处而改变。园与宅，园为内；一宅中，厅为外，室为内；一堂之上，南为外，北为内……因此，两仪之间，更强调“之间”的复杂性与连续渐进的层级。

观明清苏州园林，若以明代拙政园与清代诸多小园相较，我更偏爱后者，譬如留园嘉庆间修筑的石林小院。前者类似于真山林中择景选点，而后者则更大程度上模糊了建筑和山水、人工与自然的界限。由明入清苏州人口的增长，加剧了造园的空间限制，反而促成了“事一功倍”的“巧”，使得同一园林物体获得双重身份：云梯既能作为山体一部分，又承担楼梯之功能，处于山与建筑之间；假山既供攀爬，逼窗则成窗山，处于行游与静观之间。

如此，比较红砖美术馆与董豫赣2001年设计的清水会馆的庭院部分，我更喜欢清水会馆尤其是西北部的庭院。我曾拿清水会馆的平面给一声称热爱garden的以色列同学看，她问我：哪里是建筑？哪里是garden *fig...18*？我答：分不清便对了。她印象中的外婆的garden，种满了各种美丽的花卉，设有喝茶的座位，在面对garden的门廊中，可以晒太阳，望见地中海。如果我们对于园林的理解，也限于基于材料分类的物体排布，则与“花木=garden”的理解无甚区别。传统园林理论中的山、水、花木、建筑这“园林四要素”，也是材料层面上的要素描述。然而，园林和建筑关系问题可能比四要素俱全的园林经营，更具有讨论的当代意义。

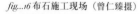

虽然在《败壁与废墟》里，董豫赣已对美术馆要求的封闭外观难以与后庭媾和作过检讨，但问题在于，基于多年的园林研究，美术馆南面如此成功的入口玄关及其营造的建筑与植物的关系，为何在

北面却突然失去了表达的语感？在面临“美术馆需要大面积展墙、非直射光”的建筑问题时，是否能有其他方法同时解决好展示功能和园意这两件事？

在美术馆与园林之间，纯粹的建筑和纯粹的园林之间的庭院过渡，似乎略显单薄。一方面，留给这若干渐变层级的空间确实狭长而单薄，另一方面，由于建筑和园林的纯度均过高，两者并置，对比反而更强烈，越发使建筑更纯，园林愈粹。而纯粹的东西，大概并非董豫赣今日的造园追求。

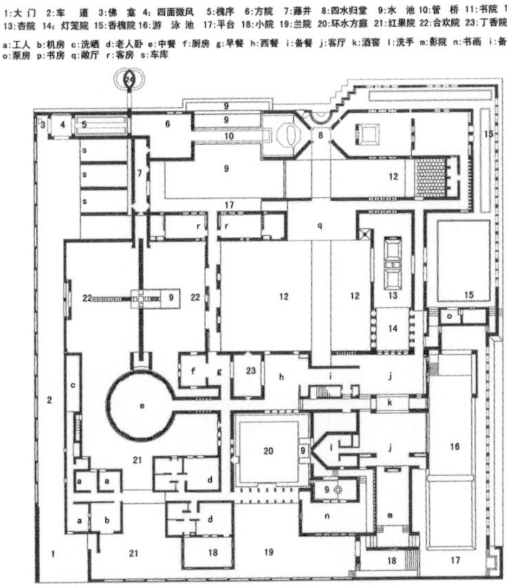

fig...18 清水会馆平面（苏立恒重绘）

fig...17 庭园十七孔桥景观（万露摄）

因树为屋随遇而安 开门见山会心不远*

记绩溪博物馆

李兴钢

*原载《建筑学报》2014年第2期，40—45页，有较大修改

后果前缘

癸巳年腊月（2014年1月），陪鲁安东兄在刚刚开馆的绩溪博物馆内随意参观，蓦然发现在展厅中有一副胡适先生的亲笔手书对联："随遇而安因树为屋，会心不远开门见山"（联出清同治状元陆润庠）。这幅年代不详的胡适真迹，在设计绩溪博物馆的四年多时间，从未有缘得见 *fig...01*。

惊异于此联的意境恰与绩溪博物馆的设计理念不谋而合。树与屋，门与山——自然之物与人类居屋之间的因果关联；随遇而安，会心不远——由自然与人工之契合，而引出与人的身体、生命和精神的高度因应。在博古通今、中西兼通的精英人物胡适心中，行、望、居、游，是自己理想的生活居所和人生境界。而这也正是绩溪博物馆设计所努力寻求的目标。

馆名"绩溪博物馆"，来自于胡适先生墨迹组合。而适之先生仿佛在近百年之前，即已为家乡土地未来将建造的博物馆，写下了意旨境界和设计导言。有趣的是，不断听到人说起绩溪"真胡假胡"的典故：胡适之"胡"，乃为唐代时李姓迁入安徽后之改姓，故著名的胡先生是"假胡"，其实姓李。如此巧合，让人感觉如天意冥冥之中的绝妙安排。

那些古镇周边的山，想必胡适先生曾经开门得望，这棵700年树龄的古槐，不知胡适先生是否曾经触摸。一百年人类历史风云际会，在山和树的眼中，不过是一个片刻。还是那座山，还是这棵树，它们要后来的这个被称作"建筑师"的晚辈后生，与古镇和先人有个诚恳的对话。

fig...01 透过玻璃可看到展厅内胡适先生的手书对联（邱涧冰摄）

山水人文

四年多前，也是一个冬季，第一次来到绩溪，第一次踏上这片如今赋予新的建筑生命的基地现场考察。用地位于绩溪旧城北部，原县政府大院用地内。基本呈矩形，朝向偏东南。南北向长约136米，东西长约71米，这里很久以前一度曾为绩溪县衙，竟而在博物馆施工过程中挖出县衙监狱部分的基础和排水沟等遗迹，设计也因地就势，借用实地遗迹保留为博物馆展览内容。当时用地内生长繁茂的40余株树木，树种繁多，包括槐树、樟树、水杉、雪松、玉兰、桂花、枇杷等 *fig...02, 03*，其中用地西北部有一株700年树龄的古槐 *fig...04*。这些树木是最初打动我们并推动设计发展的重要元素，也成为绩溪博物馆古今延续与对话的最好见证。

绩溪位于安徽黄山东麓，隶属于徽州达千年之久，是古徽文化的核心地带。“徽”字可拆解为“山水人文”，正是绩溪地理文化的恰切写照。绩溪古镇周边群山环抱，西北徽岭，东南梓潼山；水系纵横，一条扬之河在古镇东面山脚汇流而过，“绩溪”也因此得名——县志记载：“县北有乳溪，与徽溪相去一里，并流离而复合，有如绩焉。因以为名。”当地数不清的徽州村落，各具特色，诸如棋盘、浒里、龙川……均“枕山、环水、面屏”，水系街巷，水口明堂，格局巧妙丰富，各具特色。而古往今来，绩溪以“邑小士多，代有闻人”著称于世，所谓徽州“三胡”——胡宗宪、胡雪岩、胡适，分别以文治武功、商道作为、道德文章著称于世。

fig...02 中间院子的小树林

fig...03 前院的玉兰树

fig...04 古槐

古镇客厅

绩溪博物馆设置了一套公共开放空间系统，其室外空间除为博物馆观众服务外，也对绩溪市民开放 *fig...05*。这个开放空间源自徽村的启示。在这个犹如村落般“化整为零”的建筑群落内，利用庭院和街巷组织景观水系。沿东西“内街”的两条水圳，有如绩溪地形的徽、乳两条水溪，贯穿联通各个庭院，汇流于主入口庭院内的水面，成为入口游园观景空间的核心 *fig...06, 07*。

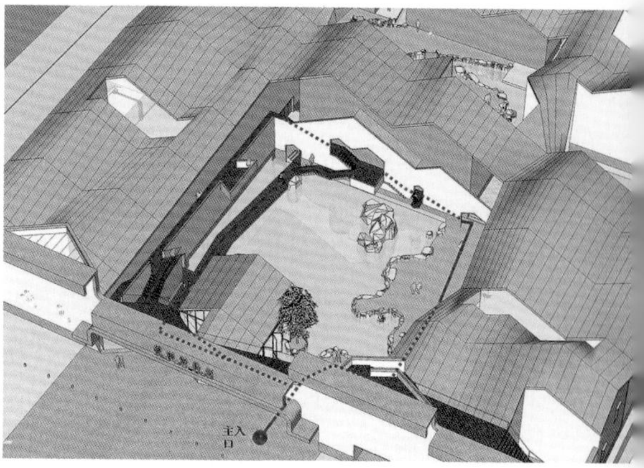

fig...05 明堂水院的游线

观众可由博物馆南侧主入口进入明堂水院，与南侧茶室正对的是一座片石“假山”伫立水中，“假山”背后，是两大片连绵弯折的山墙，一片为“瓦墙”，一片是粉墙。两片墙之间是向上游园的阶梯和休憩平台。庭院中有浮桥、流水、游廊、“瓦窗”，步移景异的观景流线引导游客，经历迂回曲折，到达建筑南侧屋顶上方的“观景台”，可以俯瞰整个建筑群、庭院和秀美的远山 *fig...08*。茶室背后另有供游人下来的阶梯。也可继续前行，顺着东西两路街巷，游览后面被依次串联起来的其他庭院。

这里的街巷和庭院，与建筑周边民居乃至整个古镇数不清的街巷、庭院同构而共存。

fig...06 内街与水圳（夏至摄）

fig...07 内街（李兴钢摄）

fig...08 屋顶观景台（夏至摄）

折顶拟山

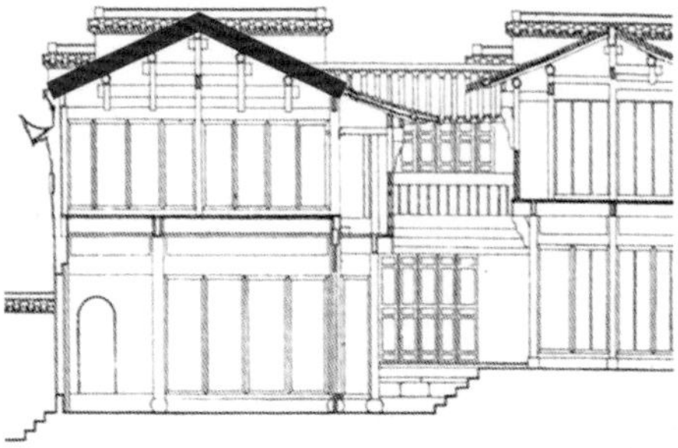

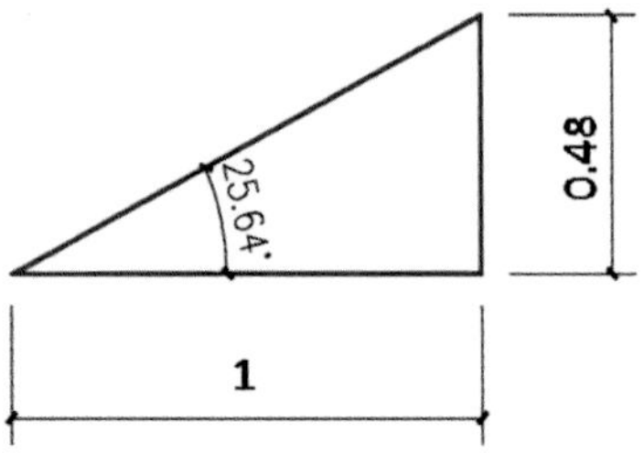

fig...09 三角屋架的剖面坡度源于当地民居

受“绩溪”之名与山形水势的触动，博物馆的设计基于一套“流离而复合，有如绩焉”的经纬控制系统，原本规则的平面经纬，被东西两道因树木和街巷而引入的弯折自然扰动，如水波扩散一般；整个建筑即覆盖在这个“屈曲并流，离而复合”的经线控制的连续屋面之下，并通过相同坡度（源自当地民居屋顶坡度而确定[fig...09]）、不同跨度的三角轻钢屋架，沿平面经纬成对组合排列[fig...10]，加之在剖面上高低变化，自然形成连续弯折起伏的屋面轮廓，仿似绩溪周边山形脉络。[fig...11-17] 登及屋顶观景台放眼望去，层叠起伏的屋面仿佛是可以行望的“人工之山”，此时观景即观山，近景为“屋山”，远景借真山。因此，这个建筑不仅与周边民居乃至整个古镇自然地融为一体，也因其屋面形态而与周边山脉相互和应，并感动着观者的内心。[fig...18]

胡适先生的“开门见山”，在这里成了“随处见山”——只不过有“假山”、“屋山”和越过古镇片片屋顶而望得的真山。而其中重要和相同的，是让人与这层叠深远的人工造景及自然山景相感应，得以“会心不远”，达至生命的诗意寄托。

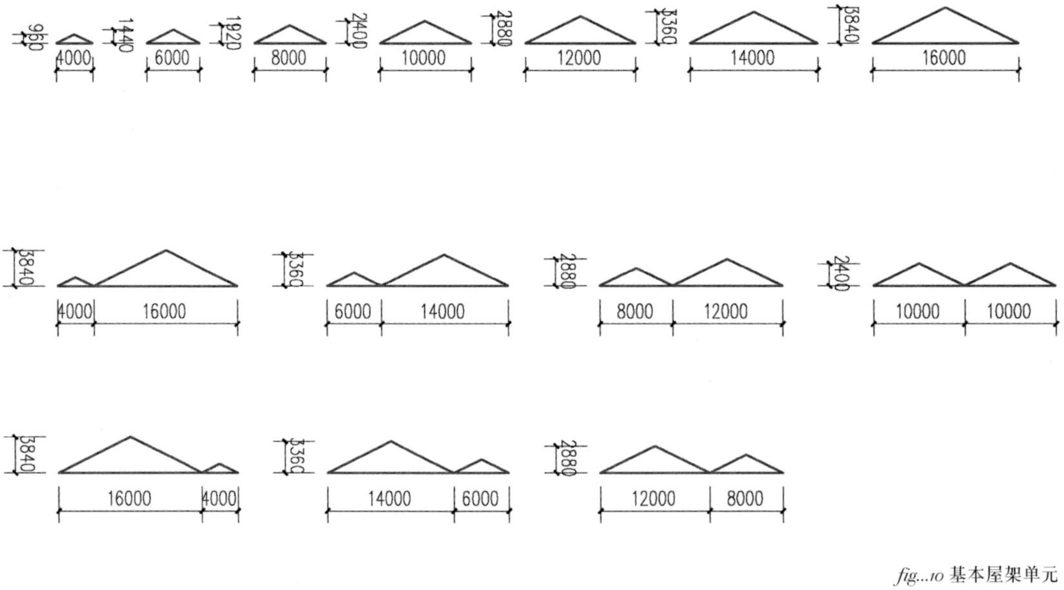

fig...10 基本屋架单元

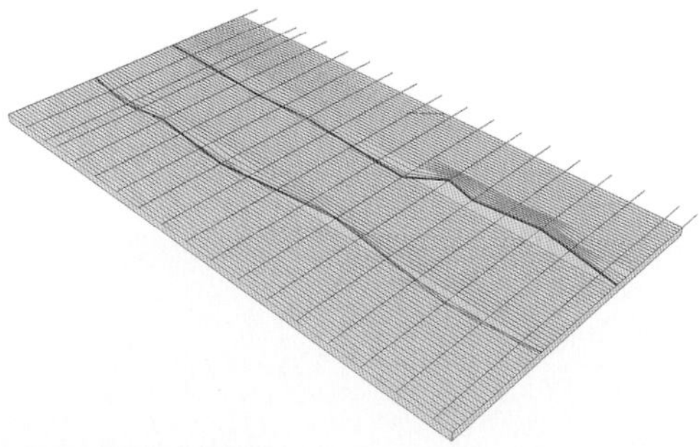

fig...11 局部被扰动的经纬控制线

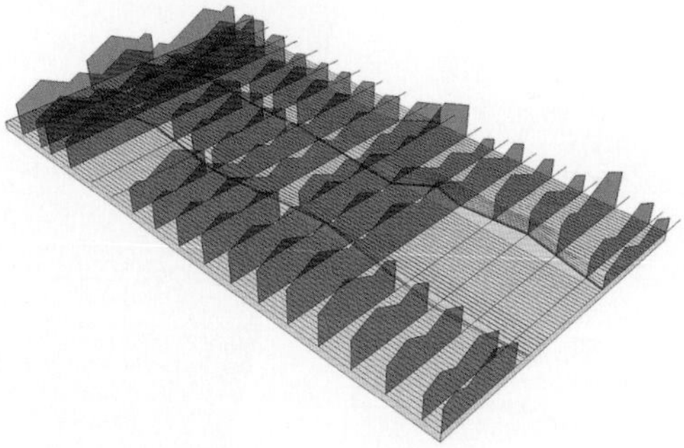

fig...12 叠加结构剖面，控制端墙高度。

fig...15 屋顶结构图解

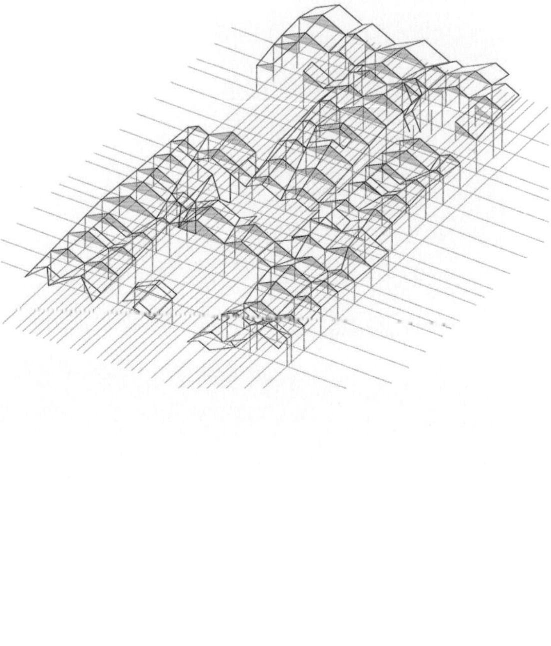

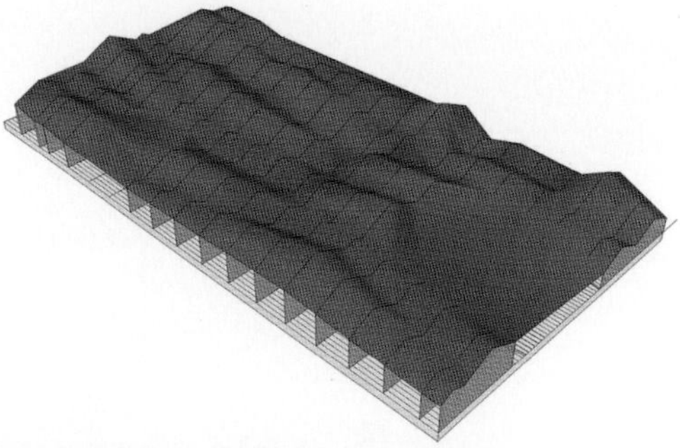

fig...13 生成屋顶连续曲面，控制屋脊走向。

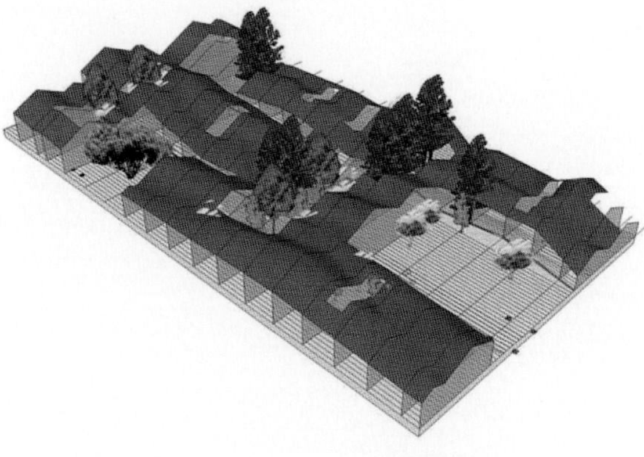

fig...14 在有保留树木的地方屋顶被挖空，形成不同的庭院。

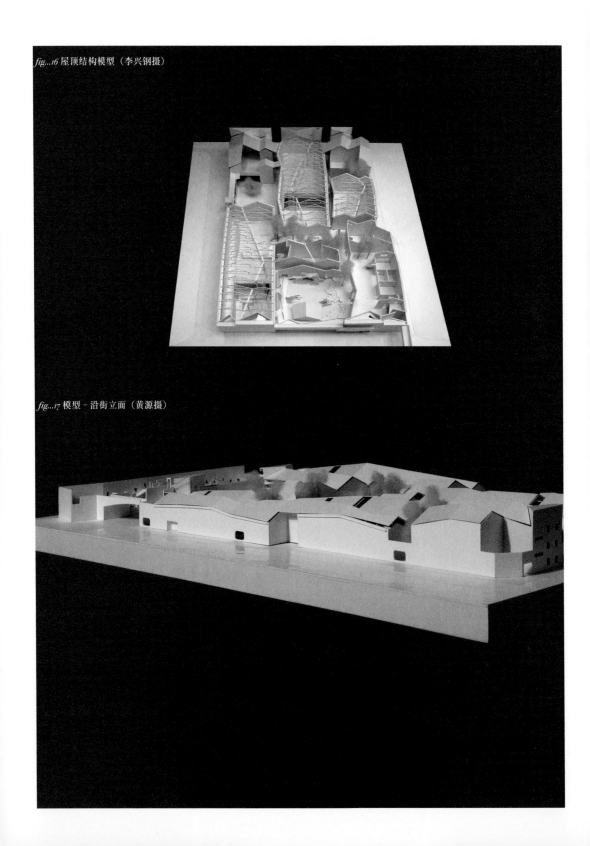

fig...16 屋顶结构模型（李兴钢摄）

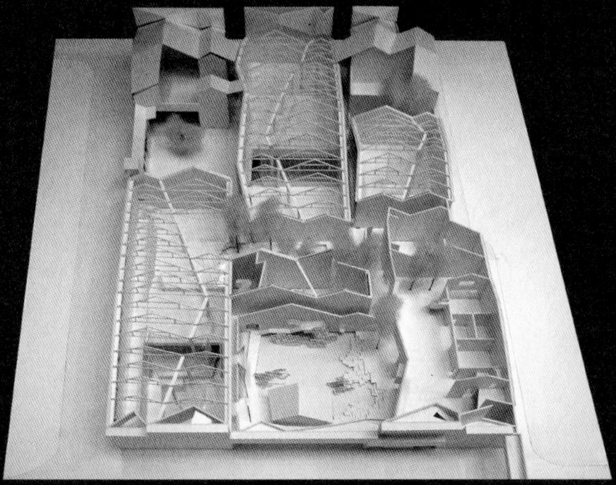

fig...17 模型－沿街立面（黄源摄）

fig...18 屋 - 树 - 山（李兴钢摄）

留树作庭

现场踏勘时的一个强烈念头是：在未来的设计中，一定要将原来用地中的多数大树悉数保留，它们虽非名贵或秀美，却给这处历经历史变迁的古镇中心之地留下生命和生活的记忆。用地西北角院落中的700年古槐，被当地人视为“神树”，因为它实在就像是一位饱经沧桑、阅历变迁却依然健在的老者。

“折顶拟山”所形成的覆盖整个用地的连续整体屋面，遇到有树的地方，便以不同的方式被“挖空”，于是，庭院、天井和街巷出现了，它们因树而存在、而被经营布置，成为博物馆的生气活力、与自然沟通之所。也得益于这些“因树而作”的庭院，这座建筑成为一个真正完整的世界。胡适先生的“因树为屋”，其实应该并非是将树建成房屋或者以树支撑结构，而是将居屋依邻树木而造，使人造之屋与自然之树相存互成，树因屋而得居，屋因树而生气，在居住者的眼中和心里，这样的整体具有真正的诗意，“随遇而安”。

最前面的“水院”保留了两棵树：一棵是水杉，在东侧公共大厅的窗外；另一棵是玉兰，在“假山”一侧，由于靠近瓦墙前面的粉白山墙，与从上面休息平台下来的楼梯踏步几乎“咬合”在一起。这株秀美的玉兰与几何状的片石“假山”一起，组合为水院的对景画面 。*fig...19*

水院后面的中间庭院“山院”，是保留树木最多的院落。松、杉、樟、槐，都在自己原来的位置，茂密荫蔽，它们是活的生命，在默默静观四周变迁。配合几何状的隆起地面、池岸和西端弯折披坡下来的“屋山”，别有一番亦古亦今的气息。*fig...20* 庭院东侧还有两株水杉，因它们的位置，序言厅和连接公共大厅的过廊特意改变形状让出树的位置，最后的结果仿佛是树与建筑紧紧贴偎一起或缠绕扭结一体。

沿西路街巷再往后面，为700年古槐留出了一个“独木”庭院，这个颇具纪念性的古树庭院处理较为开敞，古树后面有会议报告厅及上部茶楼，可由此进入，方便兼顾对外经营。若经一侧的楼梯上至二层贵宾休息室外的屋顶平台，古树巨大苍劲的枝杈向四面八方的空中伸展，被平台两侧的界面裁切成壮美的景象 。*fig...21*

施工过程中，所有保留的树都被精心保护，待最后土建完成，经过清洗修剪，它们跟新建的房屋一起，亭亭玉立，生机勃勃，房屋也因树木的先就存在而不显生涩，它们因位置不同而关系各异，都仿佛天生的匹配，颇为感人，好一个“随遇而安”。

fig...19 "水院" 保留树木（李兴钢摄）

fig...20 “山院”保留树木（邱涧冰摄）

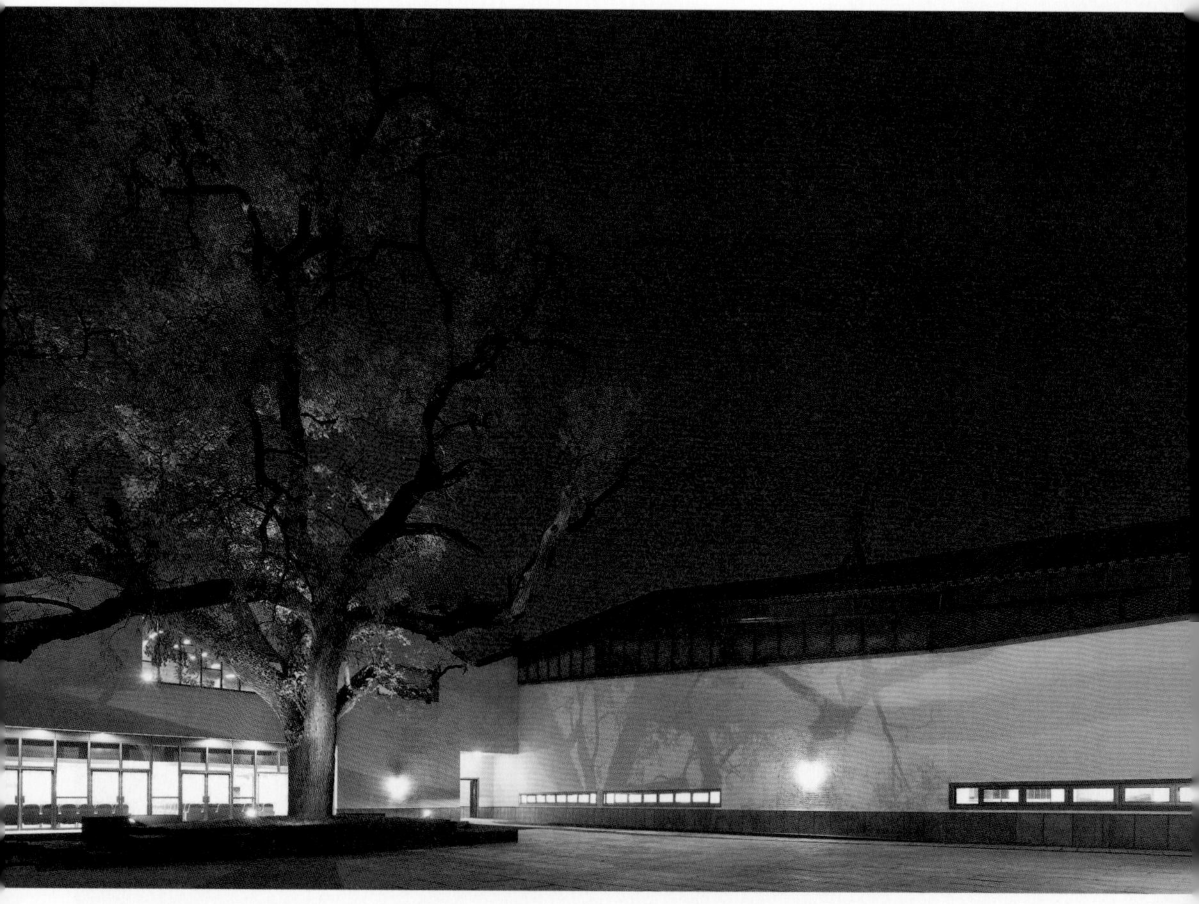

fig...21 古树庭院夜景（夏至摄）

假山池岸

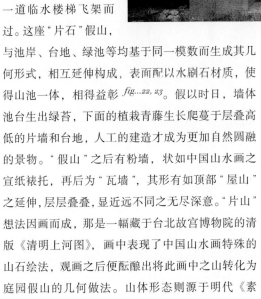

fig...22“假山”细部（夏至摄）

主入口庭院的视觉焦点，是一座由片状墙体排列而成的“假山”，与位于南侧的茶室隔水相对，并有浮桥、游廊越水相连，山背后一道临水楼梯飞架而过。这座“片石”假山，与池岸、台地、绿池等均基于同一模数而生成其几何形式，相互延伸构成，表面配以水刷石材质，使得山池一体，相得益彰 *fig...22, 23*。假以时日，墙体池台生出绿苔，下面的植栽青藤生长爬蔓于层叠高低的片墙和台地，人工的建造才成为更加自然圆融的景物。“假山”之后有粉墙，状如中国山水画之宣纸裱托，再后为“瓦墙”，其形有如顶部“屋山”之延伸，层层叠叠，显近远不同之无尽深意。“片山”想法因画而成，那是一幅藏于台北故宫博物院的清版《清明上河图》，画中表现了中国山水画特殊的山石绘法，观画之后便酝酿出将此画中之山转化为庭园假山的几何做法。山体形态则源于明代《素园石谱》中的“永州石”，本意也是为博物馆外面“城市明堂”大假山而作的小规模实验，是有关“人工物之自然性”的尝试。

fig...23 池岸细部（夏至摄）

明架引光

室内空间采用开放式布局，既充分利用自然光线，又将按特定规则布置的三角形钢屋架结构单元直接露明于室内，成对排列、延伸，既暗示了连续起伏的屋面形态，又形成了特定建筑感的空间构成，在透视景深的作用下，引导呈现出蜿蜒深远的内部空间。*fig...24*

各展厅内部均布置内天井，由钢框架玻璃幕墙围合而成，有采纳自然光线与通风的功用，进而使参观者联想起徽州建筑中的“四水归堂”内天井空间。*fig...25* 延续博物馆建筑的三角坡顶为母题，设计了室内主要家具和大空间展厅中“房中房”式的展廊、展亭及多媒体展室，利用模数对展板、展柜、展台、休息坐具等展陈设施的形式和空间尺度加以控制，并以建筑屋顶生成的平面控制线为基础进行布局。室内除白色涂料外，使用了木材装修，增加内部空间的温暖感和舒适性。

fig...24 蜿蜒深远的展厅室内（夏至摄）

fig...25 室内天井自然采光（夏至摄）

作瓦粉墙

在古镇的特定环境中，徽州地区传统的“粉墙黛瓦”被自然沿用作为绩溪博物馆的主要材料及用色，但其使用方式、部位和做法又被以当代的方式进行了转化。

大量有别于传统瓦作的新做法用于建筑不同部位。其中，屋面屋脊和山墙收口一改传统小青瓦竖拼的做法，均采用较为简洁的筒瓦收脊与压边的做法 *fig...26*；传统檐口收头处的“虎头与滴水”瓦被简化为“现代版”*fig...27*；应对曲折屋面而设置屋谷端部泛水等。瓦作铺地，以及不同形式的钢框“瓦窗”，亦有新意。值得一提的是面对水院的“瓦墙”，有屋顶瓦延伸而下之势，极易造成透视的错觉，像是中国画中的散点透视，屋面立面成为一体，仿佛“屋山”延伸倾泻而下。这片瓦墙，其构造原理延续了传统椽檩体系铺瓦做法，但由于其如峭壁般的形态，导致营造殊为不易。新的做法是采用将瓦打孔并用木钉固定于高低间隔的轻钢龙骨，按序自下而上相互覆盖叠加并加以钢网水泥结合一体，才得以构造成型。*fig...28*

入口雨篷、檐部、天沟、墙裙、地面以及外门窗框等处采用当地青石材料，颜色实为暗灰色，而当建筑顶部区域的自然面青石板表面涂刷防腐封闭漆料之后，石材表面如砚台沾水一般，立刻转为黑色，出乎意料地与“黛瓦”得以呼应。

古徽州传统的白石灰粉墙经由时间和雨水的浸渍，斑驳沧桑，形成一种特殊的墙面肌理效果，原想用白灰掺墨的方式做出如老墙一般沧桑的肌理效果，但因墙体的外保温层无法像传统的青砖一样与外层灰浆吸融贴合，多次试验后无果，无奈最后替换为水波纹肌理的白色质感涂料。这一做法完成后也成为绩溪博物馆一大特色，被称作“水墙”。*fig...29* 有山自有水，在中国的山水画作中，云雾水面乃至粉墙，起到的是将山景分层隔离，制造出景物和境界的深远之意。这一道道“水墙”，与池中的真水一起，映衬着“屋山”和片石“假山”，它们也是绩溪博物馆“胜景”营造中的重要构成。*fig...30*

博物馆的建造由当地的施工和监理公司完成。这些本地的施工者们既未完全忘却也不再采用徽州传统的施工技术，既在使用又无法达到高超的现代施工技术水平，但他们仍然表现出具有悠久传统的工匠智慧和热情，与建筑师一起研发出“瓦墙”、“瓦窗”等传统材料的当代新做法，赋予建筑“既古亦新”的感受。

fig...26 筒瓦用作脊瓦（邢迪摄）

fig...27 屋檐收头处的“现代版”虎头滴水（邱涧冰摄）

fig...28 “瓦墙”细部构造（邢迪摄）

fig...29 “水墙”细部（邱涧冰摄）

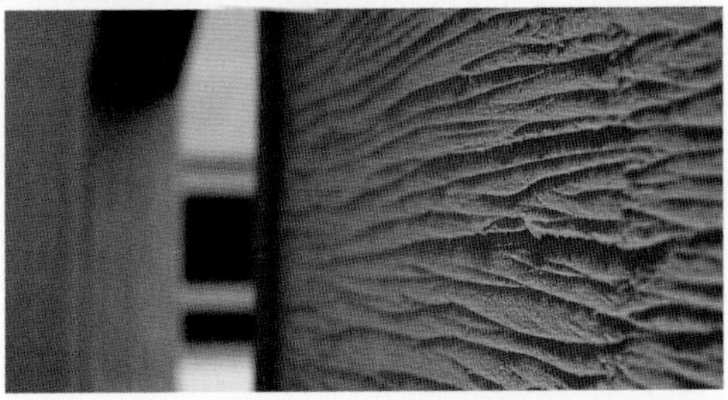

fig...30 “水墙”（李兴钢摄）

文化存承

人所在地域的特定气候地理环境，经久形成和决定了那里人们的生活哲学，这应当就是大家日常所谓的“文化”。建筑师要通过营造物质实体和空间的方式触碰敏感的生活记忆，抵达人的内心世界。

在这个全球化和快速城镇化的时代，建筑设计如何能够既适应当代的生活和技术条件，又能转化传承特定地域悠远深厚的历史文化，是四年多来的工作中时刻思考探索的问题。因此在绩溪博物馆这个完全当代的城市博物馆中，人们仍然可以体验与以前的生活记忆和传统的紧密关联，那些久已存在的山水树木则是古今未来相通的见证和最好媒介。古已有之的营造材料和做法都仍可选择沿用或者用现代的方式重新演绎和转化，使得绩溪博物馆成为一个可以适应国际语境和当代生活的现代建筑，同时又将传统和文化悄然留存传播。这个建筑本身可以成为绩溪博物馆最直观的一件展品；同时，绩溪博物馆作为公共空间，与绩溪人的日常生活紧密相关，成为绩溪的城市客厅。

绩溪博物馆尚未开馆，即已引起网络上的热烈传播和讨论。一位素不相识的绩溪籍上海网友发微博说，“小时候在它的前身里生活过，骑过石像生，捉过迷藏。如今这里是县城的博物馆，月底即将竣工开张。感谢李兴钢工作室，这才是徽州应有的现代建筑。”这个微博被转发和评论很多，其中很多是与博主背景类似的绩溪网友。这说明绩溪博物馆得到了绩溪人特别是年轻一代发自内心的支持和认同。

在看到胡适先生的手书对联后，回顾绩溪博物馆设计种种过往现今，心动不已、感慨交集之中，也在工作室微博上斗胆将此联略作改写，以致敬意：因树为屋，随遇而安；开门见山，会心不远。

物境许遇

关于园林的准备性思考

李凯生

叩击物的世界，回声寥落，一种不可测度应声而起。如此不可测度之间，园林作为对物之摆弄，如何介入生活，同样不可测度。园林，如其所是的退守之地，文雅而经典的逃避，期许几番画境开启，携心仪之物隐入林泉。园林的话题，曾经被过分归结为章法和技艺的讨论，作为根据的事实却仍旧晦暗不清。园林本身作为不可测度者，不正是最让人惊讶的吗？有关园林的开端，也许能够从一种更为原始的经验中得到旁证。

场景

生命与场景的互动，试举一例。

《宋史・范仲淹列传》载，仁宗时，西夏李元昊反，范氏数次负命镇守西北，筑城屯田，安抚羌人，战功显赫。此段经历，范氏有《渔家傲・秋思》一词：

> 塞下秋来风景异，衡阳雁去无留意。四面边声连角起，千嶂里，长烟落日孤城闭。浊酒一杯家万里，燕然未勒归无计。羌管悠悠霜满地。人不寐，将军白发征夫泪。

古典生活中，场景总是显现为首要的事实。尤对文人而言，场景的启闭推动着场所生活的开展：或婉雅闲逸，或静谧悠长，或波澜壮阔。“塞下秋来风景异”，一个“异”字宣示了场景性质的转向。国事险峻、战场风云和屯田安抚的操持忙碌中，习以为常的边塞景物，蓦然转变为一幅超然而迥异的画面：秋来塞下，雁去衡阳；边声连角，羌管凝霜；千嶂长烟，孤城落日。它们当下在此，直观生命。

关于“边声”，萧统《文选》载李陵《答苏武书》：

> 凉秋九月，塞外草衰。夜不能寐，侧耳远听。胡笳互动，牧马悲鸣。吟啸成群，边声四起。晨坐听之，不觉泪下。

伴随着孤城边声，塞下场景，在刻骨铭心的现场，凝聚为边塞诸物与寥落秋思相互应答的知觉世界。感知从世俗中剥离而起，笼罩一切。如此景域当前，生活事件的焦点发生了根本的转移，国家安危和性命攸关的征战消隐而去，转化为事件隐匿的背景，乡愁引发的生命感慨成为时间的主题。人马退场，统摄场景的是浑然在场的感悟，它破除了日常的含混，为知觉树立起一道纪念性的尺度：秋日边塞，物景纷列，维系着一个异乡人恢宏的在场感知。事实上，唯当这一感知的纯然发生，才源始地给出了异乡人的过客身份。在事务的操持忙碌中，身份以及身份背后的命运总是隐而不显的。

场景，在这一瞬间重塑了在场者。

写作本身作为独立的生活事件，在此归属于场景的总体叙事。统摄着现场的生存论事件——乡愁，被命名为“秋思”。“秋”既是场景的时间属性，亦是一种紧迫而老熟的生命感悟。“秋思”作为场景意念的涌现，应和着在场的知觉，笼罩在边塞诸物之上，给出乡愁。

当下超越一切的乡愁，在场景诸物中不断衍射弥漫，却并不真正指向任何一个具体家园，而是不断召唤着异乡人，褪去一切附加的角色和场务，回到那条源始而本真的路上。秋日落寞的边陲，把一种紧迫的天命维系在场，让身负重任的范仲淹，本真地感悟着对“我”之思慕。正因为如此，“归无计”的苍凉，伴随着命运空寂的面相，深深地震撼了在场者。对于本真之“我”而言，异乡人正行进在另一条生命散失和牺牲的路上。场景诸物的异象即是见证。

《秋思》生动地记录了一个具体的场景中，伴随着在场诸物，所爆发的一次非同寻常的生存论事件。因为成功地刻画这一事件，《秋思》亦成为一件非同寻常的作品，以作品的方式介入事件的缘起。文学的在场，意味着这绝不是一次普通的念家，而是对本真之“我”的决然乡愁。生命疑惑，总如梦魇般挥之不去：我，是否真实地行走在对“我”的返乡路上？

但是，身位的乡愁以其超然的普遍性，却不是无根而起的！

寂寥旷远的边塞境遇，在“边声四起”的落日孤城，在长烟、羌管和浊酒的伴随下，与平日的麻木含混全然不同，感知彻骨而亲密，盘桓在秋思的现场。历史重演着知觉的纪念性尺度，秋思的经验亦无法从具体的场景和物象中剥离，感知着的思，总是与那些此起彼伏的场景琴瑟合鸣。或者说，思的本质，正需要从知觉与场景的合鸣上得到重新理解——它缘起在合鸣的当下。对于思而言，知觉是原始的开启者，正是知觉真正点亮了场景，也照亮着自身，叩击着事物，思量着回声。通过回声来测度自身的意象，让场景的领悟焕发出幽寒而澄明的微光。知觉在此将自身显现为场景和领悟之间的桥梁：正是在知觉建立的跨越中，场景才能够成为场景，领悟才得以发生，而知觉才真正亲临了自身。感知是思考的开端，知觉使身位的追思以一种切身的、具体的方式发生出来，显现在此。切身探出的知觉，构成了存在生活本真的轨迹。这难道不是生存论的基本事实吗？

秋思的涌现，使场景诸物褪去功能世界的面貌。千嶂不再是军事地形，孤城不再是防御工事，边声和羌管也不必意味着敌人的信息。边塞诸物存在角色的还原，裹胁着知觉纯然在场，显现出本然的悠远、旷达、寒荒和孤寂。异乡人在场的感悟，与场景知觉的合鸣，范氏“秋思”中发生的那不可测度者，乃是纯然之思的原初形式。这种思，权且称为原思。只要存在者经验到具体而明晰的在场，只要知觉尚未缺席，只要当下的生活场景被真实地把持着，原思就会自然地发生涌现出来。原思作为领悟，从来是知觉性和场景性的，根本不是流俗的理解中从属于某个主体的。毋宁说现场性的思才是主体的根源。它远比反思、玄想、逻辑、理性、辩证和审美等等更加源始，后面诸种只能视作原思的衍生形式，且无一例外地必须基于这种原初的思。原思，作为一种直观在场的领悟，揭示了思与知觉与场景的原始统一性。

我们无法设想一种没有现场、没有感知基础的思，也无法设想一种没有领悟之兴起的绝对感知。借助知觉，在场景—知觉的共同体中，我们同时经验到知觉—原思的同一性。在场、感知、领悟，完整地显现为场景—知觉—原思的三位一体。有了场景—知觉—原思共属一体，以及它们之间亲密无间的相互指涉和相互构成，园林（场景）、绘画（视觉）和诗词（原思）得以相互指涉和相互构成，作为场景营造的园林才是栖居生活所必需的，也才能够为画和诗所关照。但这并不意味着，园林作为场景从属于画和诗——它们之间是相互指引、相互映射，共同归属于更高的同一性。

在古典语境下，范氏把一种对“我”之乡愁的涌现命名为“思”，并非独创，而是继承着一种文化传统。这种传统，敏锐地领悟到“思”与“归”天然的亲近，从而成就了本土文化一种命运性的特质。作为这种文明的后继者，秉承传统的敏锐，我们本能地领悟到，那些一再被称为“思”的东西，总是把其性质显现为“归思”，显现为一种对本真身位的回返——进而物化为一种超然的乡愁。它能够为诸种场景所引发，对于场景无所限定。与具体内容相比，这种乡愁的情态本身更为基本，与生存之“畏”一样基本，甚至连意识的意象性也只有在原思的乡愁（归属性）中才能寻找到它的生存论根基。

在任何一个具体的场景—知觉的共同体中，以领悟为标志的思之事件，总会向场景中的领悟者，真切地显现一种命运性的局面。领悟总是与意念共属一体：本真的领悟既是对“我”之诉求 / 思念，亦是对“我之如何”的重临，存在之“在，向何而在”的结构在领悟的生存事件中，必然作为一种无法回避的时间结构得到经验，时间结构性的视野把当下的生存境遇“读向”一种有待发生的命运，从而推动着命运的承接与开展！本真的“思”的发生，意识到时间和命运的急迫，从而体悟到生命的真相，催促着生命的过客回到一条本真的、“我”属的路上。

我们把思在场景—知觉中的兴起（应景而生，随境而动）视作其本质的一面，视作一切反思性活动的基础。同时把思的“意象性”（领悟）的结构视作其本质的另一面；此即意味着，作为现场性的领悟，原思的发生将生活的场景直接领受为栖居的命运。因此，栖居的性质，依托着思的领悟，就根植在生活场景之中。在此，对于园林的性质，我们有一番领悟：园林作为本真的场所营造活动，并不是一种特殊的奢侈品，也并不专属于一种开山凿池的林泉经营，而是栖居生活的基本需求，是一切相关场景建构活动的原始属性。栖居活动的开展不就是人们通过生命场景的经营而建构其专属的命运吗？何以把园林活动限定在某些固有的样式，陷入对旧有的模仿？我们是否因为固守特定的传统内容，而忽略了园林作为场景营造活动，可能与诸物有着更为开放的关联？是否因为固守而限定了园林活动的范畴，同时也弱化了对其本质属性的理解？

无论如何，我们需要把视野扩展到更为全面的场域，在生活的历史中全面考察场景与诸物的关系，场景有赖于物而成为自身。

古琴

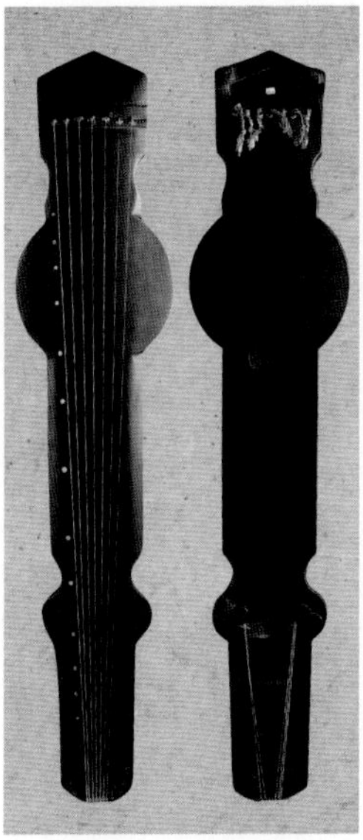

物林

一物之志，有蔡邕的《琴赋》：

言求茂木，周流四垂。观彼椅桐，层山之陂。丹华炜烨，绿叶参差。甘露润其末，凉风扇其枝。鸾凤翔其颠，玄鹤巢其岐。考之诗人，琴瑟得宜。尔乃清声发兮五音举，奏宫商兮动角羽，曲引兴兮繁弦抚。然后哀声既发，密弄乃开。左手抑扬，右手徘徊，指掌反覆，仰按藏摧。于是繁弦既抑，雅韵乃扬。仲尼思归，鹿鸣三章，梁甫悲吟，周公越裳，清雀西飞，别鹤东翔，饮马长城，楚曲明光，楚姬遗叹，鸡鸣高桑。走兽率舞，飞鸟下翔，感激兹歌，一低一昂。

除了蔡邕的《琴赋》，朱长文的《琴史》还载录了嵇康那篇更为著名的《琴赋》，格式承接蔡氏，篇幅则十倍之，气势尤为恢宏，朱氏言“琴德备矣”。其间大可读出传统语境有关物的消息。

在《琴赋》中，蔡邕描述了古琴和它所属的世界。

古人览琴，首先回忆其“茂木”的先在世界，它“丹华炜烨”，饱览风流，陂山润露，鸾翔鹤巢。既经诗人鉴别，匠人斧铎而为“琴瑟”。一变天地灵气为音乐之储备，于是有“清声发”、“五音举”、“奏宫商”、“动角羽”；曲引弦抚，密弄按藏，既抑乃扬。而“哀声”、“雅韵”备矣，则物之当下总是作为事件的储备而在场，它汇聚着历史和在场的属性。一把古琴放在那里，静穆而安详，总是持守着一种不可度量的神秘，如同持守着一个浩渺而悠远的历史世界。

《琴赋》的末段，向我们展示了古琴中所预设的那个音乐的世界。文字所涉，《将归操》《鹿鸣操》《梁甫吟》《越裳操》《离鸾操》《别鹤操》《饮马长城窟行》《楚明光》《楚妃叹》《鸡鸣高桑》皆为曲名。史溯五帝，跨越三代，有周公、孔子、曾参、牧子、明光、苏武徜徉其间，有周臣讽谏，有秦女哀声，有楚叹鸡鸣。率舞走兽，下翔飞鸟，则带出尚书、舜典和韩非、师旷。如此不可度量的世界在琴声中得以开展，宣示着不可度量者本身的临场！音乐的世界，回应着“茂木”的历史，交织于那个纯然守备的静穆之物，古琴在其沉默中预备性地震颤着。在其凝集的安详之间，物性的深渊向生活敞开，并把一种绝对的不可度量保持在它的深度之中。以其深不可测的旷远，守护着生命最亲近的尺度。

古琴作为一物，源自一个源远流长而丹华炜烨的世界，从茂木之天性跨越到文明，在一种广阔的在世属性中缘起自身，同时储备并维系着新的在世情态，从而开启了基于自身的历史世界。按照海德格尔的说法，“物物化为世界”(Das Ding dingt Welt)。“物物化”，物实现自身，世界作为一种总体性才得以现身。与此同时，物显现自身为一个世界的节点。物的在场才使得世界的关系得以维持，“物物化”即是物对自身的存在论属性的实现，比如琴对音乐的维系，并把音乐的可能交付给生存者。物的实现，不是把实体交付给生存者，而是它所储备的历史世界之关联和可能性整体地交给生存者，它邀约生存者展开那些关联，归属于（使用、亲证、玩味）那些可能性，步入这个历史世界的深处。这就是古琴对操琴者生活性质的给出，古琴通过自身的在场，交出由它所特别构筑起来的与这个世界独一无二的关系，这个通道以旷远的方式抵达了栖居生活亲密的近处。

在栖居的视野下，居留（Ereignis）意指创生、维系、安置、涌现，栖居者操持在涌现着的诸物之间，安置着诸物，维系并打理着由诸物所展开的历史世界。同时，栖居者通过创生和安置诸物而发现自身、安置自身、维系自身。“物物化”所对应的，是栖居者对自身的安排和实现，“物物化”承诺了存在生活，构建着栖居的命运。每一个物，作为历史世界特有的节点，担当着这个节点上世界关系的汇聚和传递，生活世界的建立有赖于物对自身存在论属性的允诺，历史世界奠基于物之共同体。物之不可测度，源自栖居世界本源的不可测度。

仅从功能关系看待，古琴只是物之世界的普通一员，它对声音的储备可以调协为音乐，以乐人心耳，成为诸多器具的一员，从属于生活的娱乐样式。但是，从《琴赋》的行文当中，我们有丝毫的察觉，琴作为一物，是如此的驯化和普通吗？事情恰恰相反，我们看到的是一个天地造物绝然的不可思议！在古琴“曲引弦抚”的奏鸣中，琴作为一物才真正得以“物化”而实现了自身，它绝非仅仅是静态的对象和工具。琴之“物化”，即是其禀赋天性得到了诗意的直观。圣贤往来，物华蒸情，这个琴声涤荡的世界，维系着一个东方民族情性的纪念性尺度，这一尺度创生并维系着的一种心性，“归化和训导”了这一民族的历史，把终有一死者的历史天命激荡在场。琴德，塑造了一个民族栖居生活的存在论性质。

一个民族以操琴所能够维系的情怀，视作一种神圣的尺度，去测度那不可度量者的最深刻的幽远，并最终全然地归属于这一幽远。从朱氏《琴史》中看到，这不是我们这个民族更会是谁呢？而真正让我们惊讶的是，玩物可以尚志亦可以丧志，一物不可思议如此！

据海氏考据，在古高地德语中，表述物的是 thing 和 dinc，二者的语源首先意指一种“聚集”，尤其是围绕着特定话题的讨论、争执而形成的聚集。物的词义基于对事件的聚集，它们指向物的同时更指向对事的维系。传统中国对“物”有着相应的认知。传统语境下的物，不单指实体、物件，更指向事件的相关和储备，事—物共属一体。物连同其承载的事件和命运，最终确定了它的存在论属性。

儒学史上有一个著名的公案，记录了王阳明对朱熹“格物致知”观的修正，可视作一个参照。王阳明对朱熹的批评，焦点在于对《大学》八目之首的“格物”的解释。经历了龙场悟道，王阳明意识到，古人所谓“格物”，实指做事，与物交道，而非朱熹认为的穷尽诸物本身之理，进而体悟总体的天理。所谓“致知”，我们可以借操琴的经验类比得解。格物如同操琴，与物合鸣而已，所致之“知”即是合鸣中所维系的领悟，这种领悟是极其开放的，并非一种由物理到天理的知识经验。“致知”又特指与物共在的事件中，对心性的反向直观和体悟，如阳明所言“心之本体”。这种领悟，也绝不是为了获得什么指向往圣绝学的秘密通道，反倒是，故往的圣贤皆是由此领悟的积累中，成就自身而兴起的。“格物致知”乃是古今圣贤共同的道路，圣贤之“圣”，善于聆听此种领悟而已。

海德格尔在其著名的讲演《物》中，也同样谈及传统德语语境下对物（dinc）之理解的走向，特别提到基督教神秘主义教派的代表人物艾克哈特大师。海德格尔关注的是艾克哈特曾经引用古希腊新柏拉图主义哲学家普罗克洛的一句话，以此说明 dinc 在德语中的传统语义。这句话译为德语是“Die diu minne ist der natur，daz si den menschen wandelt in die dinc，die er minnet”，意为“爱的本性在于它促使人转变为他所爱之物”。因此 dinc 绝不可能被理解为一种实体性的东西，如果爱被理解为一种归属性的东西，对物（dinc）的爱绝不能把我们变为那种实体对象的物。艾克哈特同时把上帝称呼为至高无上的物（dinc），把心灵称呼为伟大的物（dinc）。dinc 在此指向物之存在，而不是其实体。爱与其本质中的归属性，把我们自身转变为朝向与所爱之物的“同一”之中。操琴者必然归属于与琴的“同一”，操琴者与琴之“同一”就是琴作为一物的 dinc，在此，物的本质在 dinc 中得到命名，作为 dinc 的琴，它所构建的存在即是一种本质性的与操琴者的共在，这种共在即是演奏，即是与琴合鸣，在合鸣中发生的共在，使操琴者与琴一道归属于它。正是在此同一性的发生当中，爱才显现出奠定着其本质的归属性。因此在艾克哈特的语言中，作为绝对的同一者，上帝也被称为 dinc，至高无上的 dinc，即是万物最后的同一性，而心灵作为内在的同一者，亦被称为伟大的 dinc。善的本质也就此显现出来。

场景总是由万千事物构成。物的在场，支撑着感知的在场，正如范仲淹的《秋思》向我们展示，名为思的乡愁，具现在边塞、归雁、羌管、凝霜、千嶂长烟和孤城落日的感知当中。乡愁者隐没在诸物的现场，并未被视作这一场景的主体，反倒是这一乡愁空间的异乡人和经受者——客出于这一现场。诸物的感知中，他潜身于物，与物混同，归属于“与物共在”，与那些鲜明的物景相比，乡愁者的个体属性和特征变得无足轻重。事实上，在传统诗词的典型场面中，乡愁的承担者从来不必是某个什么特殊的人物，诗歌隐去了他的消息——就像那些隐没在山水画中的过路人。

现场可以把任何一个在场者“制造”为一个当下所属的场景人物。他所承揽的命运，在于对场景的角色领受。物境总是创生着流变的过客，创生着栖留者的存在论身份，此时此刻，源自场景的身份界定了场所生活的性质。李白有《忆秦娥》一词：

箫声咽，秦娥梦断秦楼月。

秦楼月，年年柳色，灞桥伤别。

乐游原上清秋节，咸阳古道音尘绝。

音尘绝，西风残照，汉家陵阙。

在此，物境作为本源性的事实，全然统领着场所生活。

在今天看来，这种涌动物象之上的栖留方式，正是“咸阳古道音尘绝”，只剩下了一些依稀的印象，随着现代观念的转变，已经逐步遮蔽了物的诸多可能性，无法回应历史的情景。

物之消隐使其世界与我们音尘断绝。但是，生存境遇中，环顾四周，万物却依旧纷呈而共在。物之林林总总，其间路径交错，行进着各色的终有一死者，他们能够有所改变、与物共处吗？

回顾古人：

惟椅梧之所生兮，托峻岳之崇岗。披重壤以诞载兮，参辰极而高骧。含天地之醇和兮，吸日月之休光。纷纭以独茂兮，蕤於昊苍。夕纳景

于虞渊兮，旦晞干於九阳。轻千载以待价兮，寂神跱而永康。

嵇康的《琴赋》，语言上驰骋纵肆，把一幅与物共在的宏大景观呈现为“琴德”的世界。结尾处，嵇康把这一世界的深邃归之为“琴德”的不可测度，体清心远，邈兮极兮。嵇康所谓“琴德”，不就赫然显现为琴之 dinc？对嵇康而言，琴之物性的本质，远远超出了它的实体，而在于对一个真实世界的维系，这个世界既在琴之物性的内部，亦在栖居者的弄琴生活的内部，作为不可测度者，叠合诸物世界的无尽视野当中。

一物尚且如此，如物林者何？物林尚且如此，如园林者何？

意象

然而，从物到物，亦有一个不可测度的距离。

这里既有身体之隐秘的在场，又有知觉经验的跨越，还有更为难以明辨事实的发生。

知觉的产生，毫无周折地带出了身体事实。知觉总是携带着身体的属性，秉承身体属性而在场。知觉和身体不可分割，并在身体中得到综合。梅洛·庞蒂认为，身体和主体是同一个实在，身体既是存在着、经验着、行动着的主体，又是对外部知觉的承载和桥梁，维系着一切外部世界的存在感知。他为此特地创造了一个“身体—主体”的概念，并把胡塞尔“生活世界”的观念改造为他的“知觉世界”，用以描述经由“身体—主体”而发生的原初知觉领域——对应着心理学的潜意识层面，以区分被语言、规则和理性反思所改造过的意识领域。

知觉自始至终是一种感知—场景的共同体，亦是身体—感知的共同体。物在这个“知觉世界”中显现自身，也必然与身体和感知融为一体。我们看到的、谈论的物，是物经由身体在知觉世界的“象”，“象”本身意味着物我的共同在场，物“象”开端于这种共同在场。事实上，也只有“物我的共同在场”能够直观，而“孤悬着的我”和“物自身”并不在场。“物我的共同在场”向我们透露出存在生活的最为根本的生存论事实，我们在物之间的忙碌，其实是在“象”之间的忙碌，而“象”作为一种物——感知的经验复合体，本身已经预先潜藏着身体和知觉的我属性。因此，栖居者整治物的世界，必然就是一种自我管理，打理物，就是打理唯一可以打理的东西——“物我的共同在场”，就是打理作为共在的存在。

物在先验意义上就已经是生存论性质的。

然而，无论物与我们有多亲近，知觉世界使得康德所设定的“物自身”在此必须被悬置起来。“物自身”在哲学中从来就是一个严峻的问题。而物之“象”，对于共同在场的知觉却从来不是问题，所有我们谈及的物，真正能够指向的都是物之“象”，是应该打引号的那个“物”。历史曾经为之魂萦梦绕的“纯然之物”，是“物”的一种特殊样式。带着知觉面具的“物”才是我们有关物之经验的基础，是所有物的知识样式的源头：日常性的、科学的、哲学的和艺术的。实体之物、对象之物、物自身等观念，试图还原面具后面的物，实际上只是在“物”上多了一重更厚的面具。当我们了无心机或殚精竭虑地谈及所谓“纯然之物”，应声而起的依然是那个“象”，面具之后还是面具，真相被维系在面具活动之间。是否，所谓“纯然之物”，实则指向一种“浑然之物”？在世界浑然一体的瞬间，物才能够真正地纯然在场，全面地展开，显现自身。纯然，在此暗示着不可测度的事实，描述着独一无二的在场整体，而不是指向对象和实体的孤悬。

这里，我们把面具之“物”称为意象。

南朝刘勰于《文心雕龙·神思》言：

> 积学以储宝，酌理以富才，研阅以穷照，驯致以绎辞，然后使玄解之宰，寻声律而定墨；独照之匠，窥意象而运斤：此盖驭文之首术，谋篇之大端。

从“积学—储宝”、“酌情—富才”、“研阅—穷照”、“驯致—绎辞”到落笔，被刘勰视作文学操作的准备性阶段，未及“神思”。唯有独具匠心者，窥见意象的端倪，超然独具的神思才得以开启，神思源自于意象的洞见，如此被视为“驭文之首术”。刘勰紧接着说道，这是所谓天下文章真正的、源始的开端。在意象的洞见中，神思作为“文”的唯一开端显现出来。意象的窥见和神思的发生在这里被视为同一的东西。这是何种意义的意象，何种意义的神思呢？刘勰的“神思”与范氏的秋思又有何种关联？诸如此类的现场直观，为何一再地被古人命名为“思”呢？

在流俗的解释中，意象被描述为客观物象经过创作主体的情感活动而创造出来的艺术形象，简而言之，意象就是“寓意之象”，是主体移情的结果，意象从创作的主体而来，被安置在物的面貌当中，使事物成为艺术的载体，好像艺术活动本身乃是一种主体的外化，我们面对作品就是迎面遭遇镜像当中的自我。但是，艺术立足于一种人类的自恋吗？我们对弹射回来的自我如此留恋，以至不会因为过分逼视而心生厌恶吗？

刘勰在《神思》却说：“独照之匠，窥意象而运斤。”这个独至异境的能人，“窥”见了某个世界的一角。窥视意味着，这个世界处于一种距离之中，

甚至使我们想到某种彼岸性。意象不是手边的、现成的事实，更不会是投射出去又反射回来的移情。意象维系在知觉上的那种特有的“远”，自有其神秘的、不可测度的渊源。对于意象而言，“远”不是性状上的简单修辞，而更可能是源自意象的非现成性：在意象的直观中，总是潜藏着某种彼岸的属性，这种神邈的远从属于可能的另一世界，意象的本质已经托付给了这一渊源，它有某种神秘的消息不断传来，意象总是伴随某种要发未发的势态（事态），非现成性正是某种时间性面貌的一个侧面。对在场者而言，意象的发生总是指远而待发的。

再次回到范氏的边塞“秋思”的现场。如果认同“秋思”作为一个无可置疑的意象事件，我们即可通过对“秋思”本身的思来界定意象的性质。

在秋思发生的当口，边塞诸物从一个事务性世界退隐而去，从另一个冉冉升起的世界中重新现身。它们不再簇拥着栖居者，失魂落魄地深陷于事务性的世界，不再作为战争生活的道具而在场；它们退出了这个“现实的”世界，使得世界本身的“现实性”也黯然消隐。随着“现实”世界的消隐，一个更为古老和原始的世界显现在边塞诸物的面貌当中！与此同时，诸物转变了在场面貌：它们褪去了器具性的面貌，演变为——或者说，回归到——更为古老的角色。诸物之象，浑然地指涉出一个存在者，一

个颠沛的异乡人/终有一死者。意象的发生使得我们回应着这个古老的身位，在这个身位中得以聆听自身存在天命。

在此，诸物获得了特殊的意象性。

场景纯然弥漫着同一种召唤：从落日孤城的锁闭，从长烟千嶂的雁行漫漫，从边声四起的寥落瞬间，随寒霜羌管而来。正是对这种召唤的直观，当场建构了在场者一次命运性的领悟，这种领悟显现为一种真实身份的发现和领受。此时，眼前的这个场景世界以一种纪念性尺度，显示出场所本有的建构性：场所源始地创建着一个存在者当下的栖居身份，显现并维系着他此时此地的存在论属性和状态，因而创造了当下存在者和其存在的本质。此时的存在，就其存在论性质而言，即是作为一个“异乡人/终有一死者/世界的过客”而在，他源始地把握着命运中本真的漂泊、游历和自由。此前，因为在世的操劳和忙碌，在场者被操持在那个事务性的世界，他的生存性质显现在事务关系当中，就其性质而言，生存也就是事务活动本身，生活的命运跌落为事务。在事务的世界中，由于事务关系的现实性和功能性，命运和角色一再被无所反思、无所追问地固化着，存在者作为历史世界“过客”的身位被遮蔽了。

作为“终有一死者”，存在者源始地属于其世界的“过客”。在边塞，当死亡作为一种随时可能临场的身边事物，当空间的异质性发生得如此彻底，配合着千嶂秋暮下的长烟古城，这种旷古未变的生命对峙，原思在我们完全无法检验的瞬间发生了，凝聚在知觉之上。这时，“过客”的身位是直接在感知中被领受的。领悟发生在意识评判之前，在主体之前，这种由感而直观着的“知”，已然是一种最为源始的综合，是一个在场者的“主体”发生和成长的原始条件，存在者正是在如此直观着的“知”的历史中，累积起他的主体性的。

在范氏秋思的瞬间，那个疲惫而陈旧的主体悻悻然褪去，主体的消失让客体的经验也无处立身，这里我们能够直观地经验到纯然共属的在场，由于经验发生的切身性，因而能够获得一种直接的呈现，在场的浑然一体把经验的个体性也消融其中。曾经由事务性世界所维系着的、处处需要拿主意的那个“我”隐退了，取而代之的是那个作为乡愁的“我”的赤裸在场。

我试图描述的是，场景能够本质性地不断创建和重塑栖居者。

意象的显现，绝对是一个标志性的历史事件，它宣告了一个突然涌现出来的世界。意象的发生，正如我们在范氏秋思的现场所看到的，绝不是主体把现成的乡愁抛向了场所，也决然不可能是边塞诸自身储备着什么客观神秘的乡愁被感知所挖掘出来；而是异乡人、乡愁、意象三者有着更为源始的共同本源：原思。作为领悟的原思被现场所引发维系，在领悟—现场的共同体中，异乡人的身份、乡愁的涌现和场景意象的显现才是可以设想的，并以知觉的发生被把握着。存在者原初地领悟到异乡人的身份，经受着乡愁的涌现，同时为展现在自身面前的物景意象所打动，这难道是一种关联性的巧合？可以设想，作为领悟的原思发生之前，异乡人的身份并不具备我属性，因此乡愁亦是毫无根基的，物景画面也就毫无可能成为意象性的。被命名为思的领悟，在此是一个独特世界缘起的璇玑。对意象之“窥”，如刘勰所言，不是看到了什么现成摆在那里的意象，而是指向一种领悟，意象的闪现是跟随着领悟发生在此的，正是领悟直观使得这场事物景象转变为意象。

意象的总体维系着一个独具生命内涵的身位，它替代这个尘世之我，预先行走在通向本真的乡愁路上。替代，在此意味着存在身份觉醒，这种身份的拿起与放下难道不就是返乡本身吗？在“现场—知觉—思”的纯然一体中，异乡人、乡愁、意象才得以涌现出来，或者说被创生出来：身位通过呼唤使存在者就位，感知弥漫在整个现场，场景同时显现为意象化的诸物，身位、感悟和意象相互指涉交相辉映。意象的发生和显现确然是一个事件性标志，它在直观层面上标示了原思的“在此”。在一个深刻的意象事件中，不论意象的内容如何，原思所面对的东西是什么，事件的中心，思之指向都总是围绕着那个隐秘的焦点：对“我”的焦虑和追问。一切思考，只要它是严肃的，都将命运性地基于“我是谁，在哪里，向何处去”，并持续地围绕它们而展开，这个存在论问题显现自身为思的天命和原动力。故此，所有的思都最终显现为一种针对本真身位的乡愁。

意象总是直接地展现在思的现场，并总是显现为这一思考的唯一守护者，即使抽象的科学思考在其原始开端亦是如此——除非思和知觉从来就不是同属一体的，从而背弃了对方。关于意象，前面的表述已有三个方面特别值得关注：

①意象不是现成的和通用的，亦不是事物本有和自身所属的，而是现场性的、共属的、当下的和具体的；

②意象从属于一个意象的整体，它不能孤立存在，或者说孤立的意象本身就是无意义的；

③意象和意象经受者的存在身位有着共同的缘起和归属，它们互相衍生、互相指涉、互相建构。

进一步，我们想强调的是，作为意象的面具之“物”才是在场者，对物的认知，为自身设定了一个结构性框架：“物”。同时，我们还提及了面具中发生着最不可测度的事实。这个不可测度的事实，就是面具的生成事件，这一事件的性质除了那唯一可能的“原思”——这一知觉和思的共同事业，又会是什么呢？面具，已然是思的结果，这意味着，所见“物”即是一个意象统一体，“物”从其显现的开始，就把一种原初的领悟视野隐含其中了，这个意象性视野奠定了一切对物的看待。物，总是在意象中昭示自身，这远比它在器具和功能中昭示自身更基本，也远比在概念和观念中昭示自身更原始。抑或，器具和观念也只是一种特殊的意象，或者一个形式性的意象躯壳。

正如语言是存在之家一样，我们说意象是物之家园，物唯有在意象中才得以呈现出来。

意象的发生，源始地担当着物之塑造。蔡邕的《琴赋》作为一件作品，给我们描绘的正是琴的意象，而非琴的物体。如果我们细心聆听，意象的发生作为一个事件，已然把意象的性质界定为一个发生性的领域，一个现场，它承担着一个意象的世界。这个世界衍生和延续，维系着那种源始的思，海德格尔在其后期文本中，直接把这种源始的思命名为诗，在诗意涌现的地方，总是伴随着意象的兴起。这难道只是一种偶然？刘勰所谓“驭文首术”、“谋篇尤端”——对意象之“窥”，带出了隐现在背景中的诗意之发生，同时把一个原思的现场还原出来。在此，意象作为知觉的直观和“物”的统一体，把窥视着的存在者，连同其身体和身位，置入原思的现场，通过这种置入让存在者获得其所属的身位，由此存在活动本身得到一个根本性的确立。意象，乃是物之面具中那个不可测度的世界的标志，通过标示呈现出那个我属的诗性世界，意象的发生不仅源始地塑造着物，同时，亦源始地塑造着存在者。存在者因而行进在一条意象发现，亦是自我发现的道路上。在此意义上，存在者在“物”的世界中盘桓留念，岂不是踯躅在茫然无助的“物自身”的荒原？

然而，意象的发生始终是一个开放的动态过程。“物”之面具，维系于其发生的领域，意象可以发生也会被遮蔽，作为一个发生性的领域，现场的领悟极有可能变得晦暗不清，依稀难辨。更有可能的是，一个意象可能被固化为一种形式的面具，生硬地装裱在物的表面，控制着我们与物的关系，把物置入诸种次生的、解释性的、修辞的、形式的、逻辑和技术性的框架，褫夺了物的开放性，把它奴役在目的性当中，从而走向一个形而上学的序列。事实上，只要是随着一个二手性的序列被展开，意象以及它所源出的那个世界终会不断晦暗下去。随着原思的消退，物的意象总会“用旧”而耗尽，它不会在任何经典中得到保证——除非那一意象之诗的世界被持续不断地开启下去，除非我们不断地回临原思和感知的现场。

境界

石涛在《画语录·四时章》讲到四时风景，举秋景为例，“寒城一以眺，平楚正苍然”。意象所及，场景感悟，正是一目了然。思与在、象与感、时间与现场浑然一体，岂有隔碍？在一则题画中，他说：

> “古人立一法，非空闲者。公闲时，拈一个虚灵只字，莫作真识想，如镜中取影。山水真趣，须得入野看山时，见他或真或幻，皆是我笔头灵气。下手时，他人寻起止不可得，此真大家也，不必论古今矣。”

刘勰在《文心雕龙》立“意象”一法，按石涛的看法，绝非虚设，切忌虚看玄想，而是应当回归感悟的现场，从源头上把弄，直接参与那种原思/原画的生成瞬间，不拾现成经验、技法和说法的牙慧。意象真趣，作为“驭文首术”、“笔头灵气”的源头，非切身参与的发生，何处寻而可得？古今大家皆出此路数，岂有先后？

脱离了当下所属的那个诗性的世界，意象会被给出吗？

李成《晴峦萧寺图》

山水意象，维系着一种特殊的世界景观，像一道滤镜，悬置在中国人眼前，因此也根本性地“叠印”在中国式的世界面貌之上。我们栖居于这一视野当中，把周边作山水看。传统中，与山水诗相比，画的地位比较特别，与园林也更为亲近。

传统绘画有一公案，山水画在画什么？它的对象到底是什么？是物象、场景、视觉、变化，还是感受和幻象？是作为终极之道的存在痕迹，还是神奇的笔墨和氤氲？山水画的性质，是一种构想谋划，还是一种描摹写生，或是基于描摹的谋划？虽然绘画的实际行动总是表现为与这些内容打交道，环绕着它们而开展，但是，当我们把绘画归结于一种对象的刻画和技法关注，就已经本能地偏离了话题。难道我们把绘画的对象设置为至高无上的“道”也不能触及问题的核心吗？

事实上，我们需要把对象的问题放在一边，转而思考到底是什么使绘画本身得以确立，而不是等同于画匠的工作——这种工作仅仅表现为视觉的生产，从属于那些原初的绘画。关于传统绘画到底画什么的提问，倒不如换成：在山水绘画中，到底发生什么，什么东西得以涌现，并被苦心孤诣地维系着？

这时首先跳入思想的是“境界”，“境界”奠定了画品。王国维在《人间词话》中说：“境界为最上，有境界，则自称高格。”就绘画而言，对于境界的讨论我们完全可以借助对于“有境界”的画来给予审视。例如《晴峦萧寺图》，李成作为“百代标程”的大师，为境界带来如何的提示呢？

画中氤氲弥漫，高峰环列，向着远方叠嶂而去，中景的山台上，林木萧瑟，掩映着这个意境世界的中心。空寂的寺庙回应了场景的主题。台下的前景中，山坳水边显露出山村的一角，山村显然从属于半山上的那个寺庙，是寻访寺庙的前站。一道古朴的木桥跨越在村前的溪流上，把赶路的香客引向一条绕村而过的小路，进而消隐在通往寺庙的寒林之间。我们看到的，是一幅经典的山水画构图。画中那条在山水间回环往复，最终消隐在无尽深处的山间小路是具有决定意义的。它提示着一种意境：在纷繁的世界中，伴随着诸物辉煌的临场，一种独自寻访而无所牵挂的路上情态被仔细地刻画出来，萧瑟清奇，空旷闲逸，画中人享受着在场山水的辉煌和路上的悠然情趣，纯然地归属其间。

这种经典画面的传统尺度，总是对比着宏大而浩瀚的山水和微不足道的寻访者，山水诸物临场的辉煌伴随着一种无可逃避的包容性，场景的包容性对应着普遍的在世经验。山水中寻访的长路，总是匹配着踯躅而行的寻访者。山水的回环往复，向寻访者推送着溪流、瀑布、桥梁、寒林、村落和平野，最后注定要湮没在山穷水复的晦暗深处。这条道路，对在世生活的性质作了彻底还原，栖居活动被重新放置在世界面貌的开端。这条悠长的小道，并不是一条普通的路，而是意象纷呈中的在世情态本身。这条小路上，木桥对彼岸的提示，被寺庙的在场所见证，村落与家园具备着根本的同一性，山水世界的无限纵深，是对世界本源流年往返的寻访。生命活动的释然远行，根本地盘桓在家的近处，如此辉煌地走向远方，如此的义无反顾，即是对开端的无限回溯。一切亘古者（山）和一切流变者（水）也伴随这条道路在此，盘桓在家的近处。山水呈现——大地之整体被直观地带入领悟的现场，大地让路上的过客，亦包括同时在此的观看者和创作者，意识到世界的开端和它终极的可能。

境界，在这里，依然有赖于一种标志性的领悟。这里的领悟不再是那种意象开端意义上的领悟，而是这样一种特殊的、了解性的领悟：在此领悟中，生活世界的画面呈现出对其本源和彼岸的双重直观。这种领悟亦是归属性的，但超出了对本真身位的感知，超出了物境和意象的盘亘。这种领悟显现一种决断，它把本真身位的感知和物境意象的盘亘，一道带入本源和彼岸的回环往复中，共同归属于这种回环往复的游戏，以此达到共属一体。

这种领悟，虽然同样以对画外那个日常世界的分离为契机，但撕裂了俗务的同时，它建构出独有的高 / 远来回望本源，眺望彼岸。画家把这种高 / 远呈现为一种知觉直观，凭此高 / 远的格局可以遥望和俯瞰身边一切，把事务世界的低矮看得清清楚楚。高 / 远意味着脱离即是一种决断，使我们彻底褪去自身的约束，混同在物境当中，走向生活世界的开端，眺望意象世界的最后归属。人们把这种归属性的领悟所建构的高 / 远称为境界。它悬浮在生活世界之上，回应着本源和彼岸的召唤，显现出一种分离的力量，与空无为邻。

本真的绘画，是协同山水诸物和世界诸物对境界的登临。这时，绘画作为一种真趣，就是境界的直观。绘画的性质就是建构一种直观，使心得体悟能够直接被观看，它把境界的高度带向感知的现场。完整意义上的绘画活动，是一个让这种高度得以涌现的发生过程。绘画活动远不是开始于动手作画的瞬间，而是贯穿着领悟的漫长过程。与描摹对象决然不同的是，本真的绘画活动，并不局限于刻画那些“现成在眼”的东西，而是一种顾此及彼，被直接刻画的东西千变万化，所归属和指向的“彼”则是同一的。对绘画而言，境界不是一个现成的对象，而是一种旨归，绘画对境界的直观并不是给境界画像，而是通过绘画活动使境界临场。

一个杰出画家在一幅山水画上的努力，以及他准备性地为此付出一生的贯注，首先在于让境界的直观是当下我属的，还需能够使之被转化为画面上的直观。在此意义上，我们才能理解，一个画家的杰出性有赖于他对物象的观察描摹、对笔墨的探索实验、对空间经营的孜孜不倦，他的种种技法的合法性唯有从境界生成和画面上的维系得以确立。本

质上，绘画是一种双重意义上“境界生成”的活动，这种活动性质既针对画家自身（让境界我属），又针对阅读者（让境界他属）。境界的发生和意象的涌现是共时性的，它们随着领悟而开展，意象和境界总是相互直观着。而描摹作为一种视觉运作，乃是与意象对话的过程，对话维系着一种语言的现场，使得境界的高/远能够被刻画到意象之中。绘画的过程发生着以视觉的直观为导向的意象操作。

依托对境界的思考来审视意境，这个同样为传统语境所珍视的艺术观念，就会得到一个切实的观察角度。相对于境界显示自身为一种归属性的领悟而言，意境则指向在此领悟的发生事实中，在领悟被维持着的当下，在场诸物所呈现出来的本源—彼岸的双重面貌。此即意味着，在境界的直观中，比如一幅优秀的山水画，为直观的视野所维系的那个世界就显现为意境性的，它为事物的意象所贯穿，包容着画面上的诸物，协同诸物给出世界彼岸—本源的双重面貌。作为一种本质性的“视野”——意境与巡视的“看进看出”没有关系，它被视觉持守为当下直观本身。

事实上，事物总是在场，却不为思想——尤其是源始的思所关注。在事务性的世界中，事物的面貌充满着变化，它们似乎也满足于流变，流变让我们觉得总有新的东西，盲目流变的角色就替代了我们对物的关注，不断消耗着事物中那些显现自身为隽永的东西。而境界作为一种归属性的领悟，亦即一种还原性的领悟，则是首先要把我们对物的视野带出流变的红尘，从事务性的世界面貌回归到本源。最终，从事务性的世界脱身出来的物，在一个源始的、被称为自然的意境世界中，获得了它们本源意义上的“物”——最初亦是最后的意象。在我们的传统中，“自然”就是万千意境背后那道最终的意境，亦即境界所能回临的最后的高/远直观。意境在“自然”的终极面貌中回应了本源—彼岸的双重性，而境界作为高/远，其尺度的源头也就显现在本源和彼岸之间，二者亲密的间隔就是高/远

的发生之所。本源—彼岸的二重性在一种不可思议中回环往复。

针对境界的工作总是从对画面中诸物的脱俗开始的，画家的努力还体现为还物象以“古意”——古被理解为一种本源性的意象。境界作为一个领域，其初始的边界被确定为“脱俗还古”。境界和意境是同一性的两面，绘画作为对境界的直观也即意味着，绘画的过程和成果维系着境界的领悟，领悟的生成和领悟的呈现是同一的。画面的内容，作为一番针对物象如此这般的刻画，作为诸物获得了崭新意象的总体，基于境界这一独一无二的事实——境界的跃起和发生把存在的视野带向意境之“看”。或者说，一个萌发于特定境界的“看”，把世界“看”向那种被称为意境的视野。这里，“看”即是建造的开端——我们如此这般地“看”就会如此这般地营造身边的世界。园林和绘画的亲近关系在这里再次得到本质性的契合。园林活动只是把绘画对境界的直观转化为一种场所性的直观，而不是流俗的理解中，简单地把画面视作园林的图示，从而使园林沦为绘画的衍生活动。

存在者在世总是有所境界的，他对生活世界的“看”也就总是一种意境性的视野，即：我们所获得的世界景观总是一种意境性的解读。实质是，我们根本性地处于一种意境视野的包裹中看向四周。意境视野作为一种本质性的视框被设置在我们和世界之间。一座被命名为意境的园林环列在我们的生活四周，我们生活其中看向世界，它动态地维系着如此这般的境界，参与境界作为那种本质性的领悟而对生活本身进行塑造。这不是事实之外的又一个领域，而是事实的真正基础，是通过境界的领悟而把对事物的看转换成了意境的看，境界的诞生让我们把世界的面貌意境化。因此，意境乃是一种叠印在世界面貌上的源始的画，作为意境的直“观”，这种源始意义上的画与境界一道发生，二者相辅相成，相互建造，境界的发生即是为了“观入”画面的意境，而意境提供可能的生活——意境是能动性的，针对意境的设置可以塑造生活的境界和存在者的品格。

因此，绘画对意境的在场仍然有着某种优先性，因为绘画作为一种直观的直接给定，它是意境的视野直接的定格。它因为被创作，而跳出事务性世界的关系之外，孤悬在生命的视野中——就像它孤悬在美术馆空旷的空间中。但是这一孤悬绝不是毫无意义的，正是因为它以一种艺术品独有的特立独行，才使得绘画作为一种“意境的直观”超然在场。超然在场，正显现出一种直截了当的对俗务的脱离。这一孤悬，配合着作品境界本身原初发生的那种分离，赫然在场！

一个画家终其一生所指向的东西，他的敏锐、圆熟、技法和独树一帜，皆指向这样一种能力：能够在其绘画的努力中，跟随境界的发生而把绘画之“观”，“画”为意境的直观。让意境得以缘起的领悟，成为一种可以直接观看到的画面事实。画家在技法上的一切努力，只能被视作这种直观自我呈现的努力。同样，造园活动亦是以境界和意境的双重直观为宗旨，我们期许意象的开启，操持物境，忙碌在场景营造的活动之中，然而，境界所依托的本源—彼岸的双重性却是永远在场的斯芬克斯之谜，正因为永恒，所以承诺无尽。

在物境的纷繁中，一切还有待原思的期许。

研究

RESEARCHES

有限

浙江金华地区近代乡土建

宋曙华

近十年来中国城市化进程带来的巨大的消费动力，需要被合理引导；城市更新过程中大范围的拆除与新建，使建筑资源不可逆转地迅速消耗。与之相应，大量建造活动带动了建筑文化的全面复兴，在建筑研究领域从文字的抽象视野过渡到建造活动的显性化视觉讨论。更节制、更精炼地表达建筑设计的意义，认清这个时代建筑师应担负的责任，成为建筑设计界越来越迫切的话题。

2011年8月中旬，我参加了中国美院建筑学院暑期乡土调研，考察走访了浙江金华地区曹宅、倍磊、赤岸、佛堂、田心、山头下、杨村、傅村、余源、郭洞等十几个村镇。这些承载着中国乡村集镇建造史的场所，正在或即将经历一场大范围的城镇化革新。两个极端正在发生：一方面，单个的标志性明清古建筑被当作旅游招牌孤立保护；另一方面，这些村镇的主体，那些经历了从1970年之后30年不断更新的建筑群，因为没有文化的定义与身份，将被毫无保留地拆毁。

对近30年来中国乡土文化中有节制、有限度的营造传统进行研究，正是一味良药，将今天正在发生的现实问题置入研究的视野。中国建筑的现代主义一直有自己本土的

建　　筑

限营造传统的个案研究

发展模式。一个有趣的现象是，被今天西方主流建筑文化所质疑的“国际式”建筑模式，在20世纪80年代的中国，成为各城镇个体自发性营造的一个重要前提条件。这个发展模式中的有效性要求建筑保持自身纪念物的潜在使命，建筑无需承载或象征太多脱离生活本质的标签。对于被夸张渲染的泡沫审美，建筑应掀起反抗，坚守自己的建构语言，抵制廉价的形式和各种词不达意的修辞。对建筑有限与有效性线索的综合研究，让我们顾及形式语言与多元化建构体系之间的矛盾，将不同地域的建构文化作为更新建造的基础条件，将促成未来建筑呈现多样性发展。这是一个非常当代性的研究话题，在未来可能为我们设立一个值得参照的坐标。

我尝试用新的写作方式记录与讨论：现场照片配以经验性感受的分析，用图片与文字共同搭建起讨论的结构。好处是资料鲜活、现场感强、讨论有针对性。更具意义的是，若干年后，当这些宝贵场景不复存在，今天的记录会让此类讨论得以延续。通过对这些现象建筑学的转译与梳理，为中国近代乡土文化中建构传统增添一类有效的例论。

之一

消退 / 装饰

今天的建筑学意义上的“美”与装饰渐行渐远。当阿道夫·鲁斯（Adolf Loos）声称“装饰就是罪恶”时，他并没有放弃在建筑的室内墙体做上材质统一的墙裙。有人说，那是一种对空间秩序的表现，可谁又能否认空间的视觉秩序一样能够带给我们感动之“美”？对装饰艺术的恨恰恰提示人们，我们曾让建筑负担了怎样的烦琐与词不达意。戈特弗里德·森佩尔（Gottfried Semper）不会料到，他对古罗马与文艺复兴时期建筑样式的古为今用，在21世纪被中国城市化进程盲目搬用了。森佩尔将西方最璀璨的文明形式再现，表达建筑文化在一定历史时期的反思。那么今天中国城市建设中大量的欧式“折衷主义”在为谁赞颂？物质上的空前膨胀，让今天的城市人不再有耐性去分辨生活空间中的细微差异所带来的愉悦。一直以来，新世纪的人们认为发展必定是扫除过去，但未来是什么，还不是那么清楚。

中国的许多城镇正经历着一场近现代建造文化的倾覆。今天，许多中国人羞于面对物质贫乏而朴素的30年（1970—2000）建造经历。具有千年传承的传统建筑文化早已被认定是民族文明的一部分，最近，37年的民国建造史实也渐入正统研究的视野，可唯独那朴素的30年建造经历，在它即将退出历史舞台的今天，依旧在我们的研究领域悄无声息。

20世纪以来，全世界都在探讨经济萧条与人口扩张前提下，“更道德地使用建造资源”的现代主义替代了折衷主义。西方以道德体系衍生的这种建筑观念，悄悄地替换着人们对产生建筑美感的前提要求。简洁、极少、纯净而富有意义。但时至今日，这类主动自觉的建造追求，并不能完全说服人们放弃对“过度装饰”的贪念。

密斯说“上帝存在于细节中”，可他说这句话的时候，上帝并不在场。西方人对上帝的想象也许存在于巴洛克的线条与哥特式的尖券中。对诸如空淡的宗教意义的探讨，更好的诠释则在东方的禅意中（当中国元代绘画表达从自然中体悟禅意时，西方人正热衷于编织华丽的线条）。当神性与道德均退出建造要素行列时，我们还能来探讨建造的意味吗？在我们考察的场所中，正有一类这样的建造积淀，将中国村镇的建造经历带入如此不同的境地。我觉得是时候提一提中国的城镇正在逝去的，被遗忘的30年建造经历。

建筑的细部是考察一个有历史演进的场所最好的例证。细部承载着建筑各个部件的连接，其表现形式可以是一种外在或内在的纯粹构造性组合方式，很多时候是一个建筑元素通过一些构造层面上的构件组合展示出来，比如门窗、楼梯、栏杆、廊道。

在金华地区村镇建筑考察中发现，各个历史时期的建筑现象共存，生活的琐碎逐渐在时间的琢磨中，以类似蒙太奇的手法将各个时期、不同使用阶层的建造活动，整合在一个异质元素的现实世界里。在相隔不远的赤岸、曹宅、佛堂三个地区，三种门窗套 *fig...01* 代表不同时代对建造的态度。左图中，建造年代在民国中期，模仿石材的窗套，采用当时盛行的欧洲古典主义装饰风格，拱尖的装饰性檐口并没有实际挡雨的效果，整个窗采用相对固定的建筑构件比例，平面图案化装饰元素将矩形的窗洞包裹起来，强化以窗子为代表的、完整标准的欧式古典建筑风格立面。中图为门楣装饰浮雕，清末民初时期风格，堆塑的凤凰与牡丹寓意中国传统的富贵与吉祥，浮雕图案替代了中国传统建筑入口牌匾、门楼等建筑元素，完全脱离了建筑语言的束缚，占据建筑主入口，无限延展的吉祥动植物雕塑，给予建筑庇佑的神秘色彩。右图窗洞非常简洁，窗外围的白色涂料框不属于窗框构造材料，相反它掩盖了窗过梁（可以是木板、预制混凝土）与窗台板（厚水泥层或预制混凝土板），白色涂料框的作用仅为在视觉上将窗从建筑墙面分离出来，一层薄薄的白色粉刷掩盖了诸多建造过程中的交接构造，成为最低限度的装饰语言。三个窗的实例分别讲述了装饰之于建筑的三种不同含义，第三个窗将装饰置于极

fig...01 建筑装饰意义的消退，摄于赤岸、曹宅、佛堂镇
三个窗洞表达三种建筑装饰的意义：
①一种历史建筑风格与式样，伪装成其他材料，视觉的比例
②图形寓意，与建筑无关
③暗示建筑构件独立与完整，视觉比例

其有限的边缘，将窗从墙上分离，在视觉上还原窗作为建筑构件独立存在的原初意义。

任何沉浸于生活细节的场所，其建筑都将大量生活细节展露于其看似封闭的表面，赋予建筑鲜明的表情或叙述倾向。假如将其归入某一类建筑装饰语言，这些装饰物一样能够很好地担负装饰的职责：替不善言辞的建筑说话。除此之外，透过生活的装饰物，让人体会到富于表达情感的物质有序存在。

当看到这个一层住宅的外立面时 *fig...02*，我被生活中的建造积累所产生的视觉秩序打动了。建筑立面上清晰区分出一个住宅的保安门与门洞，超过五种不同时期、范围、形状、材质的水泥抹灰，留下了建筑被使用的痕迹。每个元素都被细心安排，清楚地各司其职。右侧门洞周边带墙裙的规则水泥抹灰，是在建筑建造时期用以区分墙面与门洞，两个墙面转折的分隔区域。中央的白粉墙上记录了一系列生活痕迹：洗衣台使用时溅在墙面的痕迹；窗台的盆

fig...02 线索装饰，摄于佛堂

栽浇灌或淋雨后，撒在墙面上的浮土；安装自来水龙头后，修补的圆形水泥抹灰；安装保安门、水表后修补的水泥抹灰。这些粉刷出现的偶然形状，与装饰的初衷没有关系，但结果形成类似线形曲折运动的视觉效果，切分出立面的比例。如阅读一部推理小说，建筑立面上的一切形态，都能找到生活使用过程中的相应事件，我称之为“线索的装饰”。

在统计考察现场房子类型时，我发现在建筑造型语言上极其“干净”的房子，都带有形态夸张、具有视觉表现力的室外楼梯。今天的建筑很少关注室外楼梯，通常这是个消防疏散通道的概念，一个建筑硬性指标。一般设计会尽量将其藏在建筑的背立面或隐蔽处，少有设计师去关注它，更不会为它增加具有视觉表现的造型。显而易见，佛堂镇这些房子 *fig...03* 的使用者在楼梯的通达方式、与建筑嵌合关系、栏杆选材与式样等建造方面，注入了大量时间，以至造型各异的楼梯获得了比主体更多的关注，或者因楼梯与栏杆的“表演”，建筑产生新的意义而获得关注。在预算有限的前提下，将楼梯放置在室外能够最大限度地得到建筑实际使用空间。这些形态各异的楼梯，在满足楼层上下通达的需要后，更多意味着居住者对建筑附属空间的拥有，这种拥有因为室外楼梯类型相对封闭、建筑建造得不完整，而变得充满想象。

装饰真的消退了吗？如果装饰消退的目的是让房子更经济，让建筑立面面对街道时“保持沉默”，那这些如舞蹈般，姿态各异的建筑楼梯与栏杆是在为谁翩翩起舞？

考察今天留存的佛堂地区当代民居，历史建筑固有的建造形式并未被简单复制，各个时期普适的建筑材料建造的房子中，平面图案化的视觉装饰正在消退，但作为建筑创造表现其独特审美的意义，已扩展到对建筑构件、材质、空间的多义表达中。

fig...03 装饰真的消退了吗？摄于佛堂镇周边各村

之二

十三间 / 第十四间

佛堂镇南义乌江边保留了一处“十三间头”民居 *fig...04*，通常由正房三间和左右厢房各五间共十三间房组成三合院。70年代末，合院端头入口处有一处加建，加建部分为一个单坡单开间的柴火房，带一个小正门门廊。

问题是，加建柴火间同时，为什么要加建门廊，门廊有什么作用？一开始我们就可以否定“为了使加建后的房子与原合院在比例上更协调”这样的猜想。难道是保护建筑主入口大门区域不遭受雨水侵害？现代建筑强调在门上方设计一个雨棚，方便使用者不淋雨，此处为何不直接采用同样做法？门廊顶板端头脱落粉刷，露出砖砌体也许道出原委：门廊顶部材料是一块预制混凝土板，主体院落围墙上没有悬挑混凝土板的支持体系，所谓门廊的两个侧墙，作用就是支撑这块顶板。

浅浅的门廊自身不独立，依附在原建筑的入口位置。加建部分与原先的院落围墙清晰分开，不仅承载建筑内部功能的变化，而且从两个层面体现建筑的再现意义。首先，门廊增加了建筑的空间仪式性，它暗示出合院围墙内部空间获得的独立；加建房作为入口具有双重含义：门廊可视为“第十四间头”。而且，房子也能被看作“十三间头”靠南侧的次入口的延伸空间。虽然建筑内部住户早已将院落切分成若干独立居住单元，作为一户的共同入口已不再，但门廊的象征意义提醒了人们最初进入这座建筑的方式。其次，门廊入口对应街道呈斜切状态，左右廊墙伸出长度左短右长。左墙达到作为门廊功能最小单位：单扇大门外开后，受顶板保护不淋雨；右侧墙体直接是加建房子的侧墙宽度。在选择位置方面同样有明确意图指导建造：门廊两侧墙与原建筑大门不对应，左侧墙体建造在原大门石材门框外侧，右侧门框则直接贴在原大门石材门框上，这样便造成门廊与大门左右不对称的视觉效果。从材料

fig...04 十三间民居，佛堂镇

体系上看，加建部分是砖墙，选择在同为砖砌体的门框外侧。左侧的门廊侧墙直接压合在原建筑门框上，能被看作是门框的延伸。建筑语言在材料适用上最低限度简洁。而右侧墙体与加建单坡房子共用墙体，增强了门廊的有效存在。

门廊内 灯、一窗、一台阶、一搁板、一雨落，让这个原本空虚的盒子具备了类似住宅的基本功能。材料使用上，加建单坡房子表面使用粗砂浆抹面，靠近地坪处采用正常配比的水泥砂浆抹面。这样的层级关系显然考虑到了建筑墙面防水的能效。门廊部分的两个端部与外侧也使用了粗砂浆抹面，但到了内侧却变成白粉墙面。我不是想强调这里的白粉墙是一种建筑内部空间的表达，因为恰恰在它的背后，原建筑外墙大片的白粉墙在逻辑上的重要性远大于加建部分的粗砂浆立面。我们也许能将其理解为希望与原建筑在“内部还是外部”的问题上产生应对。整个入口序列将新旧建筑的嫁接关系栩栩如生地呈现出来。如果那扇大门不打开，这个空间一样具有自己独立的建筑语言与场所划定，从这个意义上而言，它实际上是展露在街道上的一个小小舞台。

类似的“加建建筑”或者“附属建筑”，最有名的实例是意大利佛罗伦萨跨越亚诺河（Arno River）的旧桥（Ponte Vecchio）*fig...05*。旧桥建于1345年，设计

fig...05 旧桥，意大利佛罗伦萨

者是乔托的弟子哥第。它在功能上先后被用做铁匠、屠夫和皮革商的铺子，1593年被改成珠宝店。历史上功能繁杂的手工商铺使这座桥的外侧悬挑加建了许多小房子，但这并没有影响到桥的整体性，相反，从拥挤的桥两侧鳞次栉比的格子商铺间通过，绕到河岸观望廊桥外侧，内外两侧悬挂着的加建小房子尽管形态各异，在使用语言上却有着统一性。

“附属建筑”依附在原有功能完整的建筑上，以嵌入、增加、叠合、咬合、内藏等方式与原建筑发生体块、空间上的融合，构造形式则相对独立。建造的材质显示出其所处的年代特征。田心村村

fig...o6 建筑的裙摆，摄于田心村

中心祠堂*fig...o6*功能早已退化，但其公共特征在经年累月的使用过程中不断增强。今天，以祠堂为中心的区域已成了集市菜场，各种杂货铺子侵占祠堂合院前的公共走道，将道路变成由篷布搭建围合起来的临时檐廊空间。为建筑穿上裙服，在某些特定环境下，面料织物不是仅停留在人类远古手工编织的意识层面，而是作为建筑材料，在现有建筑材料上再现。面料遮挡掩映着建筑将要敞开的内部，又几乎吞噬了建筑外围的公共空间，在烈日炎炎的晌午，友好地邀人前往一探究竟。与意大利的例子类似，这种以商业目的所做的加建，总是尽可能以包裹堵截流线空间的方式，延长行人逗留的时间。

另一些实例是住宅为了增加功能空间，对原建筑做的小心翼翼的嵌合，如利用原街道建筑立面一二层间凹凸不一的薄薄空间，做增加性嵌入*fig...o7*。嵌合本质上不影响原建筑室内外空间的关系，精确巧妙的控制力与对这个地域房子的理解，使改造住户天然获得某种持续改造空间的话语权。今天城市中出现的“违建”现象缺乏这种自我约束或自制力。没有城管或街坊舆论的监管，超脱私人领域的加建只能是一种无序、无限度的空间扩张。

右图实例处在一条较深的巷子里。住户已经不满足于嵌合加建这样的小动作，开始侵占少量的街道空间。结果，加建的房子更像是另一类带着围墙的门廊。住户的加建动作，紧紧围绕着建筑元素的定义展开极具想象的解释。廊宅、墙宅、柱间宅、槛宅，在诸多极限条件下，让质疑者误认为所有的加建都未脱离同属一个房子的物权概念，不过是对原建筑某一元素进行修缮，未把握好分寸而已。

佛堂镇“雅典十字绣”商店*fig...08* 是个极端的例子。建筑加建由内而外递推出三个层次，每个层次都有朝向不同的独立出入口，似在街口张望，犹豫该走向何处。三次试探性加建以“雅典十字绣”店铺为目前的终局。店铺进深几乎与原初建筑相同。每次外凸加建都缩小其面阔尺度，从街道正中看去，像是一叠渐次推拉出的套盒。建筑屋顶一直从原初建筑延伸到最外层加建的房子，统一的巨大尺度屋顶定义了四个房子连体单元在空间语言上作为单个建筑的合法性。

fig...07 住宅对街道加建，嵌入与咬合

fig...08“雅典十字绣”商店，佛堂镇

之三

并置 / 罗列

写这组词时，我开始对这一现象有了定论。从砌筑墙体、砖的排列组合开始，这里的逻辑世界对展示建造过程，没有隐含、暗示或掩饰。物体均质不分主次，没有中心，拒绝凸显，在一片充满视觉性的并置中，个体显得羸弱。罗列这种形式所提供的秩序与结构，能帮助我们理解在这个意义退缩的世界中，空间氛围泛起的清淡闲适。

倍磊村一个普通村民家的客厅里有一面“奖状墙”*fig...09上*，超过20张奖状暗示着陈倩是一位好学生。在同一面墙上，“三好”、“优秀”、“一等奖”、“第x名”无差别排列在一起。这里“三好”不比“第x名”占据更大面积，或出现在显眼位置。如果这算是一种个体趣味，那么在村中唯一的照相馆里发现的这张“十三重影”照片*fig...09下*，绝对能代表上世纪80年代的社会流行趋势。一开始，我以为照片是未经裁切的单照，细看后发现三排人物交织排列在一起，根本无法分开。以一种姿态重叠出现十三次，除了让人对照片中女主人公排列的方式印象深刻外，个体在重复过程中逐渐消退，面貌在秩序与时空中失效，在观者脑海中凝固成一味戏虐的空白。

在今天探讨建筑理念，建筑的文化意义常被滥用。走在城市中，各种建筑显性的表达争先恐后，扑面而至。看似多元的背后隐藏的是简单视觉消费的恶性循环。从另一个角度，我，一个饱受城市视觉含义暗示的“重口味者”，无暇仔细分辨罗列世界中不同的彼此。时间很短，几秒钟，今天这个世界只给你这一瞬，而你需要找到它的意义。

一张略带迷信色彩的招贴，用文字给了我们这种细微差别的暗示*fig...10*。没有文字提示，你或许分辨不出画面下排“夭相”与“孤苦相”的区别。上排寓意积极的四张面孔几乎是孪生兄弟，想从画面人物的五官特征分辨，是徒劳的。这幅能够断人富贵的标准像，基本不能给今天的凡人丝毫天意的指示，可使用它的术士一定能明确无误指出画面中人物的命运。上下两排人物按优劣分为两个世界。面孔的端庄与萎缩，表情是笑、是愁抑或凶恶，由于绘画表意的时间、地域性差异，在今天的观者眼中，几乎不能有所指。最直观的差异在装束，上排装束繁复，下排简单。人物不同装束与面相上的文字对应起来，意义就变得有所指。在这幅几乎不表现人物性格特征与内心世界的群像中，寻求人物之间的独立意义变得可疑，因为它有沦为符号的危险。在意识到这个问题后，八个画像的差异瞬时一目了然。“熟视无睹”只能运用在对意义不解时的视觉现象中，当你解读出区分物象的要素后，孪生兄弟在你眼中就是两个完全不同的人。因此，稳定氛围中发展出的建筑之间不会有一眼就能辨识的差别，但细细品味后，你必然能发现足够多的差异，在支撑建构这个纷繁世界。

fig...10 看相，摄于余源村

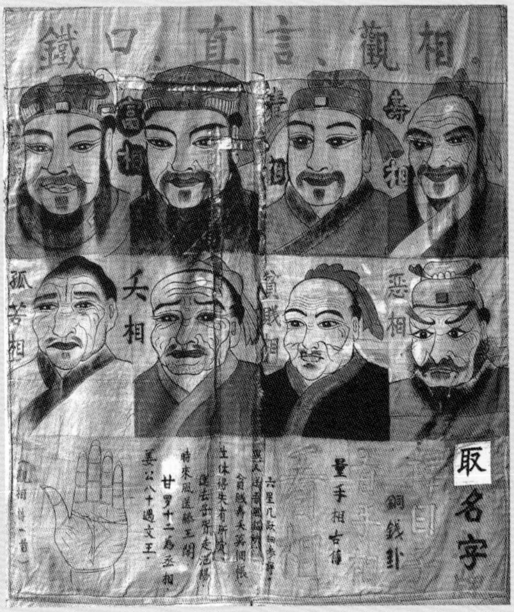

fig...09 奖状与时尚摄影

fig...11 兰花，摄于山头下村

中国人对兰花的爱缘于兰花有道德高尚的寓意，君子如兰象征着中国文人高洁而孤傲的品性。在山头下村，我们在一户村民的天井中，看到了图片中的一幕*fig...11*。我为兰花呈现的整体面貌所迷惑——几乎看不出哪盆是主人特别喜爱、精心照料的，在靠近墙体的后排，甚至有几枝旁杂植物混迹丛中，给人以兰花数量上的幻觉。一番交谈，主人对兰花的描述让人茅塞顿开。很简单，以兰花的花盆形貌来区分并称呼它们。果然没有哪两个花盆是相同的，不仅规格大小，连材质、颜色也有明显区别。当我一开始认定它们都是兰花，本能地希望从兰花的品种、长势、花叶上寻找区别，底下花盆间的差异就被忽视了。在一个意义退缩的世界里，并不排斥个体有区别的存在。是一以贯之的观察方式发生了改变，蒙蔽了我们善于发现的眼睛。

佛堂镇的街头有一种轻型型钢或竹竿搭成的棚子*fig...12*。猜测这些棚子初衷是作为集市简易商铺使用。每个棚子面阔不超过3米，进深2米，高度2.7米左右，统一采用竹竿龙骨的单坡顶。这些看似雷同的棚子，在用材与细节上有巨大差异。例1图中角钢立柱没有直接落地，接地的是三脚架状的支撑。例2图是一组连续两开间，右侧与中间的角钢立柱直接落地，左侧的角钢立柱变换三角钢桁架后，继续在角钢桁架的外侧，捆绑上两根带混凝土墩子的毛竹立柱。这样做似乎表明，角钢立柱的强度叫人不放心，在两次加强后，才承受住了风力考验。最后一组图中的棚子面积最大，棚子搭建在一株百年大树下，骨架全由竹子搭建，竹立柱单根落地前，被直接浇注进一个筒状混凝土墩子。棚子外侧有根两根竹子绕接的立柱，组合柱倍增了竹子强大的韧性，在视觉上传达出自然材料的构件搭建所承受的荷载。

这些形态统一、细节不同的棚子，目前的使用功能包括：临时摊位、固定摊位、停车位、广告位、妇女圈子、大爷圈子、仓库。试想，如果没有这些棚子，镇上人的一系列活动也许不会引起我的特别注意。棚子营造均质化空间，给镇上人们提供特殊的舞台，在舞台上，人的活动变得透明直白。佛堂人将住宅活动中的部分功能搬到大街上，扩展的私

临时摊位

停车位与广告

妇女的圈子

固定摊位

晾衣停车修车

仓库

男人的圈子

fig...12 特殊的舞台，摄于佛堂镇

生活空间无处不在。有了这个透明的舞台，人们的活动被空间分类，在旁观者眼中变得更易理解。

盐埠头是佛堂镇的老街。当地有谚语：新码头、盐埠头、浮桥头、市基口，四条横街朝江（义乌江）走；新市基、老市基，各有香樟当帐伞，一南一北在两端。无论主街、副街、横街或市集边的店面屋，均是二层楼木结构，清末或民国初期的古建筑。街道两旁，檐木雕梁画栋，鳞次栉比，巷弄窄而弯曲，整体上仍保存了传统市井的风貌。

盐埠头街在近代做过改建。一次偶然回头，我发现这个连续的民国时期店铺每隔一间，便用现代带阳台的二层住宅模式替换了*fig...13*。这种规则有序的替换不是偶发现象，而是某种“规划”干预的结果。

两个时代的建筑，两种不同功能的房子，并列展示在我们面前。木构造的建筑始建于清末，一层的连续木门板强调沿街店铺功能，二层是店主住宅，层高受一层店铺高度挤压，变得低矮。同时二层还带有一个非常浅薄的装饰性阳台，民国时期沿街房子都有这一特色。改建部分的建造应在80年代，那

fig...13 特殊的阳台，摄于佛堂镇

时房子普遍采用有图案的预制混凝土阳台栏板。对比新老建筑阳台位置，部分房子蜕变成单纯的住宅，将一、二层建筑高度做了均衡调整。所有沿街建筑的屋顶仍旧是连续的双坡青瓦，改造似乎被屋檐统一协调。改造部分的建筑格局虽然相同，但每户都有些许差异。

图片中出现的四个改造建筑立面，一、二层分隔高度及阳台尺度类似，不显眼的是，阳台预制混凝土栏板的纹样各个不同。左一间是截面缓角度的百叶状；第二间是五边形带奔鹿图案的二方连续，正面中间部位盆兰图案；第三间最复杂，阳台侧边双海鸥图案，上下分别为云彩与海浪，中央切分成万年青、腊梅、双菱形三部分图案，不仅图案复杂，材质上还用了绿碎玻璃贴面；第四间与第二间类似，但阳台侧边预制图案混凝土栏板奔鹿的方位不同。这些不易察觉的变化，在肃清立面上展示了极其有限而又无比丰富的装饰效果，透露出住宅主人们克制地展示的欲望。有人分析过意大利威尼斯运河边的建筑群立面：个个不同，甚至没有一丝相似之处，这些立面与建筑本身已经没有太多的关系，它们存在的价值核心就在相邻彼此的对比当中。

fig...14 门闩，摄于佛堂镇及周边各村

之四

有效 / 有限

在佛堂地区，几乎家家户户都在集镇街道的铺面房使用外置的单根钢棒门闩 *fig...14*。一根钢棒的两端稍经加工，一头开孔挂锁，另一头用以固定折弯。钢棒主体有足够强度，将两扇门或门板与门框固定在一起，达到锁门的效用。这种钢棒门闩的原型是复杂的木门闩，材料变化促使这一元素在形式语言上达到最大简化。尽管如此，仔细辨识，它们用以固定的一端各有微小差别：直角折弯、圆弧折弯、折圆环、压扁开孔，各种差别透露出手工加工的一点自由。在今天的标准化建造中，型材构件上保留一

fig...15 不合尺度的门，摄于赤岸镇

点有意味的手工痕迹，都有可能赋予产品一套完整的结构形式语言。有了这样一种类型的结合，机器大范围复制品也不会显得廉价，昂贵的手工工艺也将被限定在构建有效的部位。

我的同事王欣身形并非如姚明般伟岸，当他站在这个门洞边，现代建筑门洞尺度与模数的关系瞬间被瓦解*fig...15*。这个尺度上羸弱的入口，在建筑做法上并非不讲究，门洞上框两边角，双曲收边造型化解了洞口顶部的压抑感。如果想让建筑达到某种封闭性，如此故意降低门洞高度、宽度的做法显然会很奏效。又或者，在原建筑功能中，此门并非重要。当看到大门上方墙面安装的路灯尺度的门前灯，可以推测，这个门在今天使用中，一定是“宅子这个部分”的唯一出入口。建筑真正的门躲藏在门洞背后，从照片中门被打开的情况看，矮小的门洞不是内部木门的全部尺度，门洞左侧大约留有15厘米的固定扇，门洞上方有木横梁，下方有石门槛，这些正常的附属构件从建筑的外部被消解，门洞及其周边的尺度重新定义了这个如此不正常的入口。

今天的住户对自身空间的尺度定义与原建筑门洞高度无关，反倒体现在门洞上方的门牌与门前灯上。住户没有因原建筑门洞的低矮窄小，直接破坏性地将门洞尺度开大；相反，为了获得新旧间的尺度平衡，他象征性地安装了那盏透露出自己内心尺度的门前灯。门前灯是80年代统一的路灯，将街道路灯的尺度带到尺度偏小的老建筑门洞上，两个固定尺度物的组合表明房主对建造的态度。无论如何，门前灯与门牌的高度达到了今天我们对门高度2.1米的要求。所以，从另一个角度解读，请把门前灯以下的部分，想象成正常尺度的门洞吧。

小门洞与大路灯，就要逝去的年代留给我们充满自明性的现场一角。今天我们面对传统“不合时宜”的一面，回应或漠视，或粗暴。如果能多一份耐心，多一点智慧，小门洞也能包容下一个民族建筑文化的尊严。

有时建筑外表需要承担装饰部分的意义，建筑建造逻辑的清晰性不能被归入装饰而被人欣赏。在做这些与视觉欣赏无关的隐藏建筑部分时，工匠是怎样去恪守对材料忠实的表达，保持有效有序的建造逻辑？黄泥墙构造清晰展示出土质材料如何区分内外*fig...16*：墙体外层土质用料细腻，夹杂着麦秆，粘结度好，密度更高，适合挡风遮雨；泥墙内层土质粗，夹杂碎石骨料，增加墙体构造的负荷强度。建筑的内部构造不会永远默默无闻。在能够被预见的某天，人们终将见到建筑被表皮掩饰的内部构造。因此，工匠的职责将延续到可以预见的未来，粗制滥造会断送了这个行业。

fig...16 泥墙，摄于杨家村

室外楼梯不仅是一个建筑构件，它在建筑外部成为建筑立面造型的一部分。佛堂镇的这个楼梯实例*fig...17*位于一处狭小的多层建筑合院中，楼梯分上、中、下三个梯段，下段三个台阶起步，中段由于侧墙有窗洞，采用加砌侧墙的支撑体系，最后变成一个杂物间。上段楼梯从建筑侧墙悬挑，这是件非常费工的活计，每块混凝土踏板与踏面都要塞进砖墙，

fig...17 有限楼梯，摄于佛堂镇

fig...17-2 带花园的房子，摄于杨家村

fig...17-1 材料有限建筑实例，夯筑房子，摄于赤岸村

与墙体同步建造，必须事先计算墙体内单排楼梯梁的位置与尺寸。完成连接后，在楼梯与墙面结合位置，采用同楼梯梁类似宽度的硬化水泥，抹面踢脚，给人以楼梯梁的错觉。

楼梯的踏步与踢板均采用5厘米厚的钢筋混凝土预制板，这个尺度是直径1厘米的钢筋，上下各配合2厘米厚混凝土保护层的最小尺寸。踏板与踏面尺度相同，约20厘米。由于踏板承托踏面，实际使用时踏板比踏面少5厘米。整个楼梯在外侧有圆钢构件的单排栏杆。主扶手是直径5厘米的空心钢管，每一级上都用对穿的方式安装一根直径1厘米的圆钢立杆作为上部扶手支撑。立杆与立杆之间采用了与台阶方向一致的反“之”字形的细圆钢焊接联系，加强了钢栏杆构造强度的整体性。最后连续的反“之”字形又与踏步形成共同的节奏与韵律，产生源于建筑构造的美感。

整个楼梯运用最有限的构造方式与材料体系，没有多余的修饰与隐藏，构造手法清晰。视觉化构造过程，让后来楼梯的使用者能够通过视觉因素参与到楼梯建造的设计意图中，判断楼梯材料的受力体系与构造的合理性。有限性楼梯在构造上没有多余的语言，高效到没有被改造的余地。合乎建构的做法让楼梯看起来轻盈、可靠、实效，这一切视觉判断的前提就在于楼梯构造过程中展现的流程与技巧。

今天我们周围的新建筑，采用隐藏构造层级关系与受力体系的做法，结构、建筑、装饰三者完全分离，分别在同一个房子上使劲儿。结构设计首先将建筑设计的意图变为切实可行的构造体系，混凝土现浇的建造体系不必理会构件之间的搭接关系。建筑设计在结构设计介入后，设计工作结束。最后登场的是装修设计，这个设计工序的大量工作是掩饰与隐藏建筑设计的漏洞与结构施工的失误。最后装饰设计根据新的设计意图（有时与建筑设计意图完全相悖），用构造含混的材料在建筑表面蒙上一层新皮。

设计各流程的脱节、意图的反复，让现代建筑还未完成就变得日益自相矛盾，弄巧成拙。今天的建筑

fig...18 功能有限性，摄于山头下村

fig...19 三种门锁，摄于赤岸镇

使用者不可能通过视觉方式获得安全感，建筑中建构的矛盾与遮掩，阻断了人们参与对建构视觉经验的体验。每个人都该拥有与建造相关的视觉常识，在建筑中展示符合自然逻辑的、清晰的构造关系，不正是我们在生活中寻求的诸多理性秩序的一部分吗？

建筑的有限性并非只针对建造成本的控制，同时也有构造材料的有限，日常生活使用的有限，建筑意义表达的有限，建筑功能意义的有限。在山头下村，村口沿河有一小型加工厂 *fig...18*，建筑格局为中央两开间的主空间，带左右各一开间的附属房。右侧是一个两层的双跑楼梯间，在功能上，楼梯第一梯段的休息平台，被强调成一个独立建筑的二层格局，与其主体厂房相同，附带一个阳台。因此，小楼梯间的二层高度是从休息平台开始计算的，最后的结果就是，楼梯间正好比主体建筑低一个楼梯梯段的高度，成为独立的房子，并置在主体建筑侧边。这种分两个独立房子的做法，远不如直接将楼梯间与主体建筑高度接平、做成一个房子来得经济，但在视觉上，楼梯间却忠实于自身功能的尺度，看起来建筑似乎是节省了楼梯间上部空间的建造，成为视觉“有限”的案例。

之五

叠加 / 修补

前一小节，我们展示了关于赤岸镇沿街店铺住宅门锁的问题。三种门锁同时出现在一个门上 *fig...19* 又牵扯出另一个话题：长时间的生活痕迹在建筑物上的留存。木门因自然材质的属性，有效使用的时间不超百年。这扇木门上留有双铁环、铁片门闩、现代的弹子门锁，三种锁中有两种仍在使用中，它们互

fig...20 门上有门，门外有门，摄于赤岸镇

不干涉，没有因为新事物的出现而取缔之前的事物，前提是木门还能承载锁具的形式。时间的痕迹是通过物质演化的叠加表达出来的，这种新旧共存的建筑现象在即将消失的村镇中非常普遍。时代性强烈的营造系统，往往找不到线型统一的设计排序，这里的住户们通过修补式营造，建构起一处有年代肌理的空间场所。

来到赤岸镇，如同进入了一片未经开发破坏的建筑语汇的原始森林。更新规则是“遵循以叠加并置的方式处理新旧建筑关系，最大程度体现住户的使用意愿”。门上有门*fig...20左*是直接转化最平常“门”的好例子。使用者为达到通风采光、观察街景的目的，直接将门扇上半部分变成一对更小的“门”，没将它归为窗，是因为关闭后它们依旧是一个实面。于是这道双开门演变成了“四开门”，一对儿正常通行与封闭，另一对儿半遮掩地满足户主对视觉的需求。我从没有见过三扇连排的气窗。从设计角度考虑，三扇的安排可以是左右扇开启，中央扇固定。也许它们位置过高，现在，有了门上门后，三扇窗的功能都只保留采光。门上有门并没有改变普通门的基本结构，甚至没有修改三个不再有通风作用的气窗。简单的开启让门有了类似窗的功能，它使室内外保持谨慎的沟通，同时，诗意地为视线或光线而开启。

门外有门*fig...20右*是更新建造的例子。户主修改大门使用功能的初衷，与门上有门类似：室内需要更多光线；更好的室内外视觉沟通；以及在此基础上的安防要求。户主没有改动原有的双开木门，直接贴原石质门框加装了一道塑钢玻璃轨道移门。从材质上溯源，这种移门源自于90年代对建筑阳台封闭的铝合金隔断窗。从滑轨形式看，这是标准的厂区仓库移门式样，户主将这两层意思运用得恰如其分。如果采用玻璃双开门，不但费工，而且双开门

fig...21 店招，摄于倍磊村

对外开启将会干扰目前门廊空间的完整。这样改造，适应夏季室内使用空调同时获得更好采光，可将内部木门打开，关闭玻璃移门。还原到视觉，透明的玻璃门与其背后的原有木门之间，隔着一段墙体厚度的空间。这段空间似乎在提醒你，新的改造创造出一层只为视觉而存在的空气。

之六

抽象 / 移情

德国人沃林格（Wilhelm Worringer）写过名为“抽象与移情”的现代艺术经典名著。本节直接取用这两个词。在倍磊村一家农机店门面上看到的一幕 fig...21 上，我脑海中直接蹦出：清代的农具小五金商店？建筑大门开间的两个边柱上部，有一对向两边

fig...21-1 抹灰的尺度，摄于赤岸镇

斜伸出去的变体加长斗拱。这样的改变是为了在屋檐下挂上尺度巨大的牌匾后，还能够让门面在视觉上更加开阔。农具与小五金店门面招牌取代了原有的匾额。左侧的“倍力”与右侧的“商店”二词各自跟随建筑斗拱的倾斜角度向上延伸，并在字体上绘制出顶视的立体阴影效果。字体加强了原建筑中斜角斗拱制造的开阔感，与原建筑在抽象意义上建立起共通与承接的联系。为了说明向左右倾斜的“顶视立体”招牌不是地域性通用做法，我增加了“赤岸鲜肉门市部”的例子*fig...21*下。这里同样使用了立体字，模拟的视觉效果是自下而上的仰视，这也可以解释店招牌在这个高度的正常视觉效果。两个看似毫无关联的物体：今天的平面店招字体，因百年前建筑斗拱的造型而改变了视角。字体的移情对象是建筑斗拱，它们之间并不出现形态上的直接模仿，移情的结果是一种视觉意义表达上的趋同或一致。标题中“抽象”一词道明了移情的方式，启发性地告诉我们，今天赤岸镇的混杂建筑之所以还在感动着我们，缘由就在于无论改造、加建或新建，这里的人们在建造时，仍在关注着现实中依旧存在的传统建筑模式，潜移默化地将这层意思，以各种建造的方式表达出来。

就像我在本文描述的对象中，没有出现中国传统的建筑原型，但却一直在讨论它在过去30年中所留下的营造影响。

沃林格认为，人的观照活动是一个积极活动过程，其中，所观照对象并不是简单而消极地作为单个事物视觉魅力的一种流溢而存在的，感知过程中更多地是这样的法则发生了效用，这种法则作为在人类种族产生时便形成的相对先验的认识，建构了这些魅力并使之成为可观照的造型。

寻求简明秩序、使视野清晰的倾向，是人的观

fig...21-2 对传统建筑构件移情，摄于大佛寺与傅村

照活动所固有的。由于对可见对象完善化的提纯和加工，建筑上出现了对传统作出“移情”的规则。因而，尽管时代更替，观念、功能、材料等建筑要素都已发生变化，它仍旧能够通过视觉、建构的体系，自然梳理出建筑空间中近似的意义表达，让新旧建筑在某一层面上达到圆满的统一。这个地区不同时期的建造活动形成的某种内在统一，回答了传统建筑以及传统建筑文化在今天如何传承，以什么样的形式传承的问题。当然，这些当下正在没落的营造实例不是唯一的准则，准则本身，尤其是建筑文化传承的理想典范，一定是多元的。

2012年，这片地域在经历了30年的建造实验后，在没有任何正式记录与梳理的前提下，将迎来一种新的建筑文化改造“传承标准”*fig...22*。今天的义乌江畔历史名镇佛堂，已通过了一个全镇的改造建设方案，目标是成为下一个周庄或乌镇。正是这个以旅游来盘活经济的规划目标，激励着当地的人们毫不犹豫与之前的30年生活决裂，推倒用时间点滴积累起来的生活家园，去建造一个谁也没有见过的，臆想中的明清风貌建筑古镇。

中国城镇的30年建造，经历的是一段建筑师缺席、美学意义消退、珍惜物质的年代。营造这些建筑的正是生活其中的使用者们。他们秉承手工艺建造传统，延续传统建筑空间表意传承，以生活使用

fig...22 整治与保护，摄于佛堂镇

为前提，进行有限度的自发营造。如何对待生活着的历史，新旧建筑如何结合更替，如何简洁直接地运用建构体系，如何循环使用建筑材料，以及地域性营造文化的传承等问题，在这些村镇中都能找到相应的答案。如果这些现场能够被有选择地保留，继续发展下去，对每位研究参与者来说，答案的来源与结果并非唯一。

大范围拆建迫在眉睫，在这新旧更替之际，我想，记录下更多的建造实例就是对研究这段建造史最好的回应。

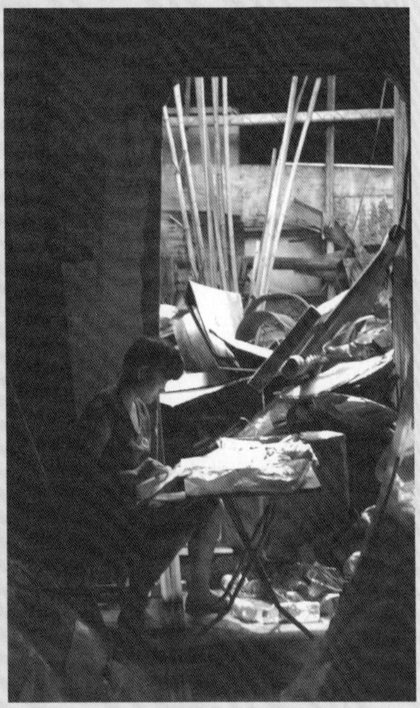

假山

环秀山庄假山

郑文康

fig...01 南宋·刘松年《四景山水图——夏景》

fig...02 明·文徵明《真赏斋图》

之一

假山之“假”

作为传统文人在造园实践中的一个重要方面，园林叠山所追求的是自然与人互通的理想山水。童寯先生在《江南园林志》里讲道：

“造园要素：一为花木池鱼；二为屋宇；三为叠石。花木池鱼，自然者也。屋宇，人为者也。一属活动，一有规律。调剂于两者之间，则为叠石。石难固定而具自然之形，虽天生而赖堆叠之巧，盖半天然、半人工之物也。”

这样一种介于人工与自然之间的中介物，在宋代画家刘松年的《四景山水图——夏景》*fig...01* 中有着直观的表达：在画面中部平台上安放了两块观赏石，居于画面左侧房屋和画外远山之间。这一居于人与自然之间之物，为后来广泛发展的城市园林中以石代山的经营逻辑提供了可能性。在明代吴门画家文徵明的《真赏斋图》*fig...02* 中，自然之山几近消隐，取而代之的是散布在庭前、似山而非山的湖石。然而尽管如此，整个画面仍然充满山野气息。这种以园中假山来代替自然真山的做法，在唐代诗人白居易的那首《累工山》中亦有精辟的描写：“堆土渐高山意出，终南移入户庭间。玉峰蓝水应

之　　假

画意下的掇山法

惆怅，恐见新山忘旧山。”诗中描写的主人从乡间搬到城市后，用园中假山代替自然真山，通过想象“旧山”怕被遗忘而肯定了假山可以以假代真。

唐末诗人郑谷在《七祖院小山》诗中歌咏假山说：“小巧功成雨藓斑，轩车日日扣松关。峨嵋咫尺无人去，却向僧窗看假山。”峨嵋山近在咫尺无人去看，却流连于僧窗外的假山。这当然包含佛家对于真幻的打通，同时也暗喻假山可以以假胜真。

借僧窗看假山的方式表明所看假山是虚幻之物，正如清人戴熙所讲：“佛家修净土，以妄想入门；画家亦修净土，以幻境入门。”假山区别于自然山川，是真假之间的居间物，这正是假山的妙处所在。假山是对自然的超越，它所指向的是文人心中真正意义上的山水。明代王世贞在《弇山园记》中讲：“客谓予：‘世之目真山巧者，曰：“似假”，目假者之浑成者，曰：“似真”，此壁不知作何目也？’”真山假山的界限，在王世贞看来已经变得含混不清难以区分，其评判标准正是源于文人心中的理想山水范式。理解假山，就要把握传统文人对于真假的讨论，而这又与山水画审美趣味的发展和变化息息相关。

fig...03 北宋·郭熙《早春图》

fig...04 北宋·范宽《溪山行旅图》

之二

山水画的“真假”之变

①

“师法自然”的肇始

在山水画发展之初，“真”的问题就被提出。荆浩在《笔法记》中对“何以为画”作了这样的思考：“曰：画者，华也，但贵似得真……叟曰：不然，画者，画也，度物象而取其真。”荆浩进而又强调：“似者，得其形，遗其气。真者，气质俱盛。”在这里存在两个层次的“真”，第一层次是山形之真，即外在形象之真；第二层次是物象之真，即画家心中对山的意义的真实反映。山水画所追求的正是“度物象之真”。

在自然主义的传统下，五代及北宋的画家往往将表现形似看作是把握客观对象内在真实的基础。他们笔下的山水往往表现出高山仰止的雄伟风格。这一时期的山水画是一种全景式的构图，画面中的人物和建筑依附于雄浑山水之中，以至于画面中的人物往往小得几乎不可见。北宋郭熙所绘《早春图》*fig...03* 便是这一类全景式山水的代表作，画面中人物只在下部细看才得以辨认，与雄伟的山水在尺度上形成巨大的差异。同样，在北宋范宽所绘《溪山行旅图》*fig...04* 中，画面近景的马帮与巨大的山峰被中部的一团雾霭所阻隔，从中不难看出，自然雄伟的山峰是独立于人的存在。这与当时新儒家学派“格物致知”的思想有着直接的联系。新儒学思想家们认为，最高的存在就是“理”。“理”的必然结果即万物本性，在它的绝对意义上，客观的“真”与“情”，或者说与人的主观情绪或感觉，是要严格加以区分的。

两宋之际是山水画大发展的时期，作为描绘山势肌理的皴法也得以确立并发展出多种形式。这一时期，皴法仍是服务于山水物象的真实。

fig...05 元·王蒙
《青卞隐居图》

fig...06 元·王蒙
《具区林屋图》

②

元人山水的真假之变

自元代山水画开始，文人画家们摒弃了唐宋以来雄伟山水自然写实主义的画风，转而向写意的山水画发展。这一时期，画家对于山水画“真假”的讨论也更加热烈。倪瓒曾讲道：“我初学挥染，见物皆画似；郊行及城游，物物归画笥。为问方崖师，孰假孰为真；墨池挹涓滴，寓我无边春。”在云林看来，其所描绘的景物即便是再相似也都是假的，其笔下“度物象”的表达才是真实的，文人笔下的山水是对自然山水的超越。值得注意的是，与北宋全景式的山水图式相比，元代画家在画面取景范围上有明显缩小，也更加关注对山水局部的描绘，所谓“云林水口，子久矾头”正是对这一变化的描述。

当元代山水画家开始转向自己内心的表达时，反映在画面上的山水结构也相应地产生了变化。这其中表现最为突出者，当属王蒙及其代表作《青卞隐居图》*fig...05*：其山的结构开始变得含混不清，为了配合立轴的构图需要，山体开始有意识地扭曲变形；并且，由于笔墨的强调，山体的结构开始松动。

较之于《青卞隐居图》，王蒙晚期所做的《具区林屋图》*fig...06* 笔法更加躁动不安，山体结构变得几乎难以辨认。值得注意的是，比起宋代山水全景式的构图，《具区林屋图》有意识地将视线拉近，来描绘局部山水更多的细节。如果说唐宋的山水是要将天地移缩于尺牍之中，那么王蒙则是主动框取，框取自然的一部分而让画面的边界与画中山水直接发生关系。

《具区林屋图》描绘的是太湖西山一带的风景。画面中，画家对于近景驳岸处三块太湖石的描绘可谓是不厌其详，以至于观画者的第一眼往往被这三块湖石所吸引。单以这三块太湖石所描绘的尺度与比例关系来看，其体量并不算太大，更像是王蒙直接面对桌案上把玩的湖石的写生之作。但是，如果将它们与画面周围所描绘的景象相对比，便会发现，这看似不大的三块太湖石其实已经接近山麓的尺度。以画面左下角探入水中的湖石为例，将其与后方划船的童子相比较，湖石探水位置的孔洞足以让童子屈身穿过，而左侧隐于印章下的空洞更是大得离谱。*fig...07,08* 可以说，《具区林屋图》的山水描绘更为大胆，山石本身的尺度变得模棱两可。

由此不难看出，王蒙的山水画虽然脱胎于宋人，却与宋代的山水有本质的差别。他有意淡化宋人山水的写实性，而更加注重内心对于山水的体验。从画面的写实性来讲，山水画“真山”“假山”之变正是肇始于王蒙。其带有书法性用笔的皴法已经不拘于对具体山水的摹写，而是更加注重画面主观的描绘，为了配合画面迷幻的空间，山体的结构和光影出现不自然的变化。

元人开始以较宋人更直接的方式来表达理想山水。王蒙笔下的山水之变，在明代吴门画派那里得到接续，“自然”在他们笔下变成了尺牍上摆弄的山水“游戏”。

fig...07 近景湖石

fig...08 湖石与后方划船的童子比较

fig...09 明·沈周《东庄图册》

fig...10 明·张宏《止园图》

fig...11 明·沈周《虎丘画册》

③

吴门的山水“游戏”

“画可园”

明代山水画总体上以复古主义风格为主，以明代早期的浙派、中期的吴门画派以及晚期的松江派为代表。浙派山水师法南宋戴进，到后期终因强求豪气而徒呈狂态；以董其昌为代表的松江派更加强调文人逸趣、古雅和文秀。相比之下，随着郊游活动的风行，苏州的吴门画家在师法古人的同时，也更加关注周边的生活和亲身游历的山水。也正是在这个时期，山水画和园林产生了更直接的关联。董其昌讲：“盖公之园可画，而余家之画可园。”他提出的“画可园”其实是总结了明人的观点，尤其是文徵明直接将山水画论中的“经营位置”用于造园的描述。而吴门画派所开创的园林画，更是影响了明清时期苏州乃至江南园林的审美取向。在这一时期，文人画家与造园家相互唱和，使得园林（尤其是叠山）在明清两代有了长足的发展。

沈石田的“平和”

沈周的平和是其画面的趣味所在。透过其所绘《东庄图册（第十一开）》*fig...09*，可以看出明代中前期园林舒朗的气息。那一时期的园林农业与游赏并重，山石也多野逸，以土山为主，并不刻意罗列奇石。与晚明吴门画家张宏所绘《止园图（第五开）》*fig...10* 相比，《东庄图册》确有如其画意般的平和。

值得注意的是，由于对身边山水的兴趣，沈周发展出一套比《具区林屋图》取景范围更小的构图风格。以《虎丘画册》这一类为代表：为了调和土山和大树的比例关系，沈周甚至将树冠直接切除*fig...11*，这样的构图方式使得画面的边界变成很重要的限定因素。此种“管中窥豹”的构图法，与明末张南垣所创“大山一麓”的叠山做法是出于相同的经营方式。

fig...12 明 · 文徵明《真赏斋图》

③

文衡山的"真赏"

相比于沈周以绘画描绘园林，文徵明更像是在尺牍间设计其心中山水园林的理想样式，工细的画风以及对画面不厌其详的描绘，使得他笔下的园林画几乎就是造园家可直接参照的样板。文徵明现存的两幅《真赏斋图》*fig...02,12*，都显示了对于罗列屋前的太湖石极大的兴趣，那卓然而立，极尽皱、漏、透、瘦之态的湖石正是他赏石观山的趣味所在。文徵明门徒众多，大都延续了他工细的画风，到了晚明甚至出现过于繁复的趣味，以至丧失了画面结构。从张宏的《止园图》中，我们也可以窥见明末的掇山趣味亦已趋于繁缛。

作为沈周的弟子，文徵明在画面位置经营上的能力表现得更为突出，尤其是其晚期的作品《仿王蒙山水》*fig...13*，画面的结构和笔墨的力度皆清晰可见。此图虽仿自王蒙的《青卞隐居图》或《具区林屋图》，但比王蒙的画面更加拥挤，山体以近乎平面化的方式从画面的两处边界向中间斜出，透露

fig...13 明 · 文徵明《仿王蒙山水》

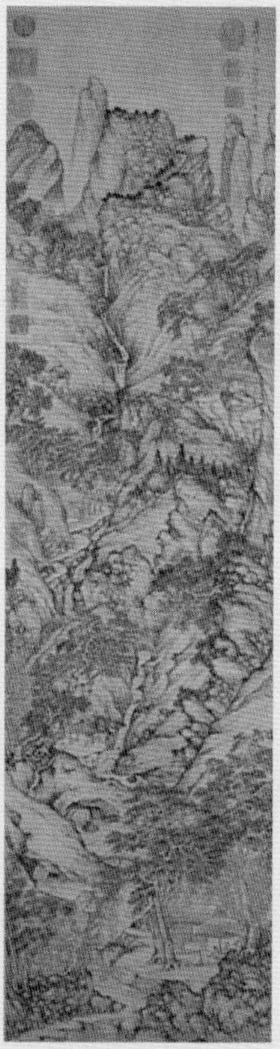

出一种半抽象和形式化的尝试。

相比于《仿王蒙山水》,《李白诗意图轴》*fig...14* 的山水处理更为抽象，青绿色块面的山体从画面边界向中心斜向切入，带有强烈的画面空间建构倾向。不难看出，文氏笔下的山水已经与唐宋自然写实主义的山水相去甚远，与自然山水更是无法找到直接的关联。画家更加专注于尺牍间的山水经营，这更像是在画面上进行的一场游戏，而游戏就是"为不完美的世界带来了一点短暂而有限的完美"。"对于熟悉游戏规则的人而言，一幅由这类风格要素所组成的山水绘画，凭知性就可以了解，但是，如果观者纯粹想要从自然景色再现的角度去观赏的话，这样的一幅山水画则显得无处理解起。"①

fig...14 明·文徵明《李白诗意图轴》

④

画中山水与自然山水的分离

自元以来，山水画写意的发展始终是一个向文人内心探寻真实山水的过程。而发展到明末，关于山水画与外在山水孰真孰假的问题，在董其昌的理论里得到了更明晰的讨论。董其昌力行仿古，但他的"仿"是建立在对古人画作的重新理解和转化上，其结果就是他的山水画与自然山水相差甚远。他讲道："以蹊径之怪奇论，则画不如山水；以笔墨之精妙论，则山水决不如画。"董氏并非笔墨决定论者，其笔墨之精妙所指向的是文人心中的理想山水范式。他在另外一则画跋中写道："画家以天地为师，其次以山川为师，其次以古人为师。"在此，"天地"与"山川"的分述，其实指向的是自然之理与自然之形的分离，也就是文人画家理想山水与自然山水的区别。关于孰真孰假的问题，董氏在评董源《潇湘图》时讲道："昔人乃有以画为假山水，而以山水为真画，何颠倒也！"

董其昌所谓的自然之理和自然之形的分离，指向的是传统审美趣味中关于真假之变的重要议题，而写意山水画的发展是探究这一审美趣味的重要方面，董氏对清代画家影响深远。明清之际的文人画家大都活动于江南一带，这也直接影响和带动了这一地区园林的兴盛。江南园林以叠石胜，而其中最杰出的代表正是苏州园林。相比于扬州、南京等地的假山营造，吴地工匠不但技艺娴熟，而且形成了极高的艺术品位。但是，假山并不简单地等同于纸上的山水经营，这就需要我们追问：自然山水何以进驻私家宅院却不失山林气息？园林假山以何种方式契合文人心中的理想山水？

① 摘自：高居翰．山外山：晚明绘画(1570-1644). 生活·读书·新知三联书店，2009年，第143页。

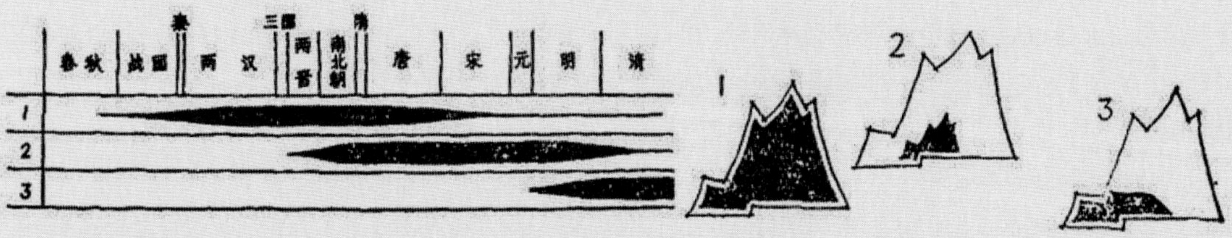

fig...15 摘自曹汛《略论我国古代园林叠山艺术的发展演变》。左图为三个阶段三种风格的演变程序，右图为各阶段的演变特征（白体表示真山，黑体表示人工叠山））

之三

吴地掇山之变

①

山水何以入吾园

依照曹汛先生在《略论我国古代园林叠山艺术的发展演变》一文中的考证，我国叠山渊源极早，《尚书》中就有“为山九仞，功亏一篑”的人工叠山记载。曹先生进而将我国古代园林叠山艺术的发展归纳为三个阶段：

第一个阶段是从春秋末到战国时期出现，至后汉形成高潮，隋唐以降逐渐减少。这一时期的叠山是写实的，效仿真山，在尺度上接近真山。

第二个阶段是从隋唐至明朝中叶，特点为“小中见大”，以象征的手法比拟自然真山，也常常象征神话中的仙山。

第三个阶段是明代万历以后，始于张南垣和计成开创的“大山一麓”的叠山风格。主张“截溪断谷”、“曲岸迴沙”、“平冈小阪”和“陵阜陂陀”，“使千百年来流行的叠山风格为之大变，而这种手法的发展与成熟也标志着我国古代园林叠山艺术的最终成熟。”*fig...15*

从曹汛先生的归纳中不难看出，叠山风格的发展及演变与山水画的发展息息相关，都是由最初写实主义的描绘方式转向写意的表达方式。而且，叠山的第二阶段“小中见大”风格的出现，与晋唐山水画的成熟也有直接关系。魏晋以来老庄思想的流行，使得山水移天缩地而纳入一园成为可能。曹汛先生在文中也特别强调，“到中唐才出现‘假山’这个词，中、晚唐诗中屡见。”在叠山的第二阶段，假山往往借助于神游，但并无法得到真正身体性的游山经验。

而在私家园林中真正以湖石叠石为山并可供人上山游观的假山，则是在叠山的第三个阶段才出现。这是在明代晚期。随着江南私家园林功能的增加，建筑与建筑之间可避风雨的游廊的出现，使得对山石的观赏不再局限于在亭中的静观，转而向“山形面面观”的方向发展。这也促成了可登山游观的假山的出现。而在张南垣“大山一麓”的叠山手法的指引下，园林中对假山的游和观终于可以结合在一起。

②

“主人”趣味之变

计成在《园冶》开篇便讲道：“世之兴造，专主鸠匠，独不闻三分匠、七分主人之谚乎？非主人也，能主之人也。”明清时期，随着文人参与园林兴造，能主之人的趣味往往与文人审美相关。正如上文所讲，明代中前期山水园林如沈周画风般平和舒朗，而这种风气到了明晚期则为之一变，园林里繁缛罗列的奇石风格假山石大行其道，这也与晚明尚“奇”的美学倾向不无关系。明代戏曲作家汤显祖在为友人文集所作《合奇序》中便写道：“予谓文章之妙，不在步趋形似之间。自然灵气，恍惚而来，不思而至。怪怪奇奇，莫可名状。”“不思而至”就是一种自然的流露，表现出来的结果就是“怪怪奇奇”。这种审美反映在园林假山上，就变成了奇石罗列的置峰欣赏，此一代表如苏州五峰园假山。也正是在这一时期，“涟一变旧模，穿深复冈，因形布置，土石相间，彼得真趣。”现今留园西部假山还能洞悉“平冈小阪”的踪迹。

张南垣所开创的“大山一麓”的叠山法影响了明清的叠山师，这样的风气在清代前期得到了一定的延续，其代表作可推苏州耦园黄石假山。而本文所研究的环秀山庄假山所处时期为清代中期，那个时期比起明晚期，品相较好、体量较大的太湖石更为稀缺，并且当时的社会风气和审美取向都对叠石堆山产生了影响。

首先，清中期城市人口激增使得城市住宅立地受到严格的限制。张南垣所推崇的土石相间的舒朗风格，因为用地条件的苛刻而变得极为困难，这也促使叠山向垂直方向发展。这一时期，叠山上升为园林的主要手法，而理水、植物等因素则相对地受到忽略。加之园林中建筑成分越来越高，使得园林发展到清代中后期已经显得过于拥塞。

其次，随着叠山专业化的发展，一方面是叠山技巧的成熟，如戈裕良所创“钩带法”就是在总结前人叠山技术基础上所创；而另一方面，叠山技术发展到后期往往变成匠人炫技的手段，专事在刀锥之地玄奇斗巧，后来更是发展出所谓“安、连、跨、卡、剑、接、斗、悬、挑、垂、挂”等叠石技巧，导致假山变得如“鼠穴蚁蛭，乱堆煤渣”。同时，开始走向对石趣和属相的推崇，这其中的代表为狮子林假山。以苏州为代表的江南地区就流行叠山以洞窟，叠山求高求险，起脚小，越往上越大，以求骇人之势。自古以来欣赏奇石的传统，使得假山最终走向纯石堆叠的风格。（见表1）

再次，大批商人开始兴建园林，扬州园林的园主就往往是富庶的盐商而非文人士大夫，纯石假山成为他们“炫富”的手段。这使得扬州后期的叠山在风格上往往一味追求叠山高度和繁复技巧，从而造成假山整体感的削弱。

由此不难看出，叠山发展到清代中期以后，对园中假山的理解并不只局限于由张南垣所开创的“大山一麓”的做法，同时也有强烈的文人赏石的审美取向，并且受到社会风气的深刻影响。这些使得园林假山在接续传统程式的基础上，又带有那一时期文人士大夫对于理想山水的特定理解。而这其中的优劣尤其需要加以判别。

表1 明清时期苏州园林假山的风格特点

假山分期	风格与特点	假山举例
明代晚期 「平冈小阪」风格开创之前	全景式黄石假山出现，与太湖石假山繁缛罗列的奇石风格并行。山顶多峰石。造洞常采用逐层挑出的叠涩之法，至洞中间用条石压顶。	 五峰园假山
明代初、中期	以全景式假山为主，多为土筑，舒朗平和。	 明·沈周 《东庄图册（第十一开）》

明末清初时

「平冈小阪」风格开创之后

或平冈小阪，错之以石；或似处大山之麓，截溪断谷。外石内土、土中戴石、土石结合是其特点。

留园西部假山

清代中期

技艺更趋工巧，能以自然山水景观中的峰峦洞壑加以概括、提炼。发展出「钩带法」，在技艺上达到顶峰。

环秀山庄假山

清代晚期

一味追求叠山高度和繁复技巧，造成假山整体感的削弱。风格由模写自然转为追求石趣、属相等。

狮子林假山

fig...16 艺圃假山现状

③

环秀之山："如画观山"和"如游真山"的契合

从叠山的发展来看，张南垣所创"大山一麓"的"真山法"强调登山游览的真山感受，所以往往山脚叠石，山麓覆土种植花木，营造如在林中穿梭的深幽之感。但是所叠之山毕竟高度有限，像苏州假山中最高的沧浪亭假山也不过7米有余，如若放任假山上的植物生长，很容易造成林木和假山比例的失调。以艺圃假山为例，在明代建造时仍以土山为主，是"大山一麓"的典型代表，以现在的关系来看，所谓"妙笔"的东南角山亭，多少也是为了调和假山与林木过于悬殊的比例。山亭既立，便觉假山的尺度被压缩，少了连绵无尽的山意。*fig...16*

其实在叠山"小中见大"时期，像李渔的芥子园假山，由于山石尺度较小，所以就特别注意山体与其上植物以及周遭环境的比例关系，在此基础上，"无心画"的主动框取也是意在排除周遭的干扰，使得所框取的物象得以调和。只有将这样的关系调整合适，方可神游其中，宛若千岩万壑。即便是"大山一麓"的"真山法"，其山体体量仍旧有限，这种尺度上的关照仍需留意。

此一框取，恰如"僧窗看假山"，是为了作"如画观"。假山何以如画？有赖于"理石之精微"。理石之秩序，合山之气脉，才能得真山整体之势。假山的"如画观"暗合文人对于理想山水的评判标准。

"如画观"和宛如真山的游山经验，是假山的两个重要评判标准。自张南垣开创"大山一麓"做法以来，现存苏州园林假山以宛如真山的游山经验取胜者，如艺圃池南假山和留园西部假山*fig...17,18*，得疏朗平和之"幽"；如耦园黄石假山和拙政园远香堂南假山*fig...19,20*，得曲折俯仰之"趣"。但它们或因强求山石堆叠之巧，或因与周遭比例欠缺，终未能作"如画观"。而以"如画观"立意者，如怡园湖石假山在南侧面壁亭中以镜观山*fig...21*，此一方式暗合"镜花水月"的审美取向，但山顶湖石堆叠，不免有属相之类的模仿，以致失去了真山之意。

观山可入画品，游山宛如真山，得兼两者的集大成作品，当推环秀山庄假山。

fig...17 艺圃池南假山

fig...18 留园西部假山

fig...19 耦园黄石假山

fig...20 拙政园远香堂南假山

fig...21 怡园自面壁亭镜中观湖石假山

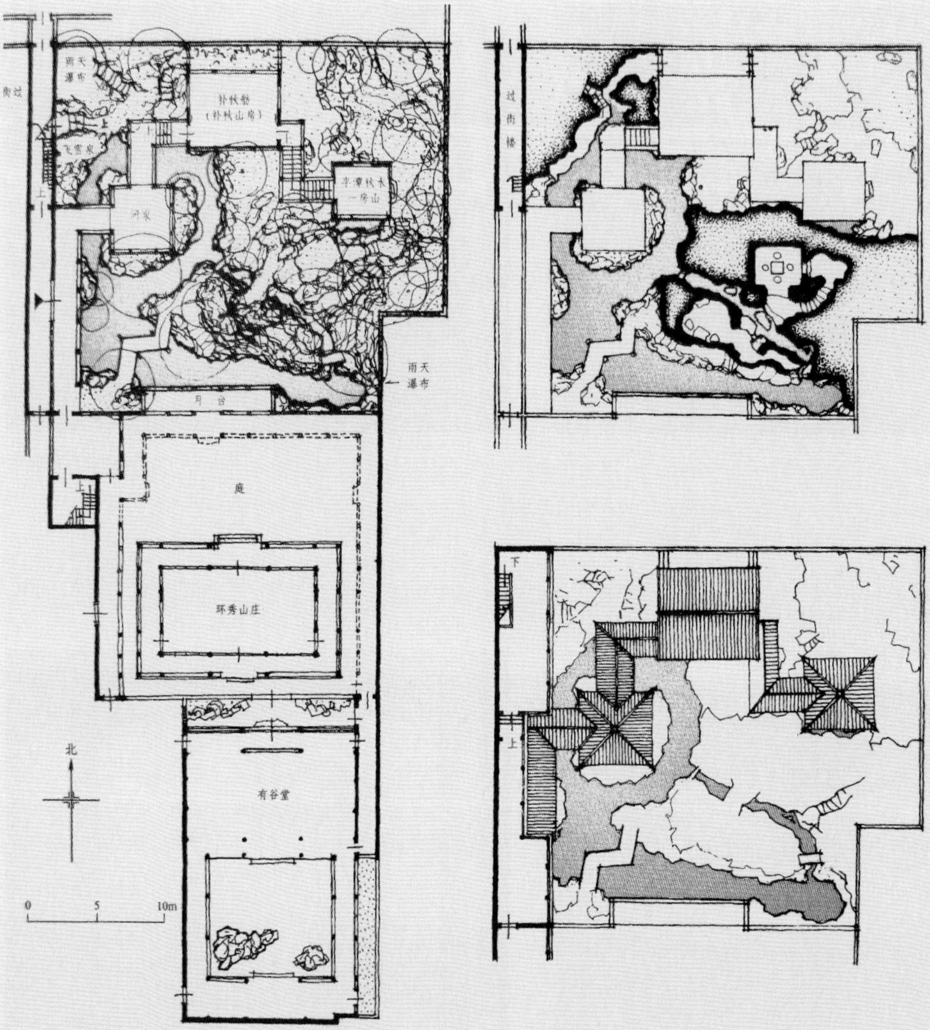

fig...22 杨鸿勋《江南园林论》中的环秀山庄复原平面图

fig... 22-1 从环秀山庄看假山现状

fig...22-2 按照《江南园林论》复原图从环秀山庄看假山意象图

之四

环秀山庄假山掇山的自然之法

①

画意之下的位置经营

框山入画

亲身游历过环秀山庄假山的人都会感觉，第一眼观山其体量并不大，但是进入其中却另有丘壑。究其根本，这是南侧廊子未予复原造成的。杨鸿勋先生在《江南园林论》中也指出："水畔空廊未予复原，故景面显得空旷松散。"依照杨先生所复原的平面图，南侧长廊紧靠池岸，而且其东侧靠近白墙处是透过花窗观看假山，整条长廊只在月台出挑处对假山完全开放，可见其观山之法相当含蓄。*fig...22* 此一框景，正如吴门画派的园林画对于"咫尺千里"的表达方式——只写山水局部，意指千里之山更在画外。依照此画理，再结合叠山技术，我们不难发现，即使像戈裕良这样在清代中期技艺精湛的工匠，所叠的环秀山庄假山的最高处也不过7.2米，还是不可能与山上林木相协调。观看视域和距离的确立，使得观者第一眼看见假山便已经在山脚下，此时离假山的最近点不过3米，而临近水面的崖壁高将近4.5米，主峰又顺势增高到7.2米，可见仰角相当大，人随游廊游观，正如一幅缓缓展开的吴门园林长卷。这其中，以游廊为主要的观山角度，尤其南侧游廊，正是限定假山视域的重要因素。所以环秀假山主要观山角度不存在所谓的"全景"视角，人在山麓不见全山也符合实际的游山经验。

fig...23 怡园假山与亭的关系

屋宇的消隐

游廊代替亭子作为园林观山的主要媒介，这一变化出现在明代中后期，其所引起的变化是假山由单纯的置峰欣赏到“步移景异”、“山形面面观”，乃至登山游观的过程。在环秀山庄假山所在的园中，西南两侧的游廊既是观山的媒介，又是园子的边界。以建筑为边界，人在建筑中观山，这也使得园子不会因为有太多观山的建筑而显得过于拥塞。如果将西南两侧的游廊当作“隐”的建筑，那么在园子中“显”的建筑便是问泉亭、补秋舫以及半潭秋水一房山亭。如果将这一隐一显的建筑与山水画相类比，那么环绕西南两侧的游廊则共同界定了画面的边界，同时提供了观“山”的视域；而两亭一舫则代表了人在山中的位置，这也是环秀山庄假山与建筑位置经营的重点所在。

以苏州现有园林假山与山亭的关系来看，能够成功调和山与亭关系的并不多。我们从清末仿环秀山庄假山的怡园湖石假山可以看出，叠山师

fig...24 自南侧观环秀山庄假山与亭的关系

fig...25 太湖石公山山与亭的关系

fig...26 建筑实际的边界

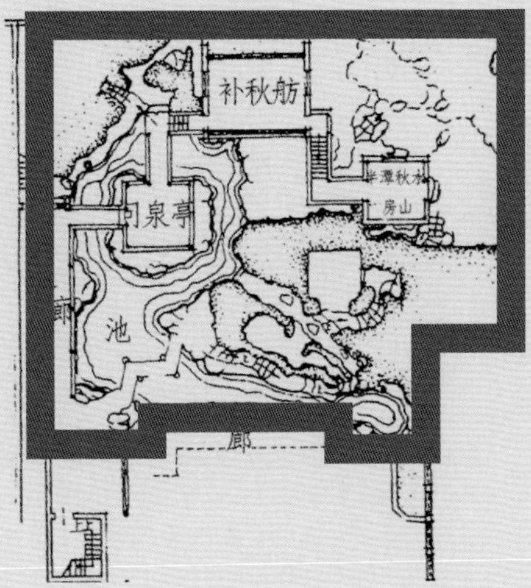

fig... 27 观山“经验”的边界

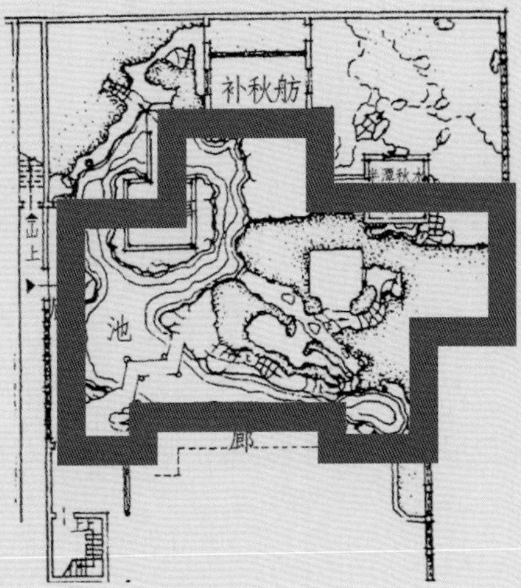

明显察觉到了山与亭比例上的失调，因而有意将假山上的亭子做小，人在亭中，亭子檐口几乎举手可及。然而即便如此，在对岸观山，山亭比例仍显过大。*fig...23*

环秀山庄假山与亭子的关系也存在相同的问题。戈氏的解决办法是以近求高，通过山体本身的遮挡来化解山与亭比例上的失调。作为主要建筑的补秋舫靠近北侧园墙，与主体假山的距离最远，这使得在南侧游廊处观山时，补秋舫被完全遮挡。半潭秋水一房山亭，因在南侧观山仰角过大，只露出一个屋角而已。这种仰观的角度所看到的山与亭的比例关系，与在真山的经验相似。*fig...24,25* 问泉亭作为西侧游廊的空间节点，在南侧观山的实际经验中，更像是园子北侧的边界，在主体假山和西北角次山之间类似遮罩的又一个空间层次，使园中假山更显深远。而自西侧游廊观山，问泉亭、补秋舫和半潭秋水一房山亭相互之间以游廊连接，它们既是观山的建筑，又相互勾搭组成了北侧观山经验上的实际边界。*fig...26,27* 这样一种两可的状态，使假山在实际观山经验上不会受到建筑尺度的过多干预。作为西侧游廊延伸的问泉亭仍是观山的位置；补秋舫则非主要位置，自它所在处南望，主要景观是水池和崖壁，南侧阳光亦可通过水池反射照入天花板，这也合书斋之用；而位于山顶的半潭秋水一房山亭南侧立起一石壁，将南侧石山完全遮挡，主要景观为石间飞瀑与亭下涌泉。

fig... 28 假山南侧孔洞垂直变化对照

fig...29 假山南侧崖壁和东侧壁山用石大小对照

"满园皆山"的三远法

假山南侧和西侧两面崖壁，最能看出经营手法的独到。从作为主要观山角度的南侧游廊观山，整个山势自东侧起脚，逶迤向西南发展，山势十分明显；而且山体与月台最近处仅隔3米，自山脚至南侧山崖顶端，最大出挑近2米。这一面临水崖壁所选湖石的品相和石料体量是整座假山用石中之最佳，湖石孔洞多靠石材拼接形成，孔洞较大，使湖石质感得以强化，加之山崖外倾，大有扑面而来之势。相比之下，南侧崖壁上部的主峰用石比较细碎，以体块较小的太湖石拼接而成，孔洞多为湖石本身天然形成，并无刻意叠石做洞，这样也使得假山近处崖壁上的孔洞比主峰上的孔洞更大，自月台处仰山，高远之势得以增强。*fig...28*

值得注意的是，假山东南侧峭壁山的用石较假山南侧崖壁有明显不同——更小也更琐碎。*fig...29* 作为主山余脉，此处壁山更像是中景这一层次的山。虽然与南侧崖壁相隔仅6米，但它创造了更为深远的空间。在此处，湖石有意叠得细碎，成为塑造空间深远的主要手段，此为深远法。而此处壁山沿园墙向南侧延伸近10米，接续主次山峰之势；加上前文提到的问泉亭及其北侧次山的空间层次，使得人在月台顿觉满园皆山，此一平远法也是在不大的园子内创造无尽山意的有效手法。

沿南侧长廊游观，南侧山崖、主峰、次峰和壁山山势始终相合，边界亦相互承接；以上诸峰空间前后错落，视角移动，每处变化亦有所不同，这样也更合步移景异之意。*fig...30* 由此看来，假山余脉及其周遭的处理亦不可小视，它不仅为主山增势，更是利用堆叠的变化来增加深意；而园中西北角次山虽然体量有限，却依靠问泉亭及游廊的遮蔽和阴影压暗，更显山外有山。

fig...30 假山诸峰边界相互承接

“大山一麓”与“小中见大”的契合

依照环秀山庄假山观山所感，再对照自明代张南垣开创“大山一麓”以来的叠山之法，笔者不禁对这一路叠山法在环秀山庄假山中引起的变化产生疑问。

“大山一麓”的记载出自明末清初文学家吴伟业《张南垣传》：

> “南垣过而笑曰：‘是岂知为山者耶！今夫群峰造天，深岩蔽日，此夫造物神灵之所为，非人力所得而致也。况其地辄跨数百里，而吾以盈丈之址，五尺之沟，尤而效之，何异市人抟土以欺儿童哉！唯夫平冈小阪，陵阜陂陁，版筑之功，可计日以就，然后错之以石，棋置其间，缭以短垣，翳以密篆，若似乎奇峰绝嶂，累累乎墙外，而人或见之也……有林泉之美，无登顿之劳，不亦可乎！’”

《无锡县志》中记载张南垣叠山：“尽变前人之法。”张南垣虽然没有作品传世，却有大量史料记载和描述，其叠山风格确实是平淡天真，平冈小阪。但是“尽变前人之法”这样的说法却值得商榷。在叠山的第二阶段，如果说“小中见大”的叠山法所提供的是将自然缩移于私家园林的观念的可能性，那么如何假借自然之山，将真实尺度可供人游观的假山置入空间有限的私家园林，则是叠山第三个阶段“大山一麓”的写意手法所要讨论的问题。而依照环秀山庄假山来看，这两个阶段的“观法”和“游法”亦可并存，证据有二：

其一，依据汪菊渊在《中国古代园林史》中对环秀山庄的记载（1970年变成儿童用品厂，在水池以南盖起二层的混凝土厂房，并拆去部分山石），再结合现场可以看出，假山仍然包含峰、峦、谷、涧、崖等真山意象，也就是说，它是一座被压缩了的真山。为了配合真山的尺度，如上文所讲，戈氏在建筑与假山的位置经营上作了精心的考虑，使得建筑与假山并不冲突，而在《江南园林论》中记载的现在黑松的位置原为紫薇，以及上文提到的散落的碎石，其实都是为了适合假山的尺度。纵然园子近8米高的围墙意在“截溪断谷”，暗合“大山一麓”，但是计成在《园冶》中也提醒我们，白墙亦是这微缩山水画的素绢，它挡住了墙后屋宇的尺度，为千岩万壑的观法提供了可能性。环秀山庄假山在不同层次叠石方式以及做洞大小的变化，都是在极力暗示千岩万壑的全山意象。

其二，正如上文对于《具区林屋图》所作的讨论，石作为一个尺度上的“两可”之物，既为有限空间创造了无限的深远，也为“大山一麓”与“小中见大”这两种尺度的山在一座假山上的并置提供了可能。相比于如今园林变为景区，游客蜂拥而至的情况，当时私家园林的性质保证了在多数情况下，主人观山时山上无人，这样，以上两种山的尺度才可以在主人观山之时互通。

由此可见，在环秀山庄假山的堆叠中，戈裕良虽然延续了“大山一麓”的做法，但仍然总结了前人之法，使所叠假山更得真山之意。

②

画意之下的“建筑”营造

亦山亦房

叠山之理与山水画相通，但它毕竟不是纸上笔墨功夫，要将错杂的湖石各适其位，最终立于园中宛若真山，需要叠山师丰富的技艺和经验。所以，谈论叠山不单要讨论其与画理的相通之处，更要理清在实际造作中的诸多细节。如何将太湖石物尽其用，叠造出宛若真山的佳作，正是本文意欲讨论的关键所在。

清代中期，随着叠山匠人技术的提升，在刀锥之地叠空腔的纯石假山成为其技艺的体现。在这样的过程中，叠山显现出更多的建筑营造逻辑，每一块湖石的搭接在考虑自然之理的同时，对技术的要求同样苛刻。像环秀山庄假山这样在山洞之上再叠“拱门”形成主峰的做法，以现存假山来讲，可谓是人间孤本。从水面到峰顶的高度达到7.2米，这几乎就是一幢二层石屋的建构。加上次峰下的方形石屋，环秀山庄假山其实暗含了三间房。

单从假山的构造技艺讲，戈氏可谓已经登峰造极，但这样的技艺始终是一条隐性的逻辑，真正指导假山营造的显性逻辑，仍旧是画理之下的自然观，而这两种逻辑在假山堆叠上的契合正是戈氏的过人之处。

在此我们不妨再细读一下戈氏对于钩带法的论述：“只将大小石钩带联络，如造环桥法，可以千年不坏。”这一句讲的是钩带法的技术性做法，真正指向的是：“要如真山洞壑一般，然后方称能事。”技术性的改进最终指向的正是对自然的追拟。依道家的观点来看，自然即真，人工即伪。对人工秩序的规避就涉及对自然之“真”的追拟。假山追求的正是“虽由人作，宛自天开”的“天趣”。环秀山庄假山亦山亦房，一显一隐，是在山水画意之下的特殊“建筑”营造，它所指向的正是文人心中的理想山水范式。

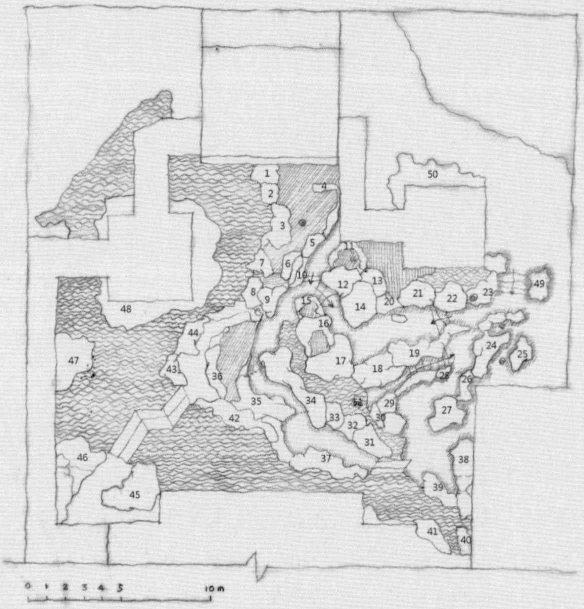

fig...31 环秀山庄假山“大石”及“石组”分布平面图

小料大构[2]**：“石组—崖壁—假山”的等级建构**

除去半潭秋水一房山亭东北侧疑为后来增加的用以立峰欣赏的湖石，整个环秀山庄主假山并无单独立石成峰的做法，而是始终以“小石拼凑成大石，大石成组与崖壁相接”这样的清晰结构来叠山，使得整座假山浑然一体。这固然与清代优质湖石明显减少有关，但小石拼凑的做法比起整块大石来吊装更方便，且更容易与整个山势相合。

在进一步的调研中，笔者发现，环秀山庄主假山是由51块由小石拼凑的大石组成的，这51块大石三五成群，形成了16个石组*fig...31*，共同限定了假山水池和路径的边界，并成为西南两侧崖壁及内部沟壑的结顶石。在此，将16个石组和西南两侧崖壁及内部沟壑进行分述：

组一：包含石1、2、3、7、8。为假山西北侧水池驳岸，北起补秋舫，南向与沟壑相合；

组二：包含石4、5、6、9、10。为假山西北侧山麓护坡，与组一共同围合出一土池，起于北侧补秋舫，南向与沟壑相合；

[2]“小料大构”是王澍老师对于石作、木作的一个研究方向，本文在此处关于“小料大构”的提法也是尝试从这一研究方向对园林甲山展开相关讨论。

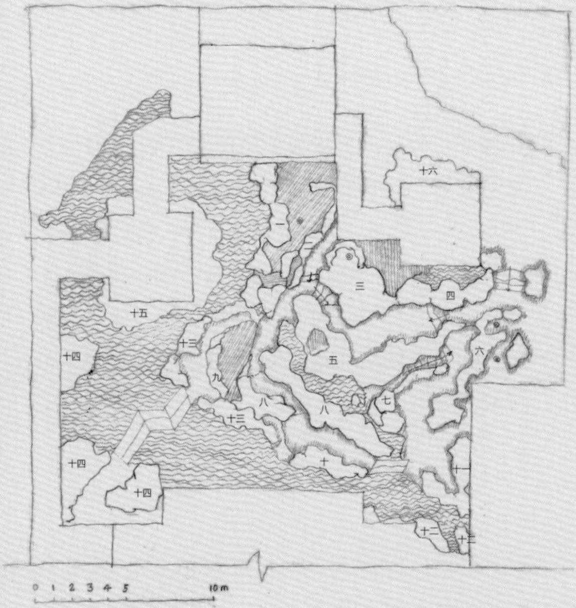

组三：包含石11、12、13、14、20。为假山北侧半潭秋水一房山亭山界，东南—西北方向，山径在此一分为二；

组四：包含石21、22、23。西承组三，为假山北侧边界，亦是北侧半潭秋水一房山亭南侧泉池的池壁，东西向，东侧延伸至上山入口踏步；

组五：包含石15、16、17、19。为假山次峰，下接沟壑崖壁，自西北角转向东南角，在转角处形成次峰峰顶；

组六：包含石24、25、26、27、49。为假山东侧与墙角的边界，自西南向东北，与组四共同界定上山入口踏步边界；

组七：包含石28、29、30。为沟壑南侧崖壁的压顶石；

组八：包含石31、32、33、34、35。东南—西北方向，下接沟壑崖壁，形成主峰，其中石34、35共同形成主峰；

组九：对应石36。为假山山崖西南角的结顶石，与东侧山峰围合出一土池，黑松植于此处；

组十：对应石37。为假山南侧山崖的结顶石，东西向，北侧为山径，东接石桥；

组十一：包含石38、39，为东墙壁山；

组十二：包含石40、41。接壁山之余续，形成东侧池岸，围合出一雨瀑汇水口；

组十三：对应石42。为南侧水池护岸石，自东侧起于驳岸，向西渐高，与山势合；

组十四：包含石45、46、47，为西南两侧水池驳岸；

组十五、十六：分别作问泉亭和半潭秋水一房山亭的基石。

以小石拼大石，大石成组以合山势，再到与崖、谷相接，环秀山庄假山所展现的是一套清晰的营造逻辑，这样的分类并不是将假山这一精密的造作物抽象为简单的空间分割，而是试图还原戈氏在建造之初心中所勾勒的那个浑然天成的假山意象，并且也更容易将假山的眼前所观和山中所游联系起来讨论。在此分类的基础上再回到游廊或内临沟壑观山，会发现那些看似不经意的山石在位置经营和堆叠上都颇费心思。王澍老师曾断言：江南园林假山掇山带有山水画皴法的，唯独环秀山庄假山一座。笔者在调研时发现，南侧和西侧的崖壁堆叠，不仅有对皴法的追拟，而且与山水画细部的处理方式相通。笔者通过假山与山水画的对应，以及在清人郑绩《梦幻居画学简明》所总结的皴法基础上，对西南两侧崖壁掇山法进行了分类，进而总结出环秀山庄假山崖壁掇山十二法，在此试以分述：

南侧山崖

南侧山崖为全山最主要的观赏面，用石最佳，堆叠也最有气势。此处山崖高近4.5米，顶部出挑多达2米，大有扑面而来之势。山崖自东侧山洞入口处起脚，垂直向上转而向西发展，与主峰、驳岸护岸石气势相贯通，至西南角折桥处结束，东墙壁山山势亦随之向西倾斜。*fig...32* 值得注意的是，山崖的山脚和山腰处用石均为体块较大、品相较好的青黄色湖石，而山崖层层出挑以及结顶处用石则以体块较小、品相一般的青色湖石为主，头重脚轻的做法使得整个山势出挑更为明显。细观此处叠造，山体脉络清晰，局部处理配合山体又富于变化。依照山水画皴法及相似部位的处理手法，此处崖壁可总结出崖壁掇山六法：

fig...32 南侧山崖现状

（第一法）山脚 / 山腰：云塞法

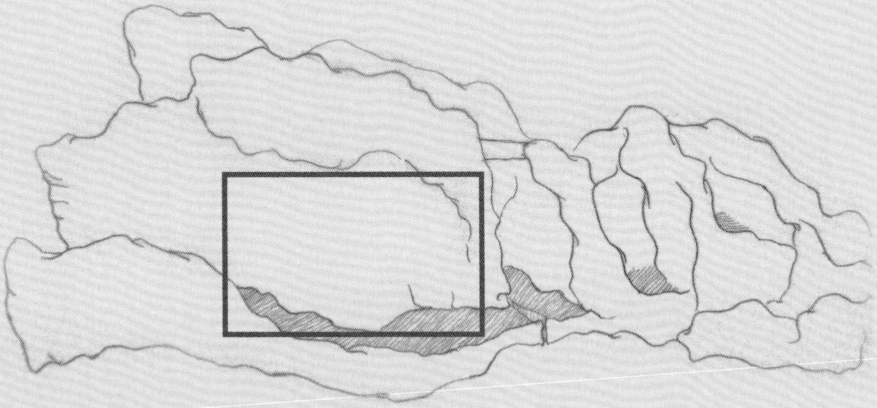

框选区域照片

掇山局部处理与山水画的对应

王蒙《具区林屋图》（局部）

以上框选区域形成南侧崖壁的山腰部位，所选石料为体块较大、品相较好的青黄色湖石，并堆叠出密布的孔洞，形成南侧山崖主要的观赏区域。此区域以略带卷云皴的方式堆叠，但叠石痕迹有意消隐，类似山水画皴法逐渐消失的部位，是通过束山脚的方式增加山顶的出挑之势。类似山水画“山腰云塞”的起势方式。王蒙在《具区林屋图》中近景以通透的湖石遮山脚的做法与此区域的堆叠方式相似。故谓之云塞法。

（第二法）崖壁转角：斧劈探首法

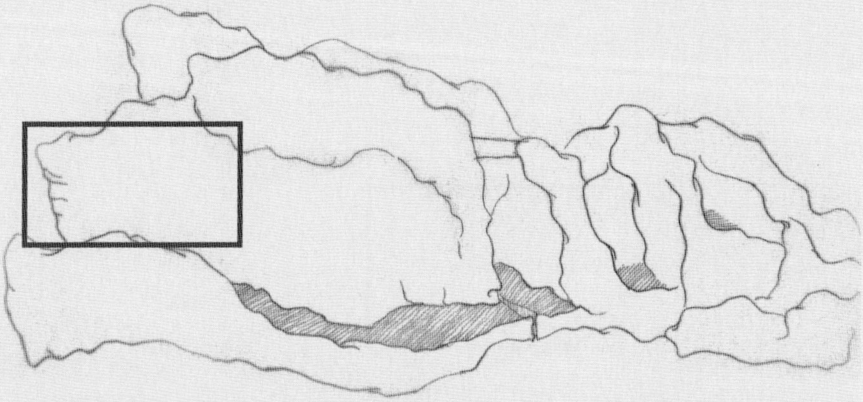

框选区域照片

掇山局部处理与山水画的对应

王蒙《夏山高隐图》（局部）

以上框选区域为南侧崖壁结束处，从此处开始，南侧山崖逶迤向西并开始收拢，山石堆叠以横向的青湖石为主。所选湖石横向棱角分明，这也是为了强调山势的方向性，山腰、山脚都能看出对横向石纹的强调。探首的处理方式与王蒙《夏山高隐图》崖壁处理相似，此处所选石料为有棱角的青湖石，堆叠上带有小斧劈皴法。故谓之斧劈探首法。

(第三法)护岸:弹涡皴法

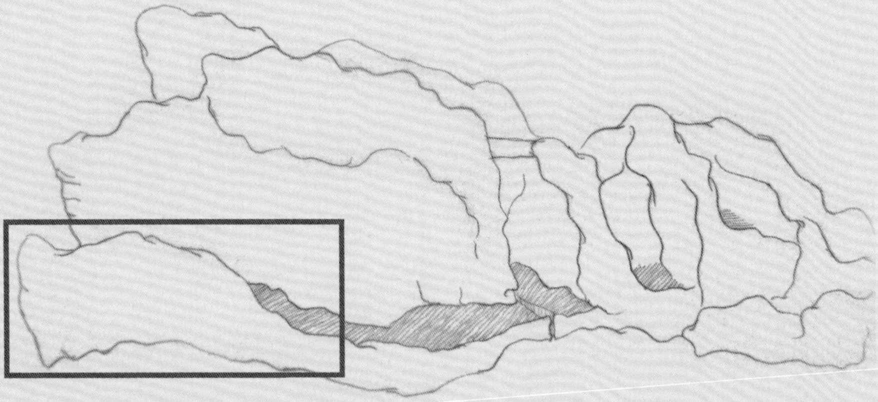

框选区域照片

掇山局部处理与山水画的对应

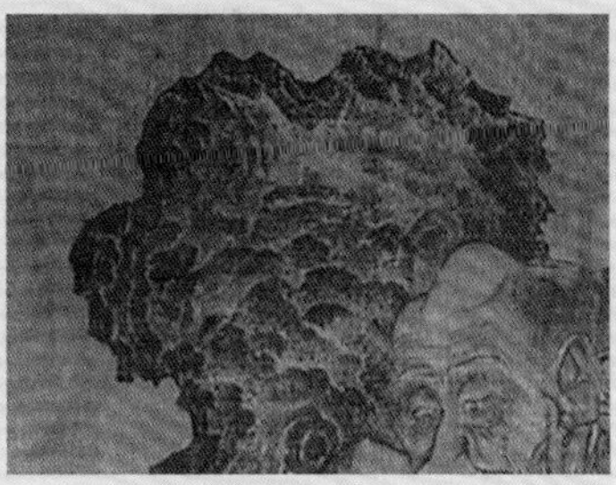

贯休《十六罗汉图(八)》(局部)

以上框选区域为南侧水池护岸,对应石37,以体块较小的湖石拼接而成,自东向西渐高,与整个山势相合。其近水处与周围驳岸做法相同,都是以黄石为基础藏于水下,临近水面处用两层横向湖石叠成。护岸发展到中层以横石层层出挑,探向水面,其上以碎石拼接,形成不规则的孔洞,用横石结顶。此处护岸离月台最近,隐约能看出苏州叠山匠人环透堆叠的手法,但整个石组形态整体,在中部多选不规则湖石,依靠石与石之间的搭接来做环透处理。这样的做法也是因为此处离月台最近,但仍然是衬托南侧山崖,故不可过于强调。

自然的湖石岸往往是比较温润的石头,但此处的处理却较为粗粝,这是考虑到与崖壁的呼应。所以此处的堆叠类似弹涡皴法可谓恰到好处,在画理上与崖壁的处理相呼应,又与自然湖水拍击驳岸的机理相似,故谓之弹涡皴法。

（第四法）山脚：翻转包卷法

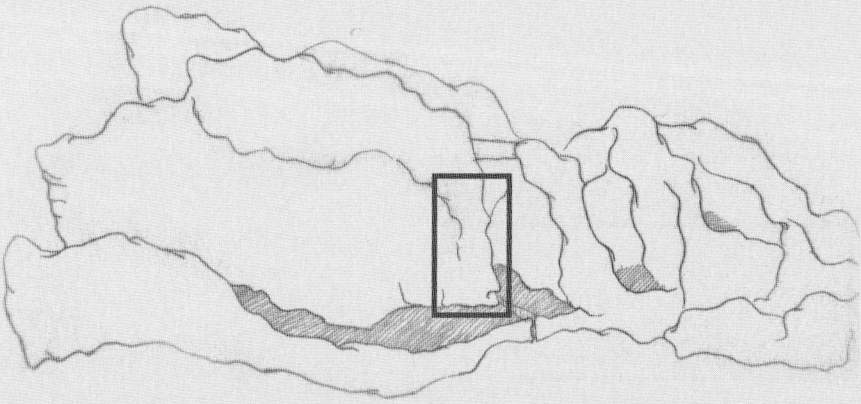

框选区域照片	掇山局部处理与山水画的对应

王蒙《葛稚川移居图》山脚翻转包卷处理

以上框选区域为南侧崖壁与山洞转角处，作为山腰，是南侧山崖起势之处，西接第一法框选区域，向东转入山洞。此处以方形湖石做起脚，间隙补以碎石，只合纹理而不做洞，至山腰人视线高度，以较小的碎石拼出细密的孔洞，碎石之上又压横石，山层层出挑，山势也在此由垂直向转而向西发展。在约2米的高度湖石由出挑转为后退，连续性被打断，助山势增高。此处堆叠处理与王蒙在《葛稚川移居图》山脚处理手法相似，意在暗示空间转折，故谓之翻转包卷法。

（第五法）崖壁山顶：卷云 / 骷髅法

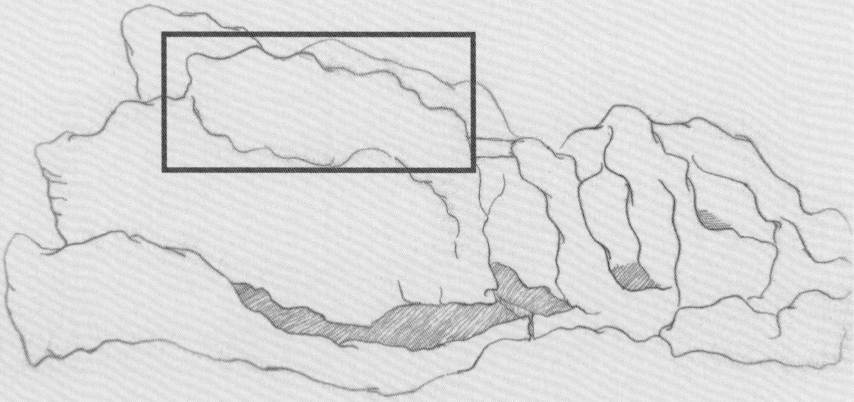

框选区域照片

掇山所含皴法

《芥子园画传》所列郭熙卷云皴

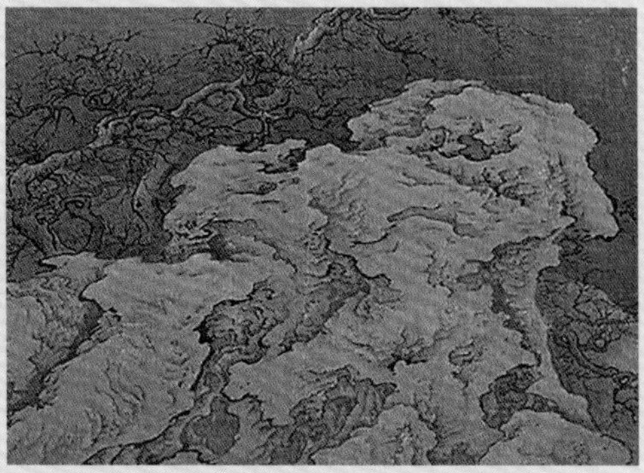

袁江《梁园飞雪图》（局部）骷髅皴

以上框选区域为南侧山崖顶部，选石较山腰更小，且多选青色湖石。叠石上多强调细部凹凸变化，类似于山水画中山顶矾头的处理方法，意在强调崖壁的出挑之势。山顶以卷云皴起势，山头以骷髅皴的堆叠方式强调。故谓之卷云 / 骷髅法。

（第六法）峭壁山：斧劈 / 骷髅法

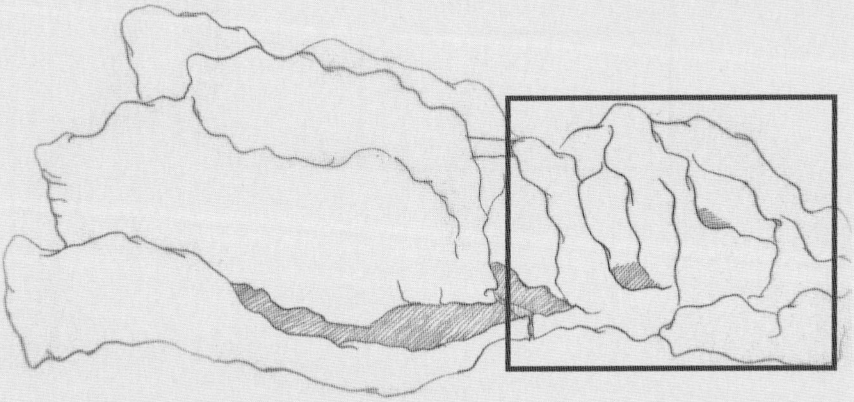

框选区域照片

掇山所含皴法

袁江《秋涉图》（局部）骷髅皴

李唐《万壑松风图》（局部）小斧劈皴

以上框选区域组成峭壁山。在此，戈氏叠造了两处雨天的汇水口，当雨季到来，此处亦是一景，可谓将“截溪断谷”发挥到了极致。此处峭壁山看似琐碎，但作为主山余脉却显得十分合适。用碎石叠造的是一层更深远的山水意境，而且戈氏故意将其安排在游山路径之外，意在给观者留下千岩万壑的想象空间。峭壁山所选青色湖石略带凿痕，堆叠以骷髅皴法为主，略带小斧劈皴法。故谓之斧劈 / 骷髅法。

以上是南侧崖壁掇山六法。从中不难看出，戈氏叠山，处处有法，且始终以山势为要。董其昌的画面里就特别强调“势”的重要性，而到了清代，王原祁更是将“势”比作带有堪舆学色彩的“龙脉”。他在《雨窗漫笔》中写道：“龙脉为画中气势源头，有斜有正，有浑有碎，有断有续，有隐有现，谓之体也。开合从高至下，宾主历然，有时结聚，有时澹荡，峰回路转，云合水分，俱从此出。起伏由近及远，向背分明，有时高耸，有时平修，欹侧照应，山头、山腹、山足，铢两悉称者，谓之用也。”在假山高度有限的情况下，山势的塑造往往是小中见大的有效手段。相比之下，仿自环秀山庄假山的怡园湖石假山，山石堆叠更强调局部湖石的出挑，整体山势则相对平庸。两座假山南侧崖壁高度相似，气势却相距甚远。*fig...33*

fig...33 环秀山庄假山与怡园假山山势对比图

fig...34 杭州绉云峰

传统文人往往将石头比作“云根”，认为云“触石而出”，故称石头为云根。江南名石的命名往往也与“云”有关，像江南三大名石之一的绉云峰*fig...34*，其势便如从石中升腾而上的云。从中可以看出，文人所倾慕的石介于云和石之间，虽为石作却有云势，而正是这种出石入云的状态使得石和云可以得兼。亦如环秀山庄假山南侧山势，既得自然崖壁之“真”，又有腾云之姿，此处所指向的真山是带有山水画意的理想山水。这种出石入云的两兼之势也使文人审美取向和叠山技术得以契合。

西侧山崖

相比于南侧山崖叠出的整体的扑面之势，西侧假山以层层后退的方式，维系着与西侧最大面积水域的呼应，使得此面在叠石的细节处理上更加细微而富于变化。此处叠石多做土池护坡，层层后退形成的土池种植草木，给人以舒朗的气息。*fig...35* 这一侧以东南侧主峰为最高点，其余诸峰向主峰朝揖，主峰与次峰的沟壑上架太湖石云桥，形成西侧主要景观。在此面观山，山势变化和上文对湖石的分组可以清晰地对应，也更能让我们理解戈氏对山体脉络安排的合理性。此处崖壁也可以依照山水画的皴法和相似部位处理手法，归纳出崖壁掇山另外六法：

fig...35 西侧山崖现状

（第七法）蹬道：曲岸探水法

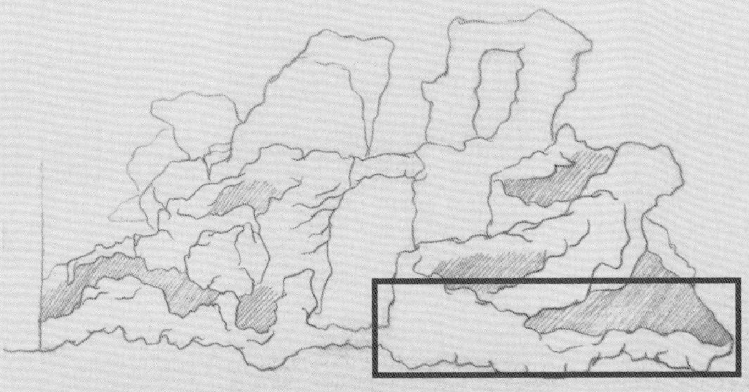

框选区域照片

掇山局部处理与山水画的对应

西侧驳岸转入内部沟壑处处理

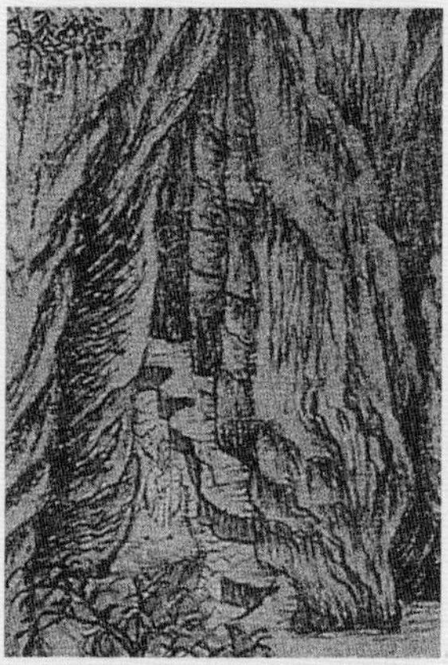

王蒙《具区林屋图》
转入内部沟壑处处理

《芥子园画传》
曲岸画法

驳岸做法对照

艺圃驳岸做法

五峰园驳岸做法

环秀山庄驳岸做法

以上框选区域为假山西南水池池岸。自右侧临水平台处作探出处理开始，高度以此向左侧抬升，并转入深谷，与崖壁相连。临水平台出水部分以两层横石相叠，缝隙补以碎石，顶部横石挑向水面，似兽首探水。这是延续了明代假山驳岸的做法，与艺圃和五峰园一类明代时期堆叠的驳岸做法相似；在此位置出挑，也与折桥正对的山崖和主峰西南部出挑做法相呼应。

西侧驳岸转入内部沟壑的转折处，以竖石形成三个突出的层次，层叠而不连贯。此一处理手法和《具区林屋图》山崖在空间转折处手法相通，意在打破崖壁连续性，使得山体转入深谷。

此处是自西南池岸向内谷转换的部位。《芥子园画传》曲岸画法中讲道：山路不可过直如死蛇，也不可曲折如锯齿，需要使人望而知为有道在焉。此处曲曲折折的做法与画理相通，近水平台不求堆叠之巧，意在衬托崖壁，驳岸探水也意在与崖壁探首呼应。故将此处蹬道作法谓之曲岸探水法。

（第八法）露根石壁：卷云 / 骷髅法

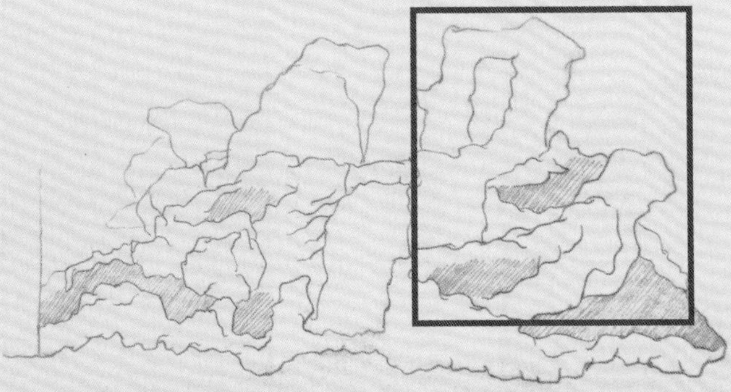

框选区域照片

掇山局部处理与山水画的对应

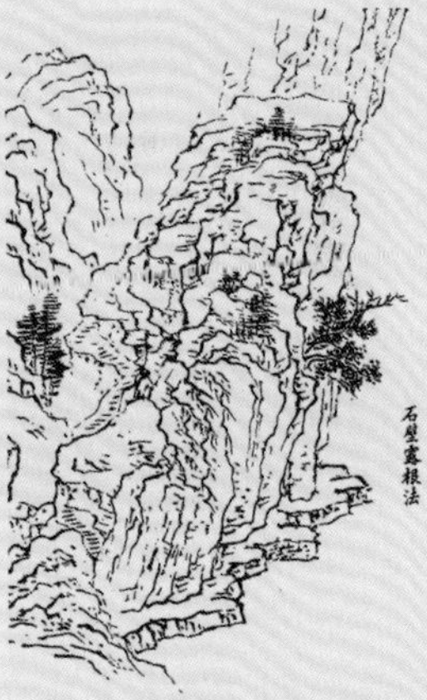

《芥子园画传》石壁露根画法

掇山所含皴法

《芥子园画传》所列郭熙卷云皴

袁江《阿房宫图》（局部）骷髅皴

以上框选区域形成西南侧驳岸处崖壁及主峰。承接驳岸，山势向南渐渐抬升，在驳岸崖壁处形成环透法处理，继而转向南侧崖壁。此处驳岸崖壁是整座假山堆叠技巧最高超的一部分，人在折桥观望，有巨石迎门之势。山脚用小块湖石和黄石夹杂堆叠，内凹形似壁龛，自人之视线位置向上，以下部凹形两侧突出的湖石为受力点，在凹形前架一湖石作飞挑之势。同样的做法向上重复两次，横石间垫以碎石，使孔洞环环相透。此一做法是苏州一带匠人常用的环透法，代表了该地区高超的技巧。再至顶部，以横石结束，有一似鹰嘴湖石作出挑状，以合山势。此处的堆叠显出戈氏技艺之高超。值得注意的是，整个环秀山庄假山叠造过程中，唯有此处以环透法处理，可见戈氏叠山仍着眼全山，“以奇作平”，技法应用恰到好处，这并非同时期叠山师能比。崖壁上部为主峰，湖石堆叠与主峰亦有呼应。

主峰，对应石35。山脚及山腰以两层竖石为主，以碎石压顶，主峰峰顶东南角亦有一鹰嘴状湖石出挑，与驳岸崖壁呼应。此处孔洞并无人工造作痕迹，多选自然形成的带孔洞和凹凸的湖石，孔洞细密，与驳岸崖壁做法形成大小对比，人在山脚仰山，助山势增高。

以上近水露根石壁与主峰相呼应，类似《芥子园画传》石壁露根画法，山势向水池倾斜，崖壁上种一植物，作蛟龙探水式，意在增强山势。只是现存黑松过大，有悖于画理。此处叠石得卷云皴法之势，取骷髅皴法之质，故谓之卷云 / 骷髅法。

（第九法）石梁沟壑：卷云 / 骷髅法

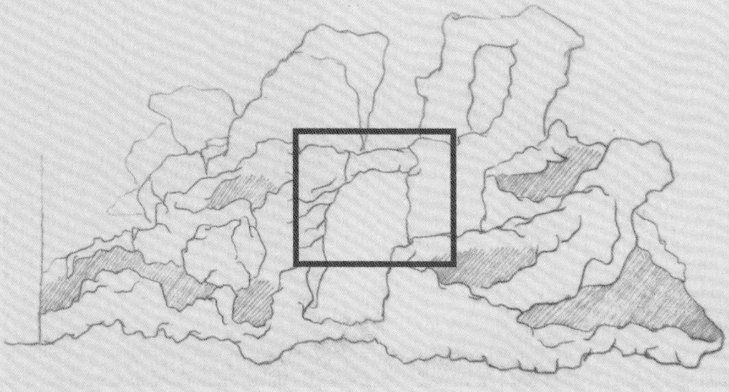

框选区域照片

掇山局部处理与山水画的对应

《芥子园画传》石梁沟壑画法

掇山所含皴法

《芥子园画传》所列郭熙卷云皴

袁江《梁园飞雪图》（局部）骷髅皴

以上框选区域是水平向池岸、土池护坡与主峰之间重要的转换部位。石梁左侧崖壁承接池岸和土池护坡，并向垂直方向发展，通过堆叠纹理指向云桥，进而过渡到主峰。此处做法与《芥子园画传》石梁沟壑画法相似，两侧崖壁与石梁呼应，左侧崖壁与石梁顺势，纹理相通，对应《芥》图画面左侧崖壁处理；右侧崖壁是遮挡法，有意挡在石梁之前，纹理与石梁呼应，但山势朝揖主峰，对应《芥》图画面右侧崖壁处理，两侧崖壁处理的差别意在与山势相合。此处叠石亦是得卷云皴法升腾之势，取骷髅皴法之质，故谓之卷云 / 骷髅法。

（第十法）池岸：卷云俯仰法

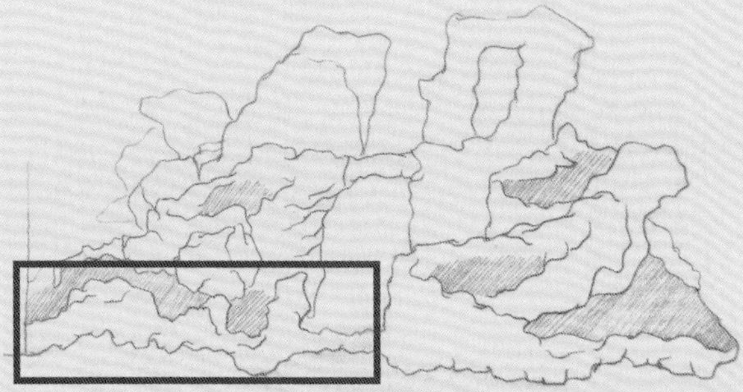

框选区域照片

掇山局部处理与山水画的对应

魏之璜《千岩竞秀图》池岸处理

此处框选区域对应组一，形成假山西北侧池岸。在组织上，起势—挑高—下承—转接—压水—转向崖谷，形成丰富变化，是假山驳岸处理最精彩的区域，也是西侧观山的第一个层次。在魏之璜《千岩竞秀图》对池岸的处理上，自画面左侧向右，也可以看到相似的节奏。池岸高低俯仰，意在与山势相承接，此处所选湖石温润，叠石做洞亦模仿自然之驳岸，略带卷云皴法，故谓之卷云俯仰法。

（第十一法）土池护坡：卷云皴法

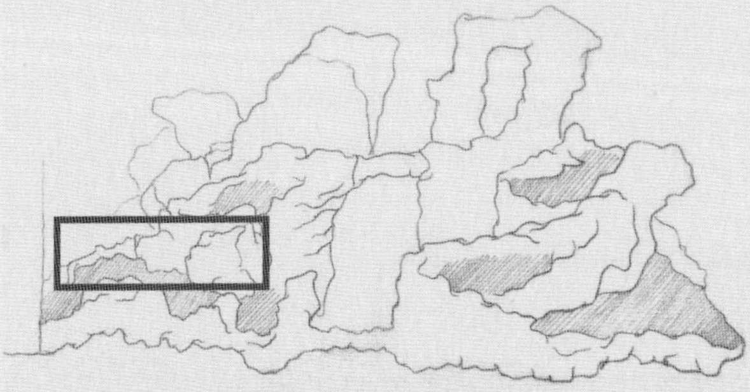

框选区域照片

掇山所含皴法

郭熙《窠石平远图》（局部）卷云皴法

以上框选区域为西侧土池护坡，是在池岸之上的第二个空间层次。以立石包卷组成石组，叠石带有明显的卷云皴法，与郭熙《窠石平远图》近景卷云皴法处理相仿。故谓之卷云皴法。

（第十二法）山顶诸峰：顺中有逆法

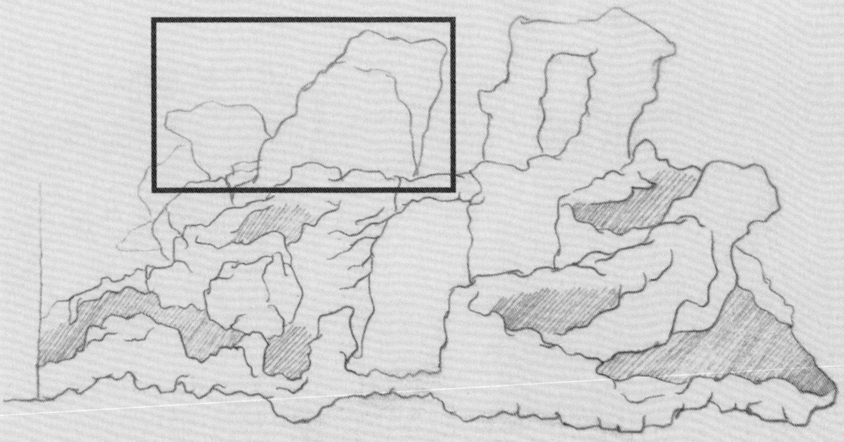

框选区域照片

掇山局部处理与山水画的对应

石14

《芥子园画传》中所列王蒙乱麻皴法

项圣谟《松涛散仙图卷》山体顺势中有逆势的画法

此框选区域为西侧观山的最后一层次，意在朝揖主峰。顺势的同时也有意作逆势的处理，是山水画中常见的处理手法，尤其是石14，其总体纹理虽然指向↖，但是南侧湖石纹理仍和次峰呼应，在西侧观看尤其与《芥子园画传》中所罗列王蒙画石法相似。而在项圣谟《松涛散仙图卷》中，对于顺中有逆也有直观的描绘。这种处理手法意在取得山体整体的平衡，不因过分强调朝揖主峰而使得山势一面倒；同时也使得山体更为饱满，故谓之顺中有逆法。

fig...36 孔洞内部的青砖和方形石块

由此不难看出，作为主要观山角度的南侧和西侧山崖，在叠山用石方面尤其讲究，大到整个山势走向，小到湖石纹理方向，都有所考虑，可谓是"假山叠到高格处，不见挑飘，不见环斗，不见卡挂，不见铺叠，只见山势，只见境界，只见自然。"⑬ 值得注意的是，环秀山庄假山多种皴法的运用以及对山水画局部处理的追拟，都说明戈氏掇山时仍是试图表现千岩万壑的全景山水意象，这也进一步印证了上文提出的环秀山庄假山是"大山一麓"与"小中见大"的契合这一论断。戈氏虽然采用了多种掇山手法，但仍能融会贯通而不失整体之势。相比于西南两侧叠山的细节富于变化，内部沟壑的崖壁堆叠更为节制，强调崖壁的高耸之势，只在关键节点做特殊处理，在此不再赘述。

③

人工秩序的规避与"自然"的进驻

造作痕迹的消隐与显露

在现场调研中笔者发现，透过湖石孔洞，依稀可以看见其内部多以青砖和方形石块堆叠的方式作为结构支撑，*fig...36* 外部再用湖石包裹。用这样的方式叠石，结构更稳定，对外面包裹的湖石的操作也更灵活。从现场发现的几处侧壁脱落的湖石来看，包裹的湖石并不起主要的结构作用，这样一来对湖石纹理的调整以及补石做洞也更为方便。刘敦桢先生在给韩氏兄弟的信中指出，环秀山庄假山现状宽厚的灰缝多为后来修补；但从现场几处脱落的灰缝所展现出来的原貌中可以看到，戈氏做缝用石形状及纹理恰好与空隙相合，灰缝也尽量不外露。*fig...37* 陈从周先生在《扬州园林》里讲到叠石的粘结材料：清代叠山的胶合材料多为草灰和麻筋等，凝结后颜色发白，适合于湖石假山。孟兆桢在《中国古建建筑技术史》中还指出：清代叠山勾缝有加入青煤者，盖仿太湖石之青灰、发黑一类的石质。这些做法的目的都是试图将人工造作的痕迹抹去，使所叠之山大到山势走向小到补缝纹理都显现出自然的天工。而这也可以解释为何园林所用湖石往往借助自然纹理而极少凿石，而且要将纹理较差的湖石刻意隐藏。以此看来，在环秀山庄假山中为数不多的凿石痕迹就应该引起注意，尤其是在游走路径上所能看到的位置更应值得关注。除去上文提到的西侧山崖配合山势转折的凿石之外，还有以下三处值得讨论：

fig...37 戈裕良补缝的原貌

⑬ 参见郑奇、方惠所著《叠石造山法》。

fig...38 脱落湖石位置及细部

第一处位于假山西南角环透法堆叠处。自月台处观山，有一处缺角与环透法极不相称，有明显的凿痕且两侧可见承接石的断面，疑有一块用环透法堆叠的竖向湖石脱落。此脱落位置前刚好为护岸，贯常做法是山崖突出，人行时身体微侧，手扶护岸通过；但在此处通过却极为顺畅，和南侧崖壁山体半推半就的做法不符。依据凿石痕迹和游山经验可综合断定，此处有一湖石脱落。*fig...38*

第二处位于次峰南侧崖壁东侧壁龛过 梁处。湖石被有意凿成尖角，从西侧谷道看，发现所凿肌理正合山势走向 *fig...39*，这样的处理手法与《具区林屋图》的山洞顶端的处理手法相似 *fig...40*，都是出于对山势走向的考虑。

第三处位于次峰南侧崖壁山室入口西侧人视线位置。这处凿痕很容易被理解为配合山体结构转入石室，但仔细想来，凿痕就在视线位置，这与其他相似高度有意做洞的手法不尽相同，而且凿痕处颜色较周围湖石更新，疑为后人造作。*fig...41*

“自然”的进驻

除了以上叠石的自然之法，我们还可以从一些细节处理上洞悉戈裕良对于自然山水观察的细致入微：山顶卵石铺砌的平台上那些不经意突出的湖石，正是真实游山经历中步道上那些天然透露出的自然性 *fig...42*；临水湖石与山顶湖石所选石料和堆叠做洞的差异，亦是来自对水石和旱石的细微观察。*fig...43*

如果说以上诸法皆是直接针对假山的“作假成真”，那么人工与自然的对仗则是戈氏运用的另

fig...39 南侧崖壁东侧壁龛凿痕

fig...40《具区林屋图》山洞顶端处理

fig...41 山室入口西侧凿痕

fig...42 平台上突出的湖石

fig...43 山顶湖石 / 临水湖石

外一类"作假成真"法。在假山的两个关键节点上，戈氏都运用了对仗的手法：其一在桥；其二在山洞。一作人工式；一作自然式。尤其是山洞的做法：人工的山室做方体空间，方石桌圆石凳，粉白墙并将顶部的过梁露出，南侧山崖高度降低，阳光可直接照入石室；西侧山洞平面则为壶状，是以道家追求的"壶中洞天"的自然洞穴为原型，洞顶有戈氏所创的勾搭法结顶，用小石拼出钟乳石，石桌石凳亦是自然山体的延伸，这是文人所追寻的洞天福地的理想模型。此两两对仗，是以人工对照自然，人工物越凸显，越表明所叠石山即自然之山。凡此种种，皆是以人工造作的方式来得自然之真，除此之外，正是自然的进驻才使得假山更得真山之意。以苏州园林假山营造得真山意境的作品来看，艺圃池南假山，耦园黄石假山和留园西部黄石假山都有赖于花木之盛。

而在环秀山庄全石假山对于自然进驻的铺垫上，戈氏也是破费巧思。那些退叠形成的土池正是以自然物来与假山相合，尤其是次峰藤蔓缠绕与石间，已与真山无疑异；而临水背阴处的青苔亦将人工造作的痕迹遮掩。历史上文人曾对屋漏痕产生过浓厚的兴趣，盖是因为其得自然天工，环

fig...44《芥子园画传》人物动作对周遭的暗示

fig...45 入口与出口尺度对照

秀山庄假山出挑的崖壁历经风雨颜色愈深，使得山崖出挑之势愈加明显，而随水流所留下的痕迹亦是将湖石堆叠的缝隙和湖石颜色差异遮掩。叠山既完，自然进驻，才使得假山向着“真山”更进一步。

④

掇山对于游山经验的身体性暗示

在叠石为山的讨论中，暗含人迹于山的游山经验，正如山水画所描绘的是对“江山昔游”的真实感受，其所关注的始终是人在山中与周遭山水的微妙关系。笔者在调研时发现，伴随着游山路径的展开，身体的动作也开始无意识地放大。以南侧崖壁下的行走经验为例，且不说崖壁外倾所造成的压迫感，单是崖壁本身的凸凹、路径的高低起伏，已经让身体随着山势或俯仰或盘桓。这种通过山体的半推半就，来使游山者体会与游历真山水相似的身体经验的做法，类似于传统戏剧通过身体和行为的表演来暗示所处的环境。而在清初发行的《芥子园画传》人物屋宇谱中，虽然人物脱离了山水背景，但其动作依旧暗示了所处的周遭。*fig...44* 如果说山水画是通过在尺牍间卧游山水来获得真山水的游观经验，那么环秀山庄假山则是通过身体动作与眼前之景，共同塑造了真山的经验。调研中笔者进一步发现，在一些关键节点，叠山师将这种山体对人行为的限定作了进一步强化：山洞入口有意压低，使人只能屈身进入，出洞处却又豁然开朗 *fig...45*；有意将几处踏步做陡，并相应地在石壁处挑出扶手石来相称，此即是仿照游山陡峭处的动作；西北侧山崖与廊道处的湖石云梯，限定了游者出脚的先后顺序 *fig...46*；两种石桥有意做窄，从而获得如临深谷般的游山经验。

在游山过程中不但要得到与游历真山相似的行为逻辑，更要获得眼前有景的真山之意。正如上文对于戈氏拼小石成大石的分类讨论，这一做法使得游者在山顶所经历的周遭亦如真山石，而自游廊远观，又为峰峦。而戈氏最为用心经营的是其内部的沟壑。主峰自顶端到水面高7.2米，次

fig...46 湖石云梯对出脚先后的限定

fig...48 长卷描绘路径示意图

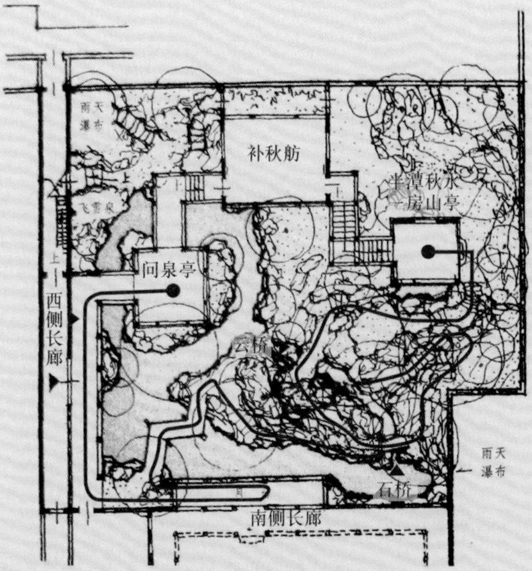

峰亦有6米，这固然无法与自然山水的尺度相比，但山水的高耸之势还取决于人的观山位置和感知方式。通过限制主要观赏点的视距，使之与置石掇山高度的比例控制在1:3左右，这样就迫使游人仰视，在主观上达到了高远的效果。这便是园林置石掇山中“因近求高”的设计手法。以此看来，环秀山庄假山沟壑中人与山的仰角非常大，而为了使山势更加明显，戈氏在自东侧山道下入谷中处，用次峰突出的崖壁把主峰遮挡，当游者随步道下至谷底，主峰豁然出现，此时游者被四周崖壁包围，几乎是在山脚仰观主峰，使得山势进一步增高。*fig...47* 戈氏对于沟壑的经营并不限于山脚仰山，更在于对沟壑“面面观”所带来的丰富性。在游山将近80米的路径组织上，又以对内部沟壑的游观为主线，两部云桥所带来的临空感，使得在有限的园子内兼具山之高耸和谷之幽深。在此，笔者尝试将环秀山庄假山自半潭秋水一房山亭开始经过假山到问泉亭的路径 *fig...48* 以卷轴的方式进行描绘，进而探讨人迹于山的身体性游

fig...47 主峰的藏露

山经验。*fig...49*

卷一试图以全景山水的方式对假山进行描绘，是以四种不同方位的游观视野对环秀山庄假山进行多次描绘。在此，笔者希望将假山的游观经验展开进行表达。画面通过隔岸观山的全景图式呈现，此一方式正是宗炳在《画山水序》中所讲的：“且夫昆仑山之大，瞳子之小，迫目以寸，则其形莫睹，迥以数里，则可围于寸眸，诚由去之稍阔，则其见弥小。”笔者描绘在游观环秀山庄假山时所体会到的千岩万壑的全景山水意向，这也是本文所探讨的戈氏运用多种手法所要达到的小中见大的全景山水图式。这种描绘方式也见诸于沈周的《游张公洞图卷》*fig...50*。画面中的张公洞以一个巨大的剖面视野展开，不厌其详地描绘洞内倒悬的钟乳石和层层的空间推折，以此来表达洞内游观经验的丰富性，而洞外山水及曲折路径则是更远的一个层次。沈周此图所展现

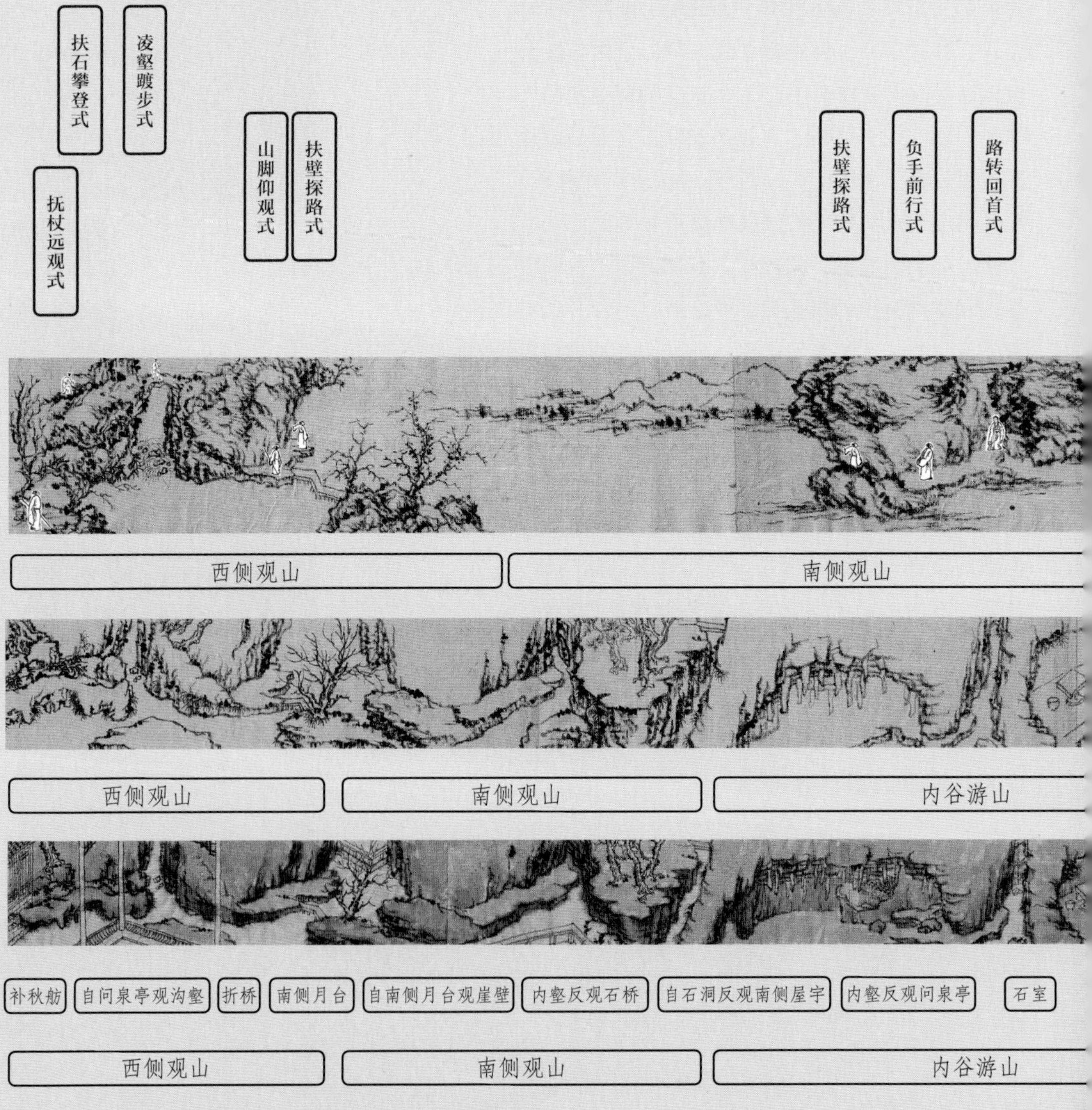

的是游张公洞的全景式经验的集合。卷一的描绘方式亦是如此：以隔岸观山台起首，进而以剖面的视角对内部沟壑、山洞展开进行描绘，再转向作为主要观山角度的南侧和西侧崖壁。在此，笔者以略带卷云皴的方式对山体进行描绘，以合山势，同时也是对掇山所含皴法的暗喻。在此基础上，尝试将《芥子园画传》中所描绘的特定动作的人物置于画中，来说明戈氏在每部分的掇山中都有意强调特定位置的身体经验。四段场景转换处相同动作人物的重复出现（卷首隔岸坐观山式与卷尾扶杖远观式对应，扶壁探路式与路转回首式在场景转换处重复出现），也说明环秀山庄假山是在有限空间中包含连续不断的多种游山经验的集合。

卷二是在卷一的基础上将身体性的游山经验作为画面取景的限制性因素。画面所框取的是人在游山时视域范围内所看到假山局部。而这种边界被限定且连续不断的游山经验与卷轴

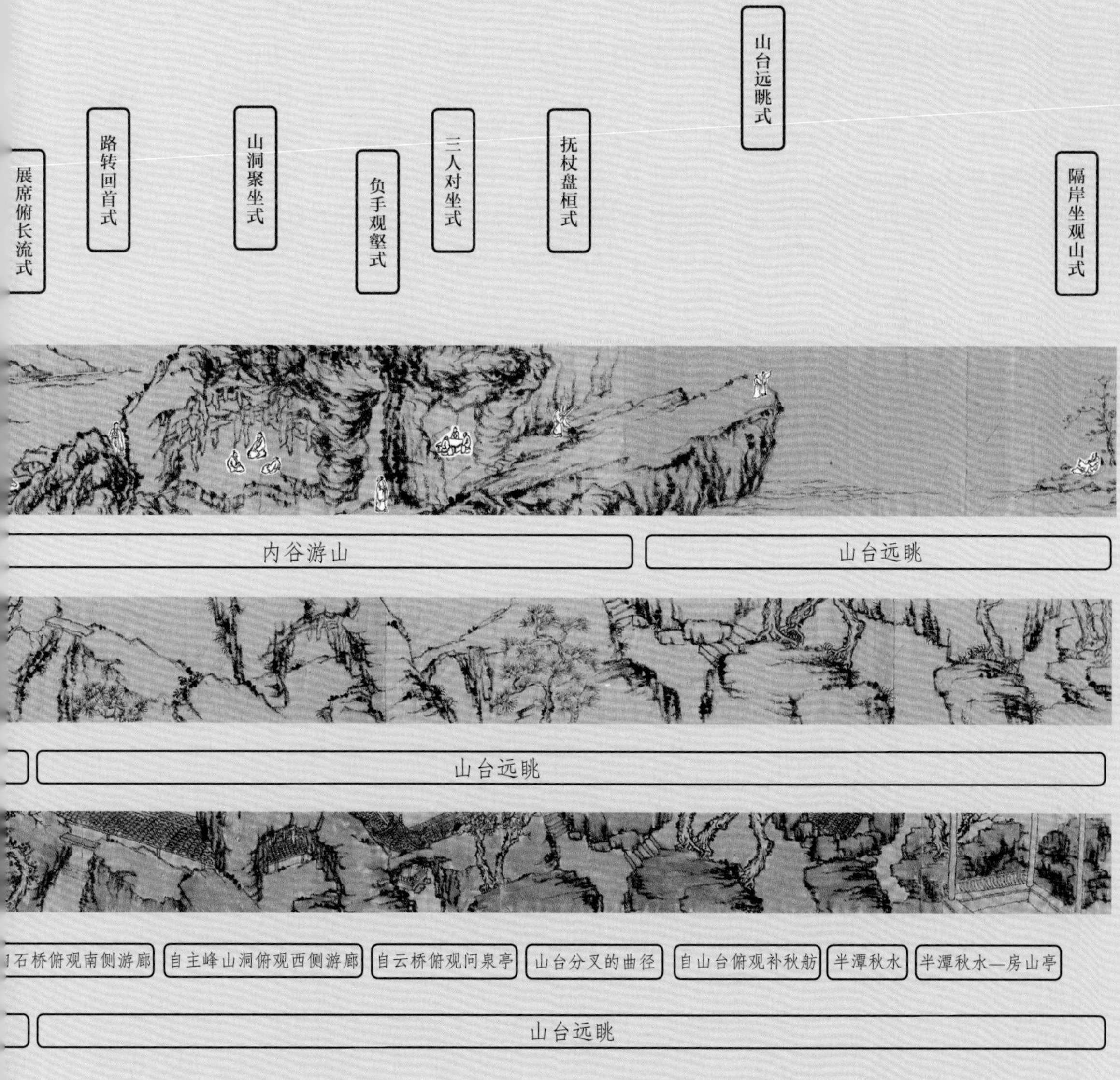

fig...49 环秀山庄假山身体性游山经验探讨

的表现方式十分契合：手卷的形式使得观画者随卷轴的展开本身就带有“溪山卧游”的经验。因此，卷二不再尝试远观的全景式描绘方式，而是试图描绘人在山中连续不断的片段式游观经验。“迫目以寸”的描绘方式是有意将游观时的身体性经验强化。这样的描绘方式在萧云从的《黄山松石图》中也有直观的表达*fig...51*。画面被松石填塞得几乎密不透风，这正是人在山中带有身体性的经验描绘。以此方式进行描绘，笔者也意在说明环秀山庄假山是在有限的空间内求得真山之意。正是此种原因，卷二在描绘山谷内部时，往往借助于山石的退折和游观视角的频繁转换，来表达在有限空间内游山经验的丰富性。这种通过山体推折变化来接续画面的方式如乔仲常的《后赤壁赋图》*fig...52*，前后推折的山体将一系列片断性的事件整合于一幅长卷。因此，卷二画面以远近、上下、内外、进出、高低等一系列视角交替描绘的方式，将游山经验的丰富性予以表达。卷二描绘假山的方式不再拘泥于特定皴法，而是以一种半抽象的描绘方式（暗喻假山是一种特殊的建筑营造）着重对山体围合出的空间进行描绘。

卷三是在卷二的基础上对游山经验的进一步强化。画中局部的游山经验被有意放大，内部山洞被拉大进行描绘以强调空间、细节及在不大的假山内部出现大空间的巨大反差，并在此基础上放大孔洞反观外部屋宇来强调此一内部经验对观者留下的深刻印象。卷三在卷二的基础上加入假山周遭的建筑因素。在此，笔者试图说明环秀山庄假山是在有限空间内，用假山与建筑共同完成了对“理想山水”的叙事：建筑限定了观山的方式，是一个主动框取的因素；在山中反观建筑，屋宇的远近俯仰丰富和强化了游山的经验。卷三的描绘方式是对游山经验的进一步强化，并不拘泥于假山的真实尺度，而是带有一种经验性的方式重新描绘假山，而这种方式正是假山之“假”的意义所指。

fig...50 明 · 沈周《游张公洞图卷》

fig...51 明 · 萧云从《黄山松石图》

之五

结语：画意之下的特殊建筑营造

曹汛先生将戈裕良的卒去看成是我国古代造园叠山艺术的终结。这其中当然脱不开动乱的社会背景，但叠山发展到最后，营造技艺与画理的脱离也是造成叠山衰微的一个重要方面。将环秀山庄假山解读为一种特殊的建筑营造，是因为掇山发展到晚期，随着工匠专业化的提高，越来越显现出一种明晰的建造逻辑。这样的逻辑背后有画理的支撑，建造技艺与画理一隐一显、相互契合，才达到了文人心中理想山水的趣味范式。讨论园林假山的营造，始终脱离不了假山与周遭的位置经营。相比之下，现今的叠山工匠，或过分强调叠石手法的多样，或依旧于空旷的城市广场叠石造山，对周遭环境全然不顾。此两种现象皆是对传统掇山的断章取义，以及对画理的理解偏差。笔者无意否认对于相关掇山技艺以及实践上的欠缺，只是试图通过此研究提供一条与叠山技艺并行的线索，来说明假山的“自然之理”是技与理的契合。

fig... 52 宋·乔仲常《后赤壁赋图》及局部

视野

H
OR
IZO
N
S

庭园·建筑六议*

董豫赣

*原载《建筑学报》2013年第2期，1—5页

引议

在红砖美术馆现场正式对谈时[1] *fig...01*，葛明提议我做一位庭园建筑师的中国代表，我对职业前路，向来懒于谋略，遂对他的建议，不置可否。前两天，在杭州，与王澍童明惯例的年度小聚，葛明私下再议此事，意颇深远，我依旧不愿将生活兴致的庭园议题，固化为职业标的，而他的郑重，终于督促我思及相关庭园建筑的几个议题。

①

庭园的形态议题

庭院或庭园，再次成为中国当代建筑频繁收录的词语。

30年来，庭院以三合或四合的形态造型，既曾点缀过后现代建筑的中国符号，也曾草写过地域主义的

fig...01 红砖美术馆对谈现场（万露摄）

[1] 红砖美术馆建筑与庭园对谈于2012年8月10日在北京何各庄村一号地国际艺术园区红砖美术馆现场举行，由王明贤主持，对谈嘉宾包括：王丽方、李兴钢、李凯生、金秋野、阎士杰、黄居正、葛明、童明、董豫赣。对谈实录可参见《败壁与废墟》（同济大学出版社，2012年）。

fig...02 家具屋庭院（坂茂设计，2002年）。图片来自 http://photo.zhulong.com/photo_view.asp?id=142&s=15

fig...03 托尔多艺术博物馆玻璃展览馆庭院（妹岛和世设计，2006年）。图片来自 http://www.flickr.com/photos/thegoatisbad/2274754245/sizes/l/in/photostream/

中国方言。庭院的当代议题，多半以日本式的灰空间进行描述，庭院，不再是人工建筑与自然媾和的互成性场所，而成为建筑自明的空间灰度。其实证，有坂茂在长城脚下为家具屋设计的庭院*fig...02*，其形态简陋得如无水的陶瓷浴缸；有妹岛为一座玻璃展览馆设计的庭院*fig...03*，其造型更像是对广场的西方描述——它是西方的露天起居室，而非生机勃勃的东方庭院。

沿着这条日式的理论与实践线索，当代中国庭院议题的空间深度，多半可以得到简陋的形态描述——庭院只是建筑的空间冗余，或建筑的无顶部分。对庭院的类似解释[2]，甚至经不起来自形态自身的质疑——就形态而言，欧洲也有大量的四合院。就这样，中国庭院造型议题的前途，将沿着中式屋顶当年议题的形态旧路，虽一路播种，亦将定期萎缩。

[2] 张永和几年前在台湾对庭院的诠释：四周被围墙或房屋围起的空间形态。

②

庭院的欧洲议题

英国萨尔斯伯雷教堂的附属庭院*fig...04,05*，地处欧洲。它的两个庭院，一狭一方，与中国四合院颇有几分形似，但那条狭庭向着庭内的四向封闭，立刻显示出与中国庭院格格不入的格局。这条封闭的窄院，旨在封闭庭廊之柱与教堂扶壁柱无可调和的尺度悬殊。它是西方建筑造型的避难空间，而非中国与自然相遇的庭院场所。

而南向的那座方庭，环廊的向庭开敞，虽与中国四合院的廊向开敞一致，但环廊向外封闭的实墙部分，原本是中国庭院敞向自然的建筑部分，而这座廊院之廊，却仅以环廊40个开间中的当西一间，连接一座八角形的教士会堂，庭际之长与相关建筑之少，已让人惊讶，而被甩在廊墙外部的唯一建筑，其与庭院相互闭锁的关系，也让人不解。长度足以跑马的环廊，却仅设一个入口通往庭院。这些奇特部署，简直难以从中国四合院的任何方向思议。

按我的学生朱熹对此的图解，这类柱廊院，本被视为所罗门神庙的建筑门廊，其仪式性的使用方式，也见证了其门廊的气质——人们在两种节日里对它的礼仪性使用，都先环绕柱廊院游行，而后从外部进入教堂的主入口。其神圣路径的游行性，与中国庭院的日常起居性，也相去甚远。

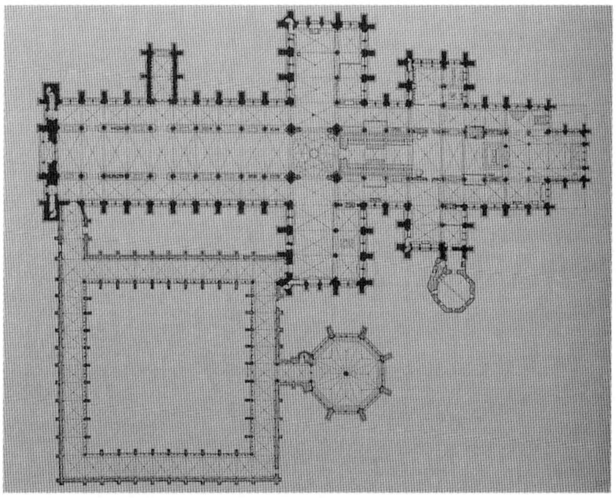

fig...04 萨尔斯伯雷教堂的附属庭院。图片来自 Bernhard Schtüz. Great Cathedrals.

我原本以为，提供修士日常生活的艾玛修道院（位于意大利佛罗伦萨），会与中国庭院神似一些，而柯布西耶从这座修道院感受到的理想居住氛围——宁静独处，又能与人天天交往，也加剧了它们与中国庭院类似氛围的想象。因此，当看见唐勇为艾玛修道院的庭院拍摄的人视照片时*fig...06*，我才格外震惊：其大小悬殊的几个庭院，无论是由真柱

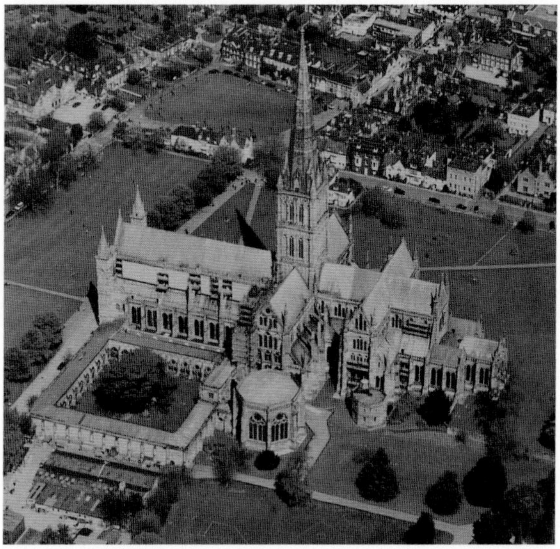

fig...05 萨尔斯伯雷教堂的附属庭院鸟瞰图。图片引自 http://www.flickr.com/photos/skjoiner/3546843857/

廊还是假柱廊围合，无论是比邻公共建筑还是修道士住所，建筑朝向庭院的封闭形态，与中国庭院相互开敞的建筑情形，简直南辕北辙。且这几处空庭，也如欧洲经典的露天广场，寸草不生。

萨尔斯伯雷柱廊院的方庭之内，却有如砥整齐的草坪，还有两株参天乔木生长其间，它们为神圣的柱廊，注入了自然生活的庭院气息。而按朱熹的诠释，庭院的植物，因为要象征圣母未被触觉的贞洁，实在容不下中国式庭院生活进进出出的日常亵渎。我由此想象这座庭院原先的样貌——只有平整的草坪，那个单独开口，或是供园丁修剪草坪之用；而那两株乔木，很可能是宗教式微后这几百年间鸟类的播种。

fig...06 艾玛修道院庭院（唐勇摄）

③

庭院的植物议题

在与隈研吾进行关乎自然的负建筑对谈时，朱锫以他为蔡国强改造的四合院为例，断言四合院的精髓是纯粹无物的绝对精神，而与庭院的构成物质乃至植物都无干系。我当时反驳道，在这个宗教式微的物质时代，除去精神病科的医师，恐怕只有建筑师还在奢谈无物的纯粹精神。如今想来，朱锫的描述虽不适合中国的四合院，却正适合欧洲庭院——在那里，庭院是敬仰建筑的造型道场，植物则是祭祀精神的坛前绿毯。

这本是芦原义信在《街道的美学》里发现的欧洲秘密：欧洲广场或庭院的尺度，并非为生活制定，而得自于观望主要建筑造型的立面视距，因此连竖向的树木也被认为是有害的。这一发现甚至诱发了芦原义信让人惊悚的建议——将日本传统城市的树木伐尽以种植草坪。幸而他很快就自我反省，并亲自铲除自家庭院新植的草坪，重新种上他不知种类的杂木树林。

就中国的庭院精神而言，文人的精神常常就寄情于这些植物，君子敬兰，正者仰松，陶潜痴菊，东坡迷竹。五代的周文矩以松石场景描绘唐代文豪们

fig...07 五代·周文矩《文苑图》

的自然精神 *fig...07*，这类场景后来频频进入《西厢记》或《金瓶梅》的庭园插页，元人倪瓒则直接将六株杂木寄情为《六君子图》——这类植物至今还在网师园里点缀着"看松读画轩"外的庭园情景，不了解中国文化在莲荷与芭蕉里的精神寄托，简直难以进入拙政园的"远香堂"或"听雨阁"的庭园情境。就中国的庭园理论而言，被计成誉为"林园之最要者"的借景章节，空间借景的途径——远借、邻借、仰借、俯借，所借之物却由最后一借所借贷——应时而借。它梳理了时间借景的植物线索，并被计成杂入繁复的植物意象逐一带出，而作为建筑的宅房，不过是因借自然造物的升斗借具。张岱"屋如手卷"的说法，不但要将庭园中的自然物卷入屋内，也给予中国庭院的建筑向着自然开敞的生活方向。

就庭院实境而言，我后来在蔡国强的庭院中遭遇朱锫，我真心赞美院中一株枝繁叶茂的古老丁香，它为这个庭院注入自然精神的实景意象；它让我忆起曾与葛明在水绘园流连忘返的一个庭院。在那个庭院中，一株六百年的黄栌，被一个巨大的花池举高，其枝叶遂撑满四方庭院的檐口，横柯上蔽的枝叶与建筑的出檐一道，为这方庭院氛围起山林的澄碧意象 *fig...08*。没有这株黄栌，这庭只能以尺度度量而全无山林意象；没有这个空庭，这株黄栌或许能被视为某种造型独特的造型树；而没有举高的花池，其低枝斜干的喜人造型，虽也能以形体的造型撑满小可庭院，却难以庇护人于林下的就近生活。

fig...08 如皋水明楼庭院（董豫赣摄）

④

庭院的建筑议题

是否存在为庭院特设的建筑类型？

在清水会馆③ 敞厅里的一次感受，促使我思考这一问题。那时，正为清水会馆补造北部园林，骤至的大雨，将现场的学生与工人逼入这间敞厅 *fig...09*，雨中的飘风，则将他们进一步挤向敞厅中间。正是这次生活经历，让我对这间敞厅屋顶与地面间可疑的齐整造型进行反思。下述反省文字则来自才出版的《败壁与废墟》：

> 在隈研吾设计的森舞台里，他为酷似范斯沃斯住宅的见所造型进行辩护……这一区别相当勉强，即便对比照片，见所与范斯沃斯住宅的造型差异也微不足道，倒是隈研吾并置的两幢

fig...09 清水会馆敞厅（万露摄）

fig...10 森舞台舞台与见所（隈研吾设计，1999年）。图片来自 http://www.flickr.com/photos/arhuang/2824868716/sizes/o/in/photostream/

③ 清水会馆位于北京昌平区，由董豫赣主持设计，2007年竣工。清水会馆只用了砖这一种材料，建筑的处理很简洁，以实墙为主，根据需要开出各种样式大小的洞，或者用砖叠砌出各式图案。

fig...11 应县木塔渲染图。图片来自：梁思成 . 梁思成全集第八卷 [M]. 北京：中国建筑工业出版社，2001.

fig...12 35层高楼（梁思成方案设计，1950年代）。图片来自：梁思成 . 梁思成全集第五卷

建筑的檐口差异fig...10值得深究——用于表演的舞台建筑，选择的是传统歇山屋檐的出挑尺度，屋檐远远超出下部架空的木地板，无论风雨，上部出挑的巨大屋檐，将庇护地板上发生的各种生活，人们甚至可以坐在雨天的地板上感受自然，即便将腿伸出，也仍旧处于屋檐的庇雨之中。相比之下，形如范斯沃斯住宅的见所屋顶，出挑虽然更加深远，但它与下部地板相差无几的出挑深度，很难庇护其间的自然生活，稍有斜风细雨，雨水将随风溅上地板，轻易就将人们挤入玻璃盒中。

这一来自生活而向着生活容器的反向考察，不但让我质疑范斯沃斯屋顶与地板在垂直面上的齐整造型，也让我洞悉应县木塔的动人之处fig...11，并非它刻意于造型的舒展——这座雄伟塔楼重檐出挑的深出浅回，层层重复着限研吾复原的那座古建筑模式，每一层都有自己的出挑平座，每层平座上方都有一个出挑更加深远的屋檐，象征天的深远出檐与象征地的退进平座，才媾和为天地完整的标准层庇护单元。它们曾大量以重檐的楼阁或单层的水榭样貌，出现在宋人山水画中，且真实地庇护着文人骚客们的风雨登临，向着自然方向，凭栏即可抒发自然情怀，而不必退守楼阁深处。

相比之下，错落在梁思成当年设计的一座塔楼上下的类似重檐fig...12，却源自屋身比例的造型考量，就庇护风雨而言，中间大量的标准层里的生活，实在难以享受重檐带来的与自然亲近的机会。这一情形，在大量造型当代的高层公寓里，依旧广泛存在，即便在夏日凉风爽雨的时节，人们也很少勇于开窗享受风雨。

⑤

庭院建筑的结构议题

60年前，面对现代技术的结构革新，梁思成在《图像中国建筑史》的前言里，曾直觉到中国建筑的机遇与考验：

> 如今，随着钢筋混凝土和钢结构的出现，中国建筑正面临着一个严峻的局面。诚然，在中国古代建筑和现代化的建筑之间，有着某种基本的相似之处，但是，这两者能够结合起来吗？

基于布扎体系的教育背景，当时的梁先生将这一机遇与挑战，寄托于形态表现。他力图在传统中国木结构与相似的现代结构之间，谋求一种新的表现形式，其结果造就了那类高层建筑与重檐的比例推敲。

大约同一时期，在《为什么研究中国建筑》一文中，梁思成也曾动议过将中国建筑的定义向生活方面拓展：

> 许多平面部署，大到一城一市，小到一宅一园，都是我们生活的答案，值得我们重新剖析。我们有传统习惯和趣味：家庭组织，生活程度，工作，游息，以及烹饪，缝纫，室内的书画陈设，室外的庭院花木……这一切表现的总表现曾是我们的建筑。现在我们不必削足就履，将生活来将就欧美的部署。

就生活方向而言，中国传统建筑被弗莱彻抨击为无类型差异的造型匮乏，正是基于中国建筑并无造型的宗教与世俗的预先分类，它需要在活生生的使用过程中，才能呈现出它们是居住的宅院还是宗教的庙宇，是精神性的书院还是事务性的衙署。而庭院与建筑合一的互成方式，却不分住宅与宫殿、寺庙与道观，它们一样都敞向自然与生活。

向着结构造型而言，中国建筑木结构的千年选择，一直被认为是对木材自然属性的迷恋，如果从中国人的生活习性反视，欧洲古典建筑迷恋的砖石结构其脆弱的出挑能力，如何能庇护中国人向往自然的生活习性？以造型为核心的西方古典建筑，虽然也会用到木屋顶，但常常将其隐藏在体量鲜明的山墙背后，其造型就类似于中国等级最低的硬山建筑。而中国传统建筑的等级，之所以能被屋顶所定级——从硬山到悬山、从歇山到庑殿的屋顶，不但意味着建筑可以敞向自然的敞面多少，还意味着它们对这些开敞生活所能庇护的深远程度。

向着中国庭院的自然生活，反思现代建筑的两种主要结构——钢筋混凝土与钢结构。从材料而言，我的学生王磊曾在他的毕业论文里发现，这两种现代材料的发明，都源于植物种植：前者是为了制造更便宜的种植盆而发明，后者则直接来源于玻璃温室；它们原本能重建在西方遗失千年的伊甸园般的自然生活。从结构而言，中国建筑原本能将这两种现代结构杰出的出挑能力延续，并扩展中国木结构庇护自然生活的担当潜力；而借助它们先天的种植与出檐潜力，我们甚至有能力将向着自然的中国庭院生活带入高层建筑，而不必尾随柯布西耶的多米诺图解之后的造型游戏——框架结构的悬挑能力，要么用以制造惊世骇俗的造型奇观（如 CCTV 新台址），要么以结构出挑将表皮推向前台进行造型的无厘头表演（它如今已风行中国大江南北）。

fig...13 红砖美术馆外墙屋顶收头处理（万露摄）

⑥

庭院的材料与细部议题

针对葛明在红砖美术馆对谈里去材料的象征化建议，我部分接受并反省。我承认美术馆大墙上方的锯齿形收口并不成功——我原意是要以其类似瓦当滴水的小线脚 *fig...13*，消除美术馆封闭而巨大的体量。我这次罕见的以造型视角的考量并不成功，但我至今仍对倒斗形的砖叠涩十分迷恋 *fig...14*，我相中它作为空间转折的意象，它将围墙的轻薄门洞转译为有某种深度的空间装折，而其斗拱意象，我并不认定它的古代性或现代性，正如拱券，在任何时代它都是用小材料建造大跨度的有效方式。

fig...14 红砖美术馆后庭倒斗式洞口（万露摄）

fig...15 美术馆小方厅洞口内钢板、白墙、砖墙的细部（万露摄）

至于美术馆内被葛明赞誉的去象征化的白墙 *fig...15*，我当时的发问，基于两种语境：

1. 针对王澍的象山一期，刘家琨曾提问：如果没有白墙青瓦，能否重现中国传统意境？在这里，白墙似乎带有中国传统的象征色彩；

2. 针对欧洲传统建筑的砖石材料，柯布西耶特意将萨伏伊别墅手工砌筑的砖墙喷成白色，以化解欧洲传统建筑的砖石象征，于是白墙，在这一语境里又具有现代性象征。

如何厘清白墙的西方现代象征与中国传统象征的时差？葛明告诫我的去材料象征，是否认定了白墙的当代象征？就中国庭院或园林的材料史而言，并不存在庭院或园林的独特建筑材料——它们所选择的材料与细部，都是当时大量建筑建造的材料与细部，在明人绘制的园林图景中 *fig...16*，既有砖墙也有毛石，甚至还有被认为西式的几何篱笆。就此而言，我大可使用当代大量用以填充的砖头或砌块材料，来建造今日的庭院或园林。

就生活而言，王磊在学生时代就曾质疑过我这一决断，毕竟通用于传统建筑的造园建材，通常精致且有良好的身体触觉，坚持以当代大量使用的粗糙填充材建造庭园，似乎真有些教条。而曾任教于香港大学的李士桥博士，还敏感地从当代公共建筑的普遍材料选择里，发现了西方文化的抉择痕迹——与中国建筑或庭院材料常常选择透气材料以接地气相反，当代大型超市、机场常常选择抛光的花岗岩、大理石与釉面砖等绝缘材料，是为了担保一个不被自然侵蚀的无菌空间，它继承了柯布西耶时代还将自然视为有害的西方传统。另外，与中国人迷恋那些染苔受雨的可变化材料相反，这些抛光而密闭的材料，通常以材料的不变性，呼应了西方教堂建筑里古老的永恒精神[4]。

[4] 关于材料的西方属性的观点，为李士桥博士在2010年北京大学建筑学研究中心举办的“身体与建筑”会上的发言。

fig...16 明·钱穀《求志园图》

跋议

梁先生开启的研究中国建筑造型的道路，在当代从广度上得到了空前拓展——人们从梁先生的殿堂研究走向民居研究，当代还拓展向城中村甚至贫民窟，也确实从中摘取了错落有致或尺度宜人的多样造型。但梁先生动议的将中国建筑的定义拓展至生活的建议，至今空谷乏音；至于理论研究，梁先生建议的待续之事——古建筑彩画以及小木作的装折部分，前者由清华大学的李路珂出色完成，就建筑与自然的生活关系而言，我以为让计成单辟一章的装折部分，或许更为核心，而关于这部分理论工作，我至今寡闻有建筑学者涉足，只有业外的扬之水先生撰写的《宋人居室的冬与夏》，尝试着描述中国人向着诗情自然的庭院生活。

向着宗教的精神天国，西方建筑学积累了千年神圣造型传统；向着人间的日常生活，中国建筑渗入了与自然相处的千年经验。当现代建筑任务从教堂宫殿的永恒转向普通人的日常生活时，柯布西耶只能从西方建筑学的神圣造型传统里，拾遗出比例、体量、轮廓、表皮来装点日常建筑造型，而赖特则从日本的东方庭园中，借鉴来出挑深远的檐廊语汇，当代日本建筑则又多半沿着柯布西耶的正统建筑学道路，将这处檐廊空间描述为灰空间——以证明其为西方空间造型的某种灰度，继而失去了东方檐廊敞向自然的诗性内涵。

参考文献

1. [日]芦原义信．街道的美学[M]．尹培桐译．天津：百花文艺出版社，2006.
2. 董豫赣．败壁与废墟：建筑与庭园，红砖美术馆[M]．上海：同济大学出版社，2012.
3. 梁思成．图像中国建筑史[M]．天津：百花文艺出版社，2001.
4. 梁思成．为什么研究中国建筑[M]//中国建筑史．天津：百花文艺出版社，1998.
5. 王磊．植物与现当代建筑关系初探．北京：北京大学建筑学研究中心，2010
6. 李路珂．营造法式彩画研究[M]．南京：东南大学出版社，2011.
7. 扬之水．古诗文名物新证[M]．北京：紫禁城出版社，2004.

具体的传统*

金秋野

*原文刊于《北京规划建设》2013年第1期，170—171页。有改动。

在课堂上，我给学生讲过这样一则寓言：走路的人发现了一个房间，他见窗户关着，就把它打开了。他继续忙着走路，没多久，一大群粉丝尾随而至，听他讲话，学习他走路的姿势，人越聚越多，穷追猛赶，瞠乎其后，没有人注意到窗子打开了。也有一群看热闹的人，闲庭信步，指指点点，心里满是怀疑和不屑，冷眼旁观。慢慢地，人们就把这个房间忘记了。很久以后，有个孩子无意中进入这个空置了很久的房间，一眼就看见打开的窗子，就从窗口跳了出去。他看见了一个美丽新世界。

毋庸置疑，王澍的出现是这个时代最引人深思的建筑现象。但是，我们与其去分析他到底有没有价值、能不能昭示未来，不如认真研究一下他的思想和作品，看看到底有哪几扇窗被打开了，外面都有什么。为了做到这一点，我们首先要尝试去理解他。王澍说：

> “扪心自问，我们这个时代的人学的西方的东西远远多于学的中国的东西，我们喜欢谈论中国的传统，但是我们对中国的传统基本不了解，都是一些泛泛的，稍微具体一点就不了解。”

我觉得这句话就是一扇窗，它给我们提出了一个问题，即什么是“具体的传统”，为什么王澍认为中国建筑人此前认识的传统都是泛泛的。也许历史学家吴小如的话给出一个解答，他说：

> “现在大多数的学人，受西洋洗礼过深，对固有的传统文化，十九采取鄙夷态度。间有专以治

国故为事业的，亦往往标新立异，故出奇兵，炫鬻取胜，如沙滩造物……再有些人，虽说一知半解，却抱了收藏名人字画的态度，对学问和艺术，总是欠郑重或忠实……”

吴小如说“郑重”和“忠实”。《论语》里说“君子不重则不威，学则不固”；《易传》里说“修辞立其诚”。我们无法进入传统，是因为不郑重、不忠实，只把传统当个矿来采，没有把它看作自己的精神生命，更不视之为信念归宿，所以传统也不会呈现出深度和广度。

首先要抛开史学那种“整理国故”的态度，抛开“现代人的优越感”和“客观理性”，也不能怀着目的去研究它、消费它，更不能视之为偶像或牌位，去供奉朝拜。要怀着同情之理解，去身体力行，去亲近它，跟它耳鬓厮磨，去跟传统谈恋爱。

在我已经完成的一篇文章里，我探讨了“文人”的内涵。我认为此前王澍所说的不是一般意义上的中国文人，而有其具体所指，那就是晚明私人园林鼎盛时代崇尚天真本性和自然生趣的一种文人人格，其实它来自于阳明心学的泰州学派，不管是在那个时期还是后来，都被视为道统中的对立面、文人人格的异端，而绝非主流。恰恰是这种异端，创造了了不起的物文化成果，也更符合现代的启蒙理想，而更容易被今人接受。尽管它远离了“内圣外王”的文人最高标准，却也可以带我们进入一个久已不存的理想世界，带我们重温“物我一体”的精神追求。文人讲究君子不器，对现代学科细分下读书人的工具化也有批判，这种工具化结合商品经济，直接造成了物质和精神两方面的异化。因此，作为一种人格资源，它承载着儒道的道德情操、人生态度和审美精神，对时代病有极大的诊疗意义，这也是1912年前后中西论辩中王静安先生和梁任公先生所指出的。“文人”一词包含了广阔的阐释空间，王澍也正在这个空间中不断向前追溯，我们要跟上他的脚步。这是关于“文人”。

类似的概念还有“营造”。我认为，王澍所说的“营造”不仅超越了“建筑学”的关怀，且比朱启钤的“营造”内涵更丰富，指涉更大，意义更深。朱启钤在营造学社成立的时候这样定义“营造”：

“本社命名之初，本拟为中国建筑学社。顾以建筑本身，虽为吾人所欲研究者最重要之一端，然若专限于建筑本身，则其于全部文化之关系仍不能彰显，故打破此范围而名以营造学社。则凡属实质的艺术，无不包括，由是以言。凡彩绘、雕塑、染织、髹漆、铸冶、抟植、一切考工之事，皆本社所有之事。推而极之，凡信仰传说仪文乐歌一切无形之思想背景，属于民俗学家之事，亦皆本社所应旁搜集远绍者。”

但是，朱启钤仍然只从“器物”和“技艺”两个角度讨论，其实“营造”在王澍的定义里“技进乎道”，已经不只是一种“专门知识”，而是从物文化上升到道问学和尊德性，成为具有实践伦理意义的生活美学。这就为“营造”与“传统学问”之间建立了关联，也为一种新学问打下基础。

中国的建筑学，历来被认为是西方的舶来之学，是建立在科学理性和西方美学基础之上的专门知识。把中国现代建筑学定位于国学传统的延长线上是否可能？首先就是要找到当代中国建筑学学理与国学的贯通之处，找到二者讨论范畴的重叠之处。这不仅有利于我们延续传统，更有利于我们处理现实。

这涉及什么是“传统”的问题。我认为传统不仅是指一套学问，也包括一些生活方式，一些思维习惯，以及一个完整的物质环境系统。按照人类学的观点，任何文化都包括器物层面、制度层面和精神层面。三个层面各有庙堂和江湖两个分支。我估计王澍所指的那个传统，既包括大传统，也就是文人所承载的那种高精神、雅文化，更涵盖了小传统，包括由匠人传承的工艺手段和习惯思维，以及民间自然生发、却无不暗合这块土地的历史叙事的草根规则，在庙堂传统断裂之际，唯一能做的反而是“礼失而求诸野”。

大传统不仅包括“外在的知识”（朱子的格物致知，今天的科学），也包括一切生活习惯、个人修养、人际关系、风俗制度、思想情操、艺术、信仰和哲学。它不仅是修心也是修身，不仅是思考也是实践，不仅是知识也是智慧，不仅是知也是行。道问学，尊德性，身心合一，物我一体。这就是先秦的“六艺之学”，它不仅把知识当作工具，且将“学问”看成人之为人的条件。所以马一浮说：

> “国学者六艺之学也……六艺该统摄一切学术……西来学术亦统于六艺。”

先秦儒家经典里的六艺包括《诗》《书》《礼》《乐》《易》《春秋》，汉代的“六艺”更包含了各种实用技能，包括礼、乐、射、御、书、数。它涵盖了从物质文明到精神文明的各个层面，构成完整的精神价值系统。六艺之论为绕开现代学科划分，另寻一套知识与修养并重、物质和精神两成的学问提供了契机。营造一事当然也不能置身事外，应涵盖以下内容：

①起居日用

②艺术生活

③读书作文

④实用技术

⑤理论研究

⑥精神哲学

在此过程中，保持郑重和忠实，身体力行，进入博大的故国精神世界。这是一种全方位的文化改造，它将潜移默化地改变中国建筑师的思想人格，从而获得新的价值判断，并为营造现世之家园努力，最终解决“什么样的生活更值得过”的问题。这是关于“传统”的具体分析。

最后还有个“差异”的问题。“差异”也是王澍的关键词之一，也是营造的目的。按照我的理解，“差”为等差——严等差、贵秩序，它的对立面为以“标准化”为基础的20世纪建筑制度；“异”为不同，它的对立面就是客观知识、普世价值等启蒙的尚同意志，乃至全球化、消费主义等衍生物。“营造”的目的是实现“差异”的家园，你有你的，我有我的，都很好，谁也别说谁，谁也别学谁，各不打扰。这就是和而不同的生存哲学。此外，它也代表一种看待世界的方法，是整齐划一、分门别类，还是错综混杂、相似相续。不同的观想方法带来不同的造物机制，对建造一事的影响深刻而具体。

王澍打开了一扇窗，从此“文人”、“营造”、“传统”、“差异”这些词都有了具体的含义。王澍更是把我们带到了一个新学问的入口，从此“家园”有了具体的内涵。两百年来，我们忘记了自己的语言，失去了精神家园，自然家园也屡遭破坏，在自己的土地上流浪，成为可悲的异乡人，不知从哪里来，也不知该往何处去。其实这不仅是乡土之痛，也是现代之病，作为一个诗人，是没有任何妥协的余地的。王澍的观念体大思精，其构思基础就是文明的对抗而不是融合，不从这个角度去看，或者本来就不具备这种文化焦虑意识，以为四海攸同歌舞升平，是不能很好地理解王澍的。

专题

SPECIAL TOPICS

阅读园林

建筑学意味的设计性解读与写生

作　　者：中国美术学院2012级　建筑系二年级学生
孙昱、许钰、张璐、邢丝琦、杨洁蓓、楼华等
指导教师：王欣
创作时间：2013年秋

以传统山水画之视野构造作为解读传统古典园林的支点，要求带着文化预设层次性地观看园林。从绘画到游园，再回到绘画的构造。以设计之眼解读园林，以「边界」、「游路」、「洞察」、「转折」四个命题作为观察与设计的要点。带着问题游园，带着设计游园。从设计到游园，再回到设计的构造。

创作要求对其游园的时空经验应尺幅的特殊要求作出必要的变形与重新构造，以切合在「高远」与「平远」的视野构造中体现「深远」的要求。这是一种建筑学意味的写生与再创作，非纯再现性绘画，而是设计性绘画。

角園

作　　者：北京建筑大学2007，2009级建筑系学生
刘亦思、汤莹、贾园、王超逸等
指导教师：金秋野
创作时间：2012年夏

以身体为尺度的家具式园林设计

角园记

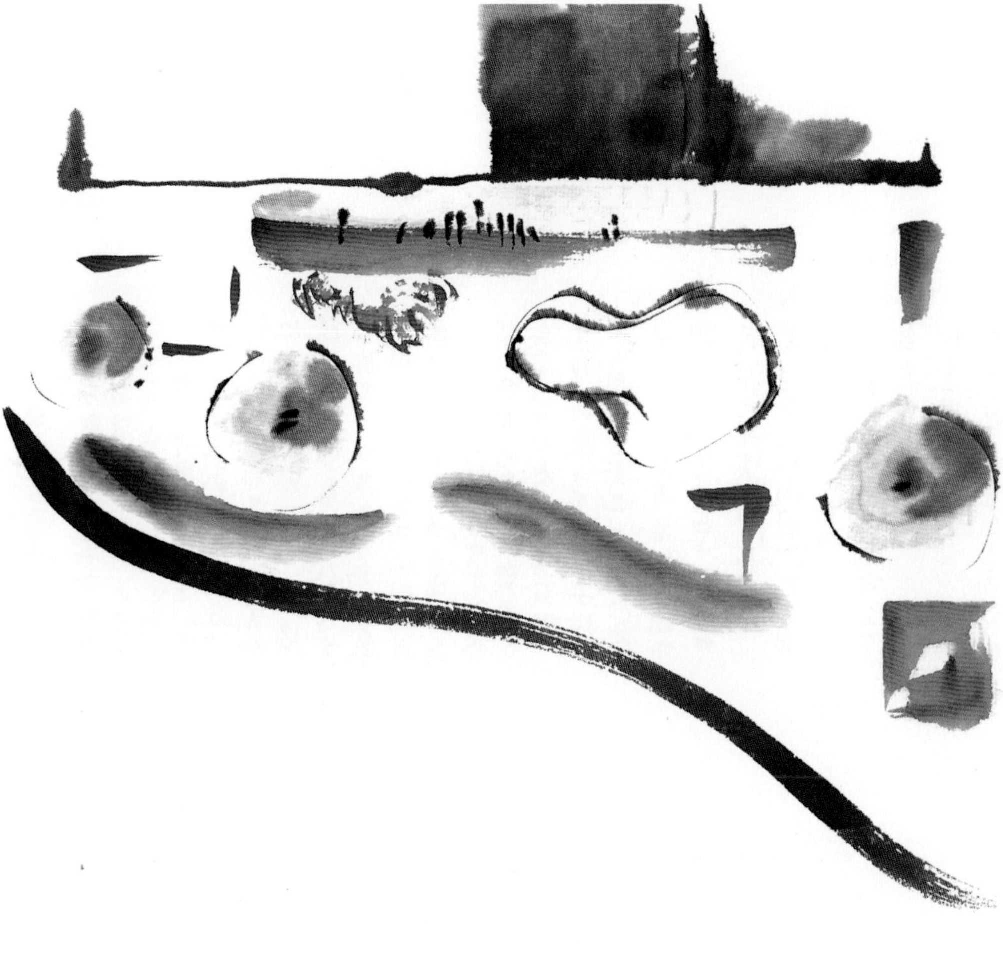

甪園記

甪園者院墻之北客余之地也幸有佳木三株好花四時鶯飛草長聊慰於懷取園中地勢之卑者辟為一池石西二山宜坐宜臥山之西為宗炳臥遊之地蓋非昔者鼠輩之地也又葺遊廊於宅之北墻起伏多姿園東地勢稍隆置亭於其上援緩而關為雅集之用可品茶可飲酒可閑聊可鑒古可撰文可作畫可隨意散帙可焚香可論茗品泉可鼓琴可習靜可臨池可觀畫可弄筆墨可看池中魚或聽鳥聲可觀卉木識奇字玩古石此園居之樂也甪園為散築之園散築者朵細之謂也樹莫如大宅莫如小石莫如浓池莫如淡山莫如高思莫如沈園之為園一如廢園而羣鳥居之人在而如不在有築而若無築以無築故近乎自然詩云

找了一塊三角地還了一个小破園

畫了几幅小破畫息心止念便了關

得物忘機

玩物喪志者
可与之交往也
以其天然
無機心也

[redacted]
得茶忘壶

[redacted]
人走茶凉壶亦凉

得意忘言

人固愛言
然言多必失
浮生宜獨處
夫何言哉

得魚忘筌

過河拆橋
斯害也已
能忘則忘
不記好
也不記仇

得静忘俗

何夜無月
獨少閑人耳

得卷忘情

常言弥饌
何如此書
飲食男女
得卷忘情

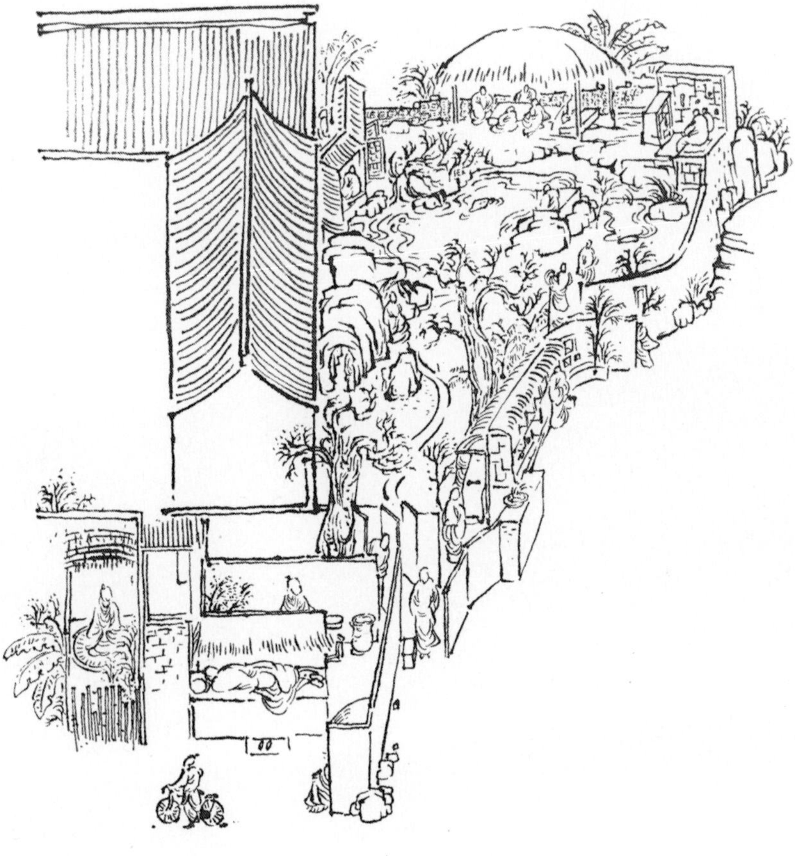

赏会

APP
RE
CIA
TIO
N

知地知天，建筑自然*

金秋野＼王欣

关于水岸山居的对谈

*对谈时间：2013年9月15日
地点：北京蓝旗营
原载《建筑师》，2014年2月，100—115页

之一

一匡三远

金秋野：我们就先从最直观的部分——那个覆盖在建筑上方的大屋顶说起吧。据说有一些建筑师看了“水岸山居”的照片之后，疑惑地问：这么大的屋顶是干嘛用的？*fig...01* 为什么采用这种做法？为什么屋顶四周与墙体之间都不闭合？屋顶下面那些斜向的构件又是怎么回事？我想，面对这样一个颠覆常识的设计，这些疑问大概有一定的普遍性，所以不妨先从这里开始。

王欣：屋顶的出现，肯定有很多形式上的源头，当然不止一个。比如说成排的厂房，还有柯布那种提供巨大遮蔽的连续的帆拱，再有就是浙江山区里一些村子的房屋，屋顶出檐深远，相互交叠，几乎成为一个整体，整个村子像是在一个极大的室内笼罩之下，多个原型会促进相互的认识与理解。

金：这么庞大的屋顶，成了模模糊糊的一个形象，已经不像柯布的设计那么明确。形体被那些繁复的木构件消解、掩盖了。要是没有了解，是想不到你说的那一层的。

王：从下面看这个屋顶，形象其实不是那么明显，也就是说，不再维持明确的几何形式，它被繁复的构件所消解了。整个建筑的构造，在我看来，与《西园雅集图》*fig...02* 的呈现方式很有关系，是一种并陈的

fig...01

水岸山居屋顶

fig...02

李公麟（传）

《西园雅集图卷》

fig...03
陈其宽《阴阳二》

分叙，把不能在同一时间、地点相遇的人，撮合在一个场景里去表现。今年（指2013年）夏天我们在香港中文大学时，我做的那个《一匡三远》，就能很好地解释这个结构。它是一种“深远的侧看”，好比陈其宽画的《阴阳二》*fig...03*。《阴阳二》里其实是把老苏州切一刀，然后再以一种剖面的角度去看，“水岸山居”特别像切开的一个东西。

金：是从一幅画发展出来的吗？这幅画是哪里来的呢？

王：十几年前看到一个台湾学生的论文，论述中国建筑的“墙垣”，其中提到了这幅画，有趣的是我当时也在研究园林的墙垣，就特别留意了。王澍在设计象山二期的时候，就已经在实验这种视野的构造，这种构造显示了单体建筑与母体城市之间的关系，表明了这些建筑作为类型的存在，同时也带来了陌生的奇特观感。当然对这种视野的认识并不是单一的，且目的也不一样。比如后来的滕头馆，王澍有专文《剖面的视野》，滕头馆的意象源头是陈洪绶的《五泄山图》*fig...04*。他用一种红框的方式对《五泄山图》的核心部位进行截取，截取区域提示了画面当中隐藏的空间深度，那简直就是一个洞穴，是不断连续叠透的洞穴。他的工作方式就是，以这个洞穴般的剖面作为蓝本，想象了若干个近似的剖面，来臆造有关这个洞穴的深度层次，就是与画面同构而我们却看不到的洞穴内部。这若干个剖面在原则上可以是不分先后，是可以发生重组关系的。这些剖面，就是对山的类似屋宇般的类型切片，这个类

fig...04
陈洪绶
《五泄山图》

型包含与之对应的事件人物等。整个滕头馆，是一种建筑化的类型切片的方式在解释有关山林的“深度”。这种做法，直接导致了“水岸山居”的空间构造。

金：具体一点，滕头馆跟“水岸山居”空间构造上的关联到底在哪里呢？

王：滕头馆的整个剖面的关系是带到“水岸山居”里头去了。但这里有一个很大的突破：滕头馆的层级

构造完全是内部化的，在外部、在旁侧无法看到，也就是说，滕头馆的体验方式只有一种。而"水岸山居"就兼具两种剖面的视野——"深远"与"深远的侧看"。这个建筑长宽比大，短边很薄，于是就有条件造就一种体验，使建筑从这个方向经验是一回事，从另外一个方向上完全是另一回事。从短边来看，它完全被穿透了，从长边来看，是无尽深远，被十几道墙分隔的空间在长边体验是历时的，而我们横着看它，所有的段落被共时地串成了一件事情。这个建筑可以被长时间地远观，是因为它的内脏被打开了。整个"水岸山居"就是滕头馆的一个推进，所以，很有趣的是，"滕头馆"再一次在"水岸山居"西端出现了一次，作为一个结束，仿佛提示二者的暗联。

金：这次，滕头馆在西端出现的时候，与整个建筑的动势形成垂直关系，它似乎截住了那条穿越墙体的线。

王：对，垂直有两个意思：一是作为洞穴与其他"洞口"并陈，但明显地表示了巨大的差异，暗指异度空间的存在；第二，垂直是对原有行进方式的一次颠覆性的转换。滕头馆作为一种"转换器"，渡你到另外一个世界。我们知道桃花源异域的来往通常要依赖一个洞穴作为转换器，滕头馆的作用就是在最后关头把你拎到屋顶上去，这个过程是诧异惊艳的。*fig...05*

金：这个滕头馆的构思在"水岸山居"设计方案的初始阶段就已经存在了？

王：在初始阶段，王澍的语言还是带有原来象山二期单体组群的意思，这从他早期的草图当中能够看出来。一开始"水岸山居"不是作为酒店综合体，好像是学校的办公楼，所以开放性与联通性是受限的。当初还是一期和二期延续性的思路，一些院子原型的组合，那时候还没有出现一种连绵大建筑的气象。

金：不是一个单一建筑的构思，仍旧是组群。

王：当然，象山二期对现有设计的影响还是巨大的，"水岸山居"某种程度上就是一个总体压缩版的象山二期建筑群，二期建筑群就具备两种方向截然不同的体验方式：连绵的层出不穷与直接视穿。而那些单体建筑的墙面处理更是被赋予了整体经验的考虑。我们可以把二者进行一一比照：一，短边的直接穿透，无论是活动还是视觉风景；二，长边无数道墙建立的无尽层次，以及错位的门洞叠套；三，一条处于二层变高高度的飞廊，作为整体的串接，与地面的交通平行；四，屋顶上的驾临经验，但唯独少了一个巨大的总体遮蔽。总之，是密集压合檐下版本的象山二期。

金：已经开始出现两个向度的考虑了。

王：两个方向的巨大差异，是对同一世界的两种解释方式。可以这么去理解，比如"高远"是什么？高远只是垂直方向的一个叙事而已，但是你把高远旋转90°时，你就会发现它其实就是一种"平远"方式，不在垂直方向上拉开，而以一种叠合的方式去观看或者体验，那就是"深远"。所以在我看来，这个形态代表着一种"三远"的换看。

fig...05

从滕头馆上屋面

金：可不可以这样去理解："水岸山居"里对传统绘画的转译，实际上是多向度、多方位的，而不是单向的。它是一个玲珑的构造。

王：对。"水岸山居"中极为重要的东西就是屋顶的问题。这个屋顶背后的意义其实很多，我们可以先从"小中见大"说说。我上课的时候经常讲到仇英的一幅画——《桃源仙境图》*fig..06*，此图的中央位置有一个区域，一种有趣的三段式：底下是山作开门状，中间一段松林，松林上面是楼阁。它讲的是个纵深关系：先走一段山路，一层山又一层山；再进松林，松林的尽端是一个楼阁，这个楼阁压根不是在松林之上，它在松林之后。但为了叙述清楚这种段落进深关系，它一定是这样拉开的，拉开之后反映在绘画上面，它们就合三为一了，就变成上下关系了，就变成三段式了：底下是山，中间是松林，这个房屋是松林之上的房屋。这就是观想方式与视网膜呈现之间的差异，这种差异会体现在设计上。比如说，我们通过一个亭子看山叫"一房山"，那么，这种视觉经验可不可能成立呢？不是说是一个以近摄远的问题，不是个视框的问题，真实的状态下山和房子能不能叠合在一起？画画把观想世界搬上纸面，如同造园子就会面临如何把山水拿进来的问题，这么小一个园子怎么拿进来，一个山缩了尺拿进来，或者取了一个局部拿进来，那么亭子要不要缩呢？山上的树木要不要缩呢？要缩的话，那个亭子还能容人进去吗？

金：等比缩小的话，就成了微缩景观了。

王：造园中，一个巨大的亭子几乎占了山的一半，有个廊子的话，会把整个小池压在下面。这里有两个问题：一是以局部指代整体；二是主客观的逆转，内观与外观逆转。

金：建筑学制图的方式基本上是外观，所谓的内也是通过一个平面去切割实体，把不想看的一半扔掉，

fig..06
仇英
《桃源仙境图》
局部

再去观察那个刀口。视线永远会被一个视平面截住，隔着一定的距离去观看。

王：它有分析性的一面，它会把那个框扔掉。

金：对，它没有框。而在园林里随时存在着内外的反复转换，直接把人抛进画面。

王：对。造园中那个亭子做那么大虽然不合比例，但这个亭子会压在一个山脚底下。你可以把山看作是一个局部的山脚，这个亭子和这个山的自然关系合乎人进入的关系，人总要进去，更大的山在后头，这是第一。第二，这个亭子是什么？亭子给山带来了阴影，使得山有不可知的一面了，为什么在山上一定要种树，而不是光秃秃的一座假山暴露在太阳底下，不分正侧、不分阴阳、不分前后、不分远近？因为那样的话，一下子山的体量就完全暴露了。所以为什么又要种树，又要有亭子？亭子增山之虚，树影蔽其阴，结果我们看园中的假山，看到的只是几个突出的棱部而已，大量形体的都在阴影里头，然后后面再有一个白墙当屏风，这件事情可以想象的余地就太大了，有意思就在这里。

之二

浓荫蔽日

金：“水岸山居”的屋顶上种了几棵树，你注意到没有？*fig...07*

王：是在末端的滕头馆上，这个现在的效果并不好，要待大树成浓荫。

金：在屋顶上种树是什么意思呢？

王：滕头馆本来说的就是“浓荫蔽日”嘛，你看那《五泄山图》里的满满当当的树。实际上滕头馆建筑并不是构思全貌，它讲述的是一条山沟，滕头馆的建筑实际上只是地面部分，上面还有2/3是“浓荫部分”。我的教学当中有个课题叫做“大盆景”，跟这个就有关系。其实建筑做了半天就是给自然做了个限定，或者说给自然做了个载体而已。现在的滕头馆我们无法知其全貌，因为不可能等到浓荫蔽日的时候，所以这里有这样一个矛盾。这矛盾对建筑的要求就比较高，第一，作为基座意义的建筑，要有十分的完整性。没有花木也能成园林，要求这个建筑本身带有自然体验、自然属性。第二，等到大树浓荫长成，可以追到极致的境界，让建筑退居其次。

fig...07
屋顶上的树

金：浓荫蔽日，那些树我曾在滕头馆的剖面草图上看到过。设计师实际上是把浓荫蔽日的意象事先考虑在内了，实际上却相当难以实现，你想树的生长周期是多少年。

王：是的，这件事情比较难，需要时间，而且大树的成活对根部蓄土空间又有挺高的要求。

金：那现在屋顶上只种了几株，是不是这样一个想法：如果不可能做出密不透风的浓荫，就用一棵树来象征。

王：对，所以需要建筑来做点什么，整个大屋顶有很多意象可追，其中一个就是浓荫蔽日。

金：一个隐喻。

王：因为不能完全期待于树，建筑学本身要作出反应，树这件事情太不可控了，建筑本身要成为一种自然的意象。况且，真的置身于大树底下，下雨天是不能坐在那里喝茶的，而在屋檐下就可以。这个建筑带来了层层不尽的山洞的意象，坐在里面还可以反观。无论外面的景物多么糟糕，你是在山洞里去看这个人世间的。

金：那我们再来说说屋顶构造。为什么要用这样

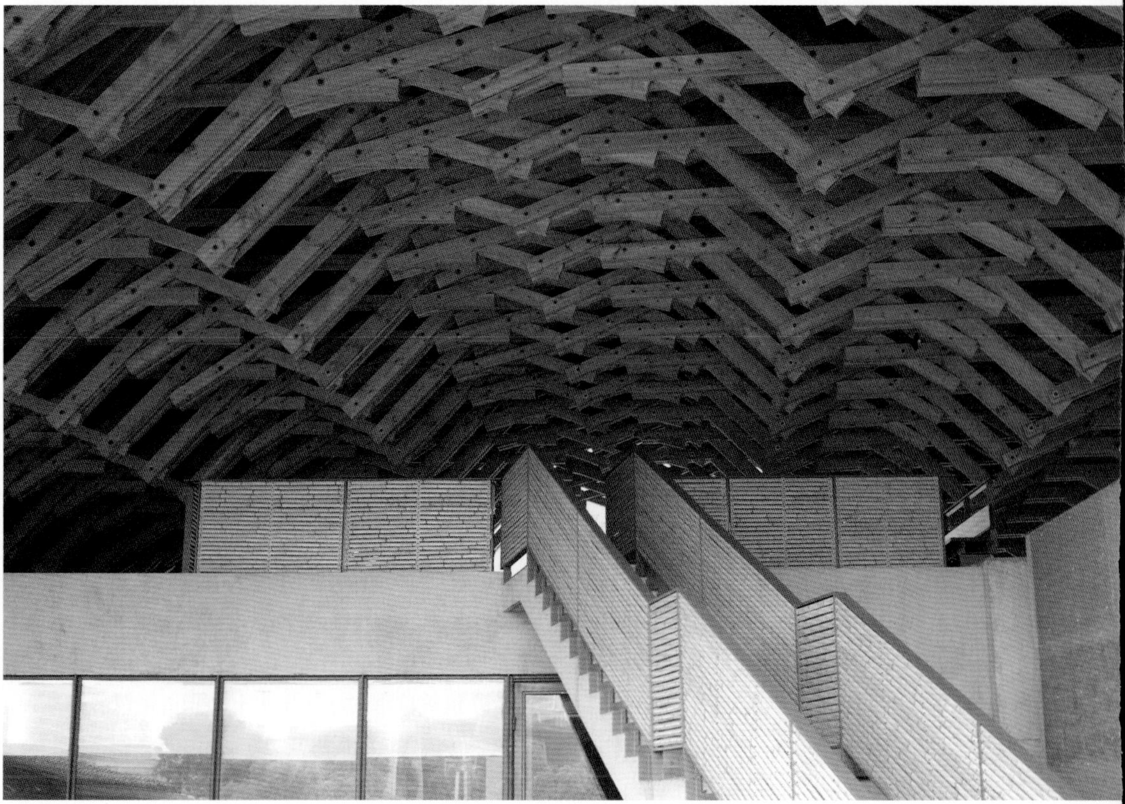

fig...08
大屋顶内部

一个折来折去的木构造，在王澍从前的作品里面其实也有些前例可循，但是都不完全一样。*fig...08*

王：这个结构，一定也是有其意象，王澍对传统大木作建筑不可能不产生当代的思考。这个建筑毕竟形成了一个巨大、连续的空间，抬眼看屋顶并经历屋顶之上下是必须的，这就造成这个结构要有表现的意图。大跨的连绵的屋顶，方便的就是桁架，那么桁架能不能表达传统木作的意味呢？能不能形成像斗拱这样密集的叠合关系？所以要对这个桁架作自然化处理，就是力学结构要简明，但要在视觉上破除这种一目了然的简明。

金：也就是说，在意象上，功能构件需要获得一种形而上的诗性，比如桁架，经过转化，就成了可以走进去的斗拱，而这个结构又要相当现代，从各个不同的方向看去，有各种不同的面目。

王：对，桁架结构是有方向性的，基本上是复制关系，但因为次要结构的视觉扰动以及我们体验的角度多变，所以感觉十分交叠纷乱。

金：但是人刚一进去的时候，其实不大能够立刻读出这种关系。

王：因为它被叠合地看，拉近推远看，遮挡着看，变形地、透视地看。而且我们经常距离超近地看。

金：而且人是在运动之中，结果这个屋架的结构更是因为游移的视点而更加显得变化多端。很难想象，因为斗拱有多个方向，桁架却只有一个。

王：但是斗拱从来很少有人这么接近地去看它，如果你接近地去看它的话，它依然是叠合的，对吧。等到把屋顶整个都落架下来的时候，你再在这里头钻起来看实际上是不一样的，所以我是觉得设计师为什么让人翻上翻下再接近这个结构。

金：老是让你觉得离它在某个层次上靠近，稍微拉远一点，又近，又稍微远一点。从这个构造下面，看外头的时候，实际上也要越过一个"平常"的视点？

王：它是一个遮罩，一个非常视野之上的遮罩。中国传统建筑的结构比较有意思的地方在于它结构层的巨大，实际上你看这个屋顶可能占3/4，而墙身只占1/4，那么斗拱很可能会占1/2。

金：从份量上来说，那是非常庞大的一层。

王：斗拱加梁架它就占了3/4了，这层东西人不可企及，但几乎是人能想象的所有东西的集中了，因为在中国人眼里，一个房子就代表了一个世界和一个宇宙的原型，上面是厚厚的天，底下是厚厚的地，中间这层是人，天人地三才，它跟画画一样，天老厚的，地老厚的，中间是人活动的，所以地基也够厚，屋顶也够高够厚，中间那一层其实是留给人用的，那它只要比人高，高个两倍三倍差不多就可以了，所以那层厚厚的东西是足够想象，而且斗拱上面画各种彩画啊，很多年积淀下来的烟云和霉斑啊，都有足够的想象。

金：甚至那些植物的生长啊，还有动物的寄居啊，这些东西都是一种与人的生活相伴生的东西，让房子有悠远的古意，不只是一部居住的机器。

王：所以这层东西还是要有一个厚度。

金：可是现代建筑就是用一层楼板来上接天宇，里面囊括着找平层、防水层等纯功能性构造，人们会尽力去隐藏这些部分，甚至不想知道它们的存在，会做抹灰、刷涂料，用吊顶把梁架和管网遮挡起来，也就等于是把建筑在人头顶之上的部分的意象给抹除了，而地面也是一层层水平的楼板。在人活动的这一层以外，一天一地都没有美学上的经营，缺少形而上的想象。言下之意，只有人活动的这一个部分是值得尊重的，至于头上和脚下可以忽略不计，这与传统建筑的构思截然不同。

王：是的。比如密斯的范斯沃斯住宅，虽然说它的架空可能来自日本传统住宅，但我们不能忘记它的另外一个源头——还是神庙。这种架空实际上还是要与自然保持某种脱离，等同于那个厚重的基座。同时，它也没有屋顶，屋顶是人和天对话的东西，被它干掉了，只是取了中间一层，就是人的层，跟地割裂，天不要，就要人这一块。

金：这些做法，使建筑成为异物，切去肢体，使躯干浮于半空。其实萨伏伊别墅也是一个典型的异物建筑。但在晚年，密斯某种程度上是在回归，比方说柏林国家美术馆那个巨大的屋顶伸出去，很严肃的一个立面躲在背后，这里分明有一个三段的古典意象在。

王：对，他最后还是把这几样东西都带来了，原来扔掉，后来又带来了。厚厚的基座，中间这一段还是中间这一段，屋顶的意象虽然还是平的，但是这四个角去掉后就飞动起来了，挺像唐式建筑的飞檐，当然日本建筑他也看过很多，这个角很重要，因为它基本上是从人的角度去看的嘛。

金：阿尔托其实也很在意头顶之上的部分。人在建筑里，往往不会特别留意屋顶，可是随着眼神余光的游动，无意中还是能够瞥见屋顶的形态，虽然它比天空要低矮得多，但在室内的语境中屋顶就是使用者的“天穹”，也就是宫殿的藻井，或大教堂的穹顶。好的建筑师不会放弃这一种诗意的构造。这个形式跟结构和构造有关，但同时也是功能的诗化表现，它对室内空间的精神氛围的影响应该说是决定性的。所以阿尔托会花时间去为报告厅做一个复杂的波浪状屋顶结构。

王：其实他关注于上头这个东西给你的围合。我在《如画观法》这篇文章里谈到，抛开墙体的遮挡与通透来讨论纵深关系可不可以？一道墙都不做，依然可以分出远近来，是谁给你分的？是地面的起伏和屋顶的起伏。所以，这两样东西你不用，光用这层水平墙体是十分乏味的，比如密斯的德国馆，就是一种构成性的东西。

金：不只是德国馆，那个时代里，教科书式的现代主义所推崇的一切东西都是那种干枯、抽象和规范性的。

王：譬如去山里玩，你想真正水平层的东西是什么呀？很少。山石，树干，头顶上是厚厚的树荫，脚底下不间断的高差变化，这些东西能忽略吗？相比之下，中间这层是很微薄的。

金：真正起作用的是起兴与收束的部分。就像一首歌，开始唱的时候，随着旋律层层晕染推进的感情，一种富于抒情性的提示，再加上结束时候反复的咏叹，实际上是决定这首歌的质地和性情的东西。对一个艺术作品来说，营造气氛远远比它进行功能的安排，或者对建造过程进行精密的表达更重要。而屋顶和基座，就是起兴和收束。

王：对啊，中间恰恰没有那么重要。这两头都是给你限定住，中间你稍微做点变化就可以了。所以天、地、人三才，最重要的是天、地，而人是在天地有了变化之后才存在，针对人的这一层，其实不用太去做什么。

金：只要大地足够丰盛，只要天穹足够浩瀚，脚下连绵起伏，头顶云舒云卷，天和地的厚度不断流转，变化万端，那么中间这层“空”的画意就自然而然地生发出来了。

王：从大的方面来谈，王澍的“水岸山居”给了我们一种什么启示？就是天、地、人三才第一次真正完整的示范，怎么留天留地，像一幅画一样。你得有个格式，如果礼法都没有了，还玩什么呢？传统这几样东西能说不要就不要吗？如果不要，那这层东西去哪儿了，是可以转化的，这件事情值得好好研究下去。“水岸山居”的地，就是以夯土石材作为表现的部分，这是真正的功能空间，是单独的空间。

金：天就是上面那层屋顶。

王：是的，中间就是人走的，是人的层，你能体会天与地给你的限定。

金：这也就解释了为什么屋顶跟墙体脱开，中间留出薄薄的一层，在一般建筑里面并不存在的那一层，才是这个建筑里着力表现的内容。

之三

游龙戏凤

金：我们今天讨论的是建筑的形势，是“气势”的那个“势”。城市里的很多建筑是有形无势，是静态的，或者说是标本一样的。天地创生的时候，大概会有某种动作，一个环境场面的创生也一样。一股精神，它的来源、它的动势、它的去向，会在视觉形象之外，造就独特的精神格局。滕头馆实际上没有把这个问题回答完：浓荫到底在什么地方？因为没有天，所以地面的变化就显得比较没来由，中间的这层并没有被挤出来，而是被抬出来的。

王：所以它会显得突兀，是纯建筑元素构造，很多问题没有被逼出来，因为没有这个浓荫，就显得没有完成。但建筑本身还是能回答浓荫的。我会反复提“没有花木依然成为园林”，其中一个意思就是你不能把所有的事儿都推给花木，依赖建筑学本身的元素能不能建构自然的问题，“建筑自然”是最高级别的问题。

金：这个是很重要的一个问题，往大了说，当城市化不可逆转的时候，再去思考园林问题还没有意义？在很多人眼里，谈论园林，谈论山水，似乎就是一种偏执的个人情趣使然，在文人的狭小的心胸和局促的思维格局里折腾，去讨论很私人化的问题。那么它对现代城市和人们的生存状态到底有什么作用？我们能够从中吸取什么，以扩展现代建筑知识体系的视野？我想，这才是你要回答的问题。

王：中国人在做任何一样事情都要回答天、地、人这三个问题。

金：也不是主动去回答某个宏大的命题，通过无意识地实践某种代代相承的人生哲学，就自然地把这个东西带出来。

王：对，这种哲学思考已经成为范式，养进了人格里头。但对设计来讲，如果避掉的话，很多问题都被简化掉了。

金：我觉得中国人在思考的时候从来都是利用天和地来反观自身的。现代建筑的一个特点，是只乐意考虑人有什么需求，人该怎么去最大化这个需求，不再有敬畏，不再去遵守人欲以外的东西，技术就是人欲的直观体现。人们变得越来越聪明、越来越现实，并对这种转变沾沾自喜。比如这个屋顶，他会想我为什么要花那么大的精力、那么多的钱去造那么一个其实没有用的东西。这样思维的结果，只有平屋顶是可行的。

王：从传统绘画的历史中去看，原来一直有天有地，后来也会没天没地，比如说龚贤的画，重力关系是被颠覆的，没天没地的。这种没天没地，是它找了另外一种方式给转化走了，也就是说它还有一种去向，也会回来，并不是直接切掉就完了，实际上倒挂山这个倒挂的部分还是天，底下的是起伏，中间那层缝隙还是你玩儿的地方。

金：这个在砖雕或者笔筒上面非常明显。

王：笔筒上部肯定有事物作限定，如果没有，那肯定有一个翻出来的类似檐口一样的部分。

金：云啊或者树啊或者岩石，底下的地势一定是起伏的，地势一定给你造出来一个势，它让这个中间被夹出来的部分有各种各样的姿态。

王：基本上就是缝隙，高度的限定。

金：所谓的空间营造其实是在溪谷里面的营造，这是一种洞穴言语，而房子的起源实际上也是一个洞，它不是被人为造出来的，最开始人只是被动地适应自然，随形就势。

王：是这样的。都是对自然的类型的提炼。"水岸山居"里面，有很多视野是王澍希望提醒我们去看的，这种看和看的方法已经大多被我们所遗忘了，所以他需要用高度的限定来提醒大家。首先他并不是重新发明一个内部构造规律，虽然是一个整体的建筑，但不是按照单体建筑的方式去设计。这是观念的差异，比如说苏州老城，你不可能以现代建筑的方式来思考，它确实是一个整体，但不能当作一个物体来面对，它是由无数近似的个体以某种规律生长起来的，是规律性的种种偶遇对话。"水岸山居"是一个群体建筑的整体反映，是一种高度统一的村落。所以在这里是不会放弃内部的基本建筑单元构造的，就是院落类型，以及各单元之间的隙地，这些我们都可以在外部清晰地解读出来。

金：院落拼合的组织方式在草图中还能看见，只是设计师把它消隐掉了，就像刚才你说的，园林实际上要比现代建筑多一些层次，从细胞到组织，从组织到器官，从器官到生物体，这个层次非常清楚，谁也不能越级，或者越级也有特定的规则。其实可以认为"水岸山居"比我们日常经验的现代建筑要多一些层次。

王：对，它是一组建筑的一个切片观看。刚才说到，它是象山二期的一次压缩版，你可以清晰地看出一个院、两个院、三个院、四个院，院和院之间是什么？是自然。院与院之间是水池，或是通往后山的一条山道，或是巨大的一块山石，还有叠泉流下等等。不同的是，象山二期的建筑之间通常没有东西，纯粹被人观照，我们站在两栋房子之间觉得中间也像是一个房子，被限定得非常好，但没有屋盖。"水岸山居"这次积极地面对"之间"，中间定要置物，像我在《模山范水》讨论的"塞"，你不塞东西，这个层次是分不出来的，所以塞完之后再盖屋顶，让这个限定更明显，其实还是诠释屋子，但是这个屋子是关于总体自然的屋子。

金：所以"水岸山居"实际上是一个城市结构，这个城市里面，既有自然的本体，也有观望自然的角度，它比象山二期看起来要连贯得多，在气势上。

王：但仔细看，段落清清楚楚的，无论你拿仇英的画看或者是文徵明的画看，一个宽高比为1:7或1:5的立轴，不要以为它是一口气囫囵下来的，它是分段落的，五段或者七段，每段都是一个完整性的构造，段落之间有一个过渡和连续的关节，然后才有这个整体。其实和音乐一样由若干个篇章连续起来，这是一种语言性的建构，把它拆成细胞，仍可以拿到别的地方去再造。永远面对个案，就无法形成语言。

金：所以其实它是一篇文章、一支乐曲，是人用思维符号连缀而成的艺术作品，它们在组织结构和表现意图上有相似的地方。

王：一句话是一堆有意思的词，这些词拆开后再重新组句子。滕头馆为什么在这里，第一在这里他是想要再玩一下，想要提示你一下，有正体也有变体，有正书，也有行书啊，还有急就章呢。词语单置的时候是一个意思，放在不同的语境里面，又有新的意思产生，所担当的角色也大大的不同，只有这样，我们才有可能说，我们真的看懂了这个词，真的会用了。

金：好像演员在不同的戏剧中出演，他永远都是自身的体貌人格和扮演的特定角色之间的巧妙合体，似与不似之间。导演当然不会点明，但是我们可以根据经验从文本里辨识出来，哪怕没有这样的经验，只要细心也会有所察觉，因为会给读者留下明显的阅读线索。

王：其实是类型适当发生变化，类型之间的关系适当作了调整：你看我用了第二次了吧，你看我用得多不一样。什么叫物性？物性实际上是事物搁在不

同的位置，你安排它什么角色，它才扮演什么角色，表现出它此刻的性质，而不是说它本来意思确定下来之后就不变了，那就是死的了。

金：那就是一个原型，放诸四海而皆准，恰恰很多人都是这样做的。王澍舍弃那种做法，里面实际上也含有一点批判的意思。

王：是啊，他做的动作都带有示范性、深刻的批判性。

金：向现实发言。但这个建筑里边，唤起历史想象的东西也很多啊，包括墙上面柱子出现的方式，柱子撑起屋顶的方式，甚至包括进入到屋顶下方的时候，让我们想起当年林徽因爬到斗拱上面去测绘的那张照片。

王：林徽因站在梁架上，现在看来实在太有情调，非常的视野观。他能想到上屋顶，为什么不能想到在斗拱上歇一会呢。

金：对啊，人落在斗拱上歇一会，这是中国建筑自我颠覆的一个意象。屋顶是天，此刻人就是飞鸟了，羽化登仙。

王：他一直强调，为什么人在他的建筑里头有一种异样的感觉呢？这是为什么？因为他的房子多半是为"仙人"设计，其实就是画中人，观想中的那个自己。仙人的视觉一定是非普通人的，就是带有画意的，是所想所思所见的自由构造，所以会上屋顶，会翻飞，会突然在这里出现、突然在那里出现。

金：闪转腾挪，在一个细缝里边突然之间看到一个庞然大物，建筑在不断地制造着幻觉。

王：忽然之间斗拱离你如此之近，甚至会顶破你的头，

fig...09
低垂的木屋架

你需要时常注意一下这个结构，有的时候你需要无奈地绕一下斗拱，这时人和物的关系就被点醒了。*fig...09*

金：这让我想到，在园林里边，有很多房子或者亭台楼阁的布置，都会忽然让你有这种感觉，低低头、绕一下，侧身、小步走或跳跃，它让你不舒服，你才会意识到它的存在。

王：所谓的不舒服、不自然的转角，其实都是让你重新面对那些熟视无睹的事物。这里有些禅宗思考的智慧，有些棒喝的意味。

金：好比在山洞里走路，你的身体一定会时刻感觉到它，它不会让你如履平地。有次我在西安参观一座老房子，有一道楼梯通往二楼，楼梯非常窄，这么狭窄本身就是一种反常；等你上到二楼，你非要低头才能钻进同样低矮的门洞，这时候，对面屋顶的斜坡就顶在你头的后方，你甚至回头都要特别小心，你能看到每一根梁和檩的位置，出去的时候对面的檐口扑面而来，你被房子紧紧地包裹着。

王：而在身边大多数的房子里，感觉好像并没有在房子里，太舒适了，人与空间跟男女一样并没有发生交媾，你没有感觉，没有肢体的碰撞，怎么完成一种高潮？这个东西必须跟你紧密结合，才能刺激你。

金：所以"水岸山居"就是先让你运动起来，再把你包裹住，缠斗在一起。

王：是，很缠绵。

之四

土木精神

金：还有人会问，为什么把那个木头不是直接用木头，而是中间夹着钢板？

王：木结构也应该能撑得起来，只是在当下的建造体系里比较麻烦，所以主要还是靠钢结构，这个事情单品桁架是做过力学实验的，没有问题。

金：要是不做上人屋面呢？

王：上不上人差别不大，主要是本身自重和瓦片，还有上面的雪荷载、长期的雨荷载等等，木头实际上也起到一点力学作用，钢木结构也是常有的，但采用这个形态主要还是表意性的追拟。

金：有时候我觉得也可以把它看成是装饰，但在这里并不是做一个跟主体无关的二次装修去描眉画脸，而是一次性把装修和结构体全部做完。现代建筑一定要暴露结构，也未尝不是一种不假思索的偏执套用。装饰对建筑来说到底意味着什么？从这个建筑里，我们可以反省一下一直以来对"纯净"的喜爱是不是已经成了陈词滥调。

王：这个事情特别简单，纯木可不可以做？可以做，但是纯木有几个问题，就是局部损坏难以替换，这是桁架连续性的交织结构，钢基本上不会坏，木头烂了要换容易，因为主结构是不用动的。这是中国的方式，骨子与表皮不用搞得这么较真。

金：这说明，建筑师在面对一个问题的时候，他的解决手段其实并不太重要，有时候我们太执迷于专业的说辞，比方说节点做得是否合乎逻辑，材料使用是否真实等，来自于建构学的一套说辞。但是，仔细想想，建筑就是一篇文章，无论多么咬文嚼字，表意才是最重要的。只要能把事情说清楚、又很美，语法是否正确有什么要紧？甚至于，过于恪守语法，反而会损伤语言的活力。口语、民间的语言，它是活的，一直在变，对应于瞬息万变的现实。

王：是啊，看不见又能怎么样，就像西扎很多很怪的空间其实是石膏板造的，加抹灰，有多少人以为它是混凝土浇出来的，那多麻烦啊，也没有必要。

金：密斯实际上是很善于使用这种看起来并不存在的结构来建构一个理想形式。特别强调内在结构与外在表达的高度统一其实是一种矫情，也就是追求所谓的articulation，完美的建筑叙事并不一定非要像播音员一样咬字清楚，但肯定不是口齿不清、表意混乱，它会有隐藏的部分，有暧昧的部分，但总体上是完整而有生气的。其实也只有建筑师才偏爱表达清晰，作家们并不特别强调语法和句式的精确性，因为生活不是课本，文学不是政府工作报告，只有适度的模糊混沌才能给诗性留出空间。传统民居里是不存在本体和装饰的二分法，装饰本身也是不可或缺的，分析本身就是一种专业性的局限。

王：这就是文艺复兴之后把人当尸体来看的一种做法。

金：本体与装饰分开、结构与构造分开，分到最后，只有最起作用的东西才是最重要的，这里面包含的是一种现代式的功利。以这个视角再看夯土墙，因为夯土本身也不承重，所以在"水岸山居"里边，它与桁架的木衬板起同样作用，也同样不可或缺。不管是木还是土，其实都只是一种精神，是空间意趣的主要载体，就像屋顶和坡道对天和地的隐喻。这个建筑里最重要的一部分，恰恰是现代建筑师思考范围之外的，他们甚至会认为这是假的，是做作的，浪费钱、浪费面积。

王：一些基本问题反而被忽略了，比如如何面对天、地、人的构造关系。没有把关于人的存在的一种哲学思考，放在建筑里面讨论。把人和天地关系带进来的，其实就是把一个建筑当作一种自然体在面对，当作一个小世界来面对，这是一个建筑世界观的问题，也是一种生存态度的问题，为什么人待在庭园里会有一种天长地久的安定感？

金：安定，愉悦，简单的快乐。

王：你看苏州园林的房子，天上有望板、椽子、檩条，总体是暗的，从中间看过去要么看到白墙、门扇、木柱梁枋，要么看到室外的绿色；地面是青砖，这样几个段落，十分清楚。你看现代人的家，地板、天、墙全是白的，你作何反应？我们是生活在一种重力状态下，又是有文化层次建构下的人，你不能洗干净你所有的 DNA，你不能漂浮空中啊。

金：为什么要把自己搞得非常漂浮，为什么要让一切东西都变得那么白，那么塑料化，这件事情很难解释，但它显然已经成了一种美学教条了，不这样做反而会受到质疑：为什么你不像我一样现代、一样抽象？有一次走在园林里一条狭窄的背巷，有一面檐口是很简单地斜撑着，与对面的墙之间留下一条缝隙。从这条缝隙里看，你看到的天那才是真正的天，而你在屋顶平台上，头顶开阔得一塌糊涂，那个天都不是文明世界的“天”了。滕头馆还有一种对宇宙意象的解读，因为你对山水画层次化的这种理解，包括这几个不同向度的与三远法的关系，其实回答了现代城市为什么这么无聊，它为什么没有自然意象了，为什么现代建筑里面看到的世界是这样一个世界。这里边包含一种想象，也就是说，如果我们用一个新的视角来建造这个世界的话，它应该是一个什么样的世界，自然是如何被含蕴到新的观想构造中去的。

王：所以现在就是一个无法时代，建筑也在末法时代，所以这个法是要重提的。刚才我们一直聊的天地人三才的问题，就是一个法。

金：上头是个天，这个天可以用各种形态来表征。实际上重要的并不是地或者天，而是中间被夹住的那一小段，那一小段变化无穷，然后天才是天，地也是地。

王：刚才聊到的仇英那幅画，我们认真地研究过，也依据这幅画做了相应的建筑转换。这幅画的层级构造十分严密，分五个层次，每个层次里面，你还能分出三个段来，这实在是让人吃惊，他并不是在很潇洒地挥洒，几乎就是一个建筑师的工作。这些段落仅仅把它看作段落就完蛋了，每个段落各有归属。*fig...10*

fig...10
仇英
《桃源仙境图》

金：就像一个人，按照外科医生的视角，他是一堆器官的组合，哪个坏了就换一个，最后这个人就不复存在了。而自然的人是一个圆融的整体，合起来看有一个完整的形象，当仔细分析的时候则每个段落都在。

王：全是关节。

金：一个完整的世界，这就是"水岸山居"的整体意象。

王：但这里头又分天、地、人三大段落，各段落又分小构造，天又分能上去的天，和中间这层能够建构天的界限的一层，以及天底下那个厚度，那层斗拱。

金：因为有厚度，所以可进入，结果本来不是为人准备的，却又变成人的空间。天上有天、人上有人，成了九重天的构造。这与三段式立面的建筑思维非常不同。

王：还是个礼法的问题。

金：按照中国的思维，建筑只是天和地之间的段落，而西方的建筑则像是对人的一种模拟和解析。作为西方文明的源头，希腊艺术是以人作为永恒的参照物。似乎永远脱离不了对"人"的极端化的推崇，我们管这叫人本主义，没天没地呀。

王：就是无君无父，无来无由。我的课上要求每个人都要直面绘画来解读。比如，画面中的出口与入口的问题，有来就一定有回，对中国人来说，完整性是一定要有，缺有缺的原因，补有补的办法，所有的东西都有依据，否则就是胡闹，就会失去传承。现代文明是把自己放得最大，没有自然，没有神明，一种无所谓，大无畏的状态。

金：其实所谓的空间应该更像是叙事，像一段戏文、一出故事，空间语言的建构是为了讲述你来我往，人在环境中运动的过程，而不是把它当成一个固定的图片，在某个特定的角度去欣赏，然后发出赞叹。木雕或砖雕只是截取了时间的一个角度做成切片，换一个角度同样成立。如果把建筑比作语言，王澍给我们抛出一个大问题，也就是说，语言是干嘛的？现代建筑经常把语言当成一个分析的样本，它告诉我们语言是怎样的结构，怎样的组织，就是没有使用语言去讲一个故事，这种知识的自觉非常可怕。所以历史地看，现代建筑已经僵化到失去叙事能力了，不太去讲述现实生活了，自我经典化、自我体系化到寸步难行，所以才演化出那么多眼花缭乱的形式，像焰火一样，昙花一现。这是挺可怕的，语言既不表达快乐也不表达悲伤，它只是在那里无情地重复。

王：我们还是要讨论人本身的，但是人放在什么位置去看，不是顾镜自怜地自恋讨论，而是要放在天地之间去考虑人的问题，这样人的问题才能够真的被谈清楚。法度特别重要。

金：我们讲法无定法，但是一定要有法的情况下才能谈，所谓的书法一定是讲法的。

王：对，我现在也在教小学生的艺术课，就在讨论法与变的问题。我让他们做了个练习，他们之前都练过几个月的汉隶，我即兴地给每个学生剪一个纸的形状，都不大，圆形、环形、鱼形、尖刺形等等，发到每个人手里，我说你们在里面写字，字从《张迁碑》里选，你自己安排，哪个字大哪个字小，但要做到字字紧密排列并撑满边界。结果好玩得不得了，他们虽然不知理论，但就此明白什么叫做法，什么叫做变。我对这个练习有过一点理论上的解释，就是字的常型与变形，型与形是两回事情，简单地说就是一个常态，一个是变态，在生活中常态的原型

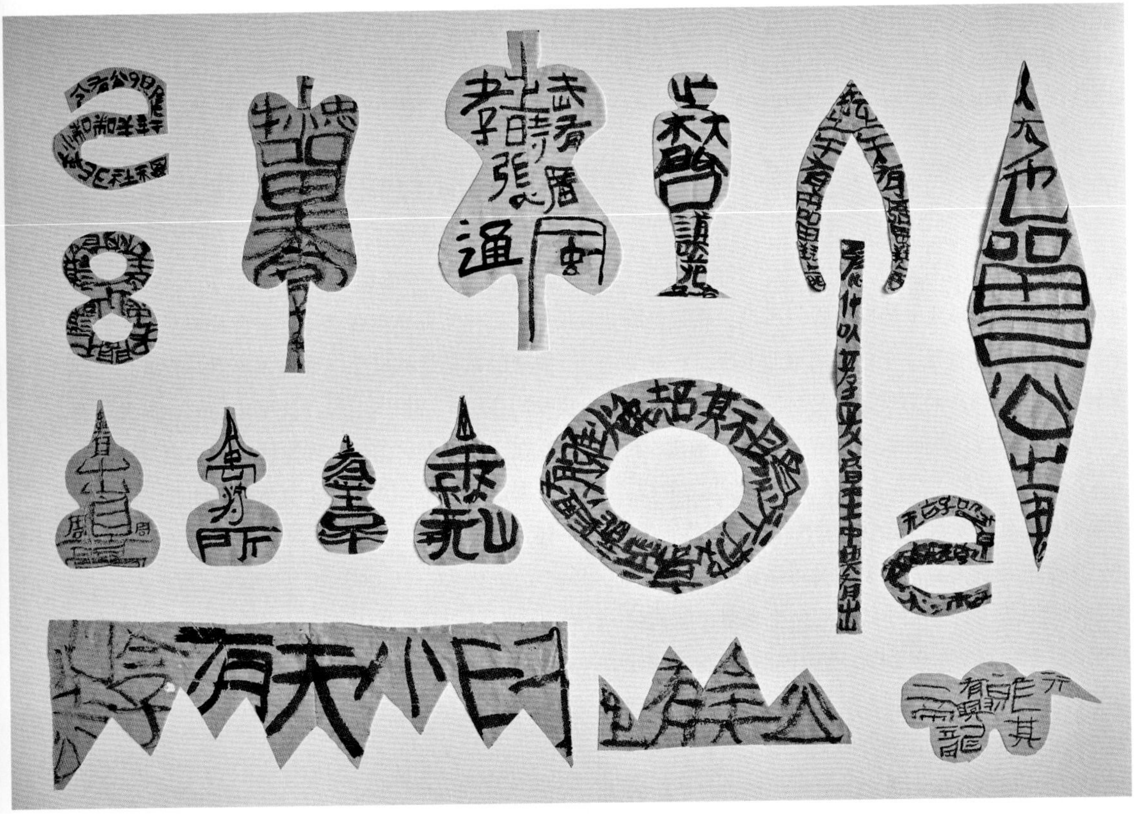

fig...11 六岁小学生书法变体练习

式的事物通常以变态的形式出现，好比我们学的建筑学全是常态，但现实设计，地形条件全是要变的。但一定是先有原型，再因地制宜与随物赋形。*fig...11*

金：是的，自然世界里，人只能看到变形，常型是菩萨法身，不会轻易示人。现代教育让我们习惯面对抽象事物，这件事情已经影响到我们自己的生活和未来，我们将只会谈论抽象的东西，这难道不可怕吗？所以我们现在研究变形是非常重要的，我们只研究变形，无穷无尽，其实这就是书法的方式，练书法的人就是自己给自己出题，然后玩下去。

王：对，你首先得有一个支点嘛，就是你的基本笔法，然后你再变，基本笔法是以相应书体的汉字为依托的，你不能说非汉字的抽象形式还能练，那你在写些什么东西呢？

金：可是所谓现代书法中就有不少信马由缰的变化，在没有任何依托和目的的情况下再做变形，甚至于肢解然后重新拼凑，常型已经不复存在了。

王：原型都没有了，还创造什么？

金：现代绘画和现代建筑也是如此。不客气地说，这就是一种视觉形式上的癌细胞。所以，不管是哪个型，所谓的型就是一个已经成型的东西，它都要受到自然的选择，而自然选择是时间表达自己的方式，通过自然的、社会的、技术的和美学的淘汰，剩下来的形式，就像是在生存竞争中胜出的生物种群，被吸纳到绵延的人类历史中。罗西在《城市建筑学》里认为住宅特别重要，可是我觉得那种类型化的东西在中国是没有的，在中国只有一个类型，就是院的类型，然后到处发生变形，在时间的横轴上变形，在不同功用和尺度上变形，它代表了一种独特的创生方式，背后有着非常独特的宇宙观。不必根据不同建筑的功能或人的地位之类，专门创造一个新的类型，没有这个必要，因为它可以容纳一切。中国的文字其实也是这样的，所以对“型”的操作的不同方式里边其实反映了不同文明的差异。

王：其实这也反映了文化是不是稳定的问题。

金：是不是有包容力。其实稳定就是一种应变的能力，稳定的文化能够适应突发的情况，或各种不同的条件，在危机到来的时候，你能不能变一个形去应对它。世界瞬息万变，如果都是原型，就没有什么应变的能力了。你觉不觉得其实文化或者事物的造型就像细菌一样，它们在应对环境变化同时也在改变，从而表达生命、表达自己。一切都是个适应过程。

王：还挺形象的。书法这事太大，它是中国艺术的形式基础，也正是我们所依赖的、理解并建构世界的几何。但它与西方艺术实在不同，书法是一种活的、变的几何，它是建立在人日常书写的基础之上的，是一种自然几何。它一直处于变的状态，也一直在讨论变的问题，但它又是高度稳定的。

金：我模糊地感觉到，其实不同文明之间的真正差异不在于那些固定不变的东西，而在于它面对一个变局的时候，选择哪种方式去应对。世界瞬息万变，我们在适应，外界也在变化、在自我调试，我们唯一能做的只是寻找差异，寻找差异的过程就是在寻找我们自己。从根本上说，文明之间的差异也许并不存在，但是在目前的发展阶段，我认为差异还是很重要的，这个寻找过程本身就是证明自己存在的一种方式。

光明城

LUMINOUCITY

“光明城”是同济大学出版社城市、建筑、设计专业出版品牌，由群岛工作室负责策划及出版，致力以更新的出版理念、更敏锐的视角、更积极的态度，回应今天中国城市、建筑与设计领域的问题。

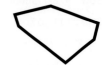

图书在版编目（C I P）数据

乌有园 . 第1辑 / 金秋野，王欣编 . -- 上海：同济大学出版社，2014.12（2021.5 重印）
ISBN 978-7-5608-5630-8

I. ①乌… II . ①金… ②王… III . ①建筑科学—文集 IV . ① TU-53

中国版本图书馆 CIP 数据核字 (2014) 第215595号

乌有园　第一辑
绘画与园林
金秋野　王欣　编

出品人：支文军
策划：秦蕾 / 群岛工作室
责任编辑：秦蕾
特约编辑：杨碧琼
责任校对：徐春莲
装帧设计：typo_d
版 次：2014年12月第1版
印 次：2021 年 5 月第 4 次印刷
印 刷：上海雅昌艺术印刷有限公司
开 本：889mm×1194mm 1/16
印 张：19
字 数：608 000
ISBN　978-7-5608-5630-8
定 价：148.00元
出版发行：同济大学出版社
地 址：上海市四平路1239号
邮政编码：200092
网 址：http://www.tongjipress.com.cn
经 销：全国各地新华书店

北京市级校外人才培养基地—建筑学协同创新基地资助出版

Arcadia
Volume I　Painting & Garden
ISBN 978-7-5608-5630-8

Edited by: JIN Qiuye, WANG Xin
Initiated by: QIN Lei / Studio Archipelago
Produced by: ZHI Wenjun (publisher), QIN Lei / YANG Biqiong (editing), XU Chunlian (proofreading), typo_d (graphic design)

Published by Tongji University Press, 1239, Siping Road, Shanghai 200092, China. Fourth print in March 2021.
www.tongjipress.com.cn

Sponsored by Beijing Municipal-level Extramural Talent-Training Base